国家示范性高职高专规划教材·机械基础系列

机械制造技术项目化教程

主编　吴永锦　梁国栋　梁　丰

清华大学出版社
北京交通大学出版社
·北京·

内 容 简 介

本书根据高等职业专科学校的培养目标和教学特点，将传统的金属工艺学和机械制造工艺学两门课程的主要内容进行有机整合，将教学内容分为金属材料及热加工技术、机械加工技术、工装夹具设计及机械装配技术 4 个模块。每个模块分若干章节，每个模块以企业真实案例作为核心项目，每个章节又对应核心项目的若干个子项目。本书侧重培养学生对零件材料的正确选用能力，热处理工艺及毛坯的工艺制订能力，金属零件机械加工工艺规程编制能力，以及普通机床操作、装调与维护保养能力。

本书主要适用于高等职业专科院校、高等专科学校、成人教育学院的模具、数控等机械类专业学生的教材，也可作为工程技术人员的参考用书。

图书在版编目（CIP）数据

机械制造技术项目化教程 / 吴永锦，梁国栋，梁丰主编. —北京：北京交通大学出版社：清华大学出版社，2016.12

（国家示范性高职高专规划教材・机械基础系列）

ISBN 978-7-5121-3040-1

Ⅰ. ① 机…　Ⅱ. ① 吴…　② 梁…　③ 梁…　Ⅲ. ① 机械制造工艺–高等职业教育–教材　Ⅳ. ① TH16

中国版本图书馆 CIP 数据核字（2016）第 217246 号

机械制造技术项目化教程
JIXIE ZHIZAO JISHU XIANGMUHUA JIAOCHENG

责任编辑：韩素华　特邀编辑：宋开磻
出版发行：清 华 大 学 出 版 社　邮编：100084　电话：010-62776969
　　　　　北京交通大学出版社　邮编：100044　电话：010-51686414
印 刷 者：北京鑫海金澳胶印有限公司
经　　销：全国新华书店
开　　本：185 mm×260 mm　印张：14.25　字数：356 千字
版　　次：2016 年 12 月第 1 版　2016 年 12 月第 1 次印刷
书　　号：ISBN 978-7-5121-3040-1/TH・247
印　　数：1～3 000 册　定价：36.00 元

本书如有质量问题，请向北京交通大学出版社质监组反映。对您的意见和批评，我们表示欢迎和感谢。
投诉电话：010-51686043，51686008；传真：010-62225406；E-mail：press@bjtu.edu.cn。

前　言

生产和教学实践证明，“机械制图”和“机械制造技术”两门课程是机电类专业的两驾马车，是至关重要的专业基础课程。但是，由于“机械制造技术”是理论性和实践性都很强的传统专业基础课，以往教学中由于按传统的理论知识体系进行教学，与实践环节严重脱节，致使出现“教师难教，学生难学、厌学”的现象。为了更好地契合高职机电类专业基础课程的教学需求，解决本门课程教学中的难点，编者按照现代高职教育理念，编写了这本全新的机械类专业基础课教程。从教学过程的实践性、开放性和职业性出发，本教材注重项目任务驱动，行动导向，“教、学、做”一体化等现代高职教育理念的运用，是同类课程的有益尝试和突破。本教材主要有如下特色。

1. 从课程的岗位能力培养目标出发，选编教材内容。本教材根据高职的培养目标和教学特点，将传统的“金属工艺学”和“机械制造工艺学”两门课有机整合。将教学内容分为 4 个模块：金属材料及热加工技术、机械加工技术、工装夹具设计及机械装配技术。各个模块分若干项目（相当于“章”，如“项目 1”相当于“第 1 章”），每个模块（相当于“篇”）设有核心项目，每个项目设有若干个“引导项目”。由“引导项目”引导出“知识点”（相当于“节”）。侧重培养学生对零件材料的正确选用能力，热处理工艺选择能力和毛坯选用能力，机械零件加工工艺规程编制能力，机床操作能力和机床的调试、维护及保养能力。

2. 从岗位工作任务出发，以项目为载体，引导教学过程。本教材突破传统的理论教学和实践教学分割的传统教学模式，充分贯彻工学结合的思想，以职业活动为导向，科学选择合适的企业案例为教学载体，采用项目驱动教学模式。整门课程采用了两个核心项目，为了完成核心项目，每个项目还设置了若干引导项目，按照知识认知规律，由易至难。在完成每一个引导项目直至完成核心项目的过程中，达到学生能力培养的目标。

3. 从企业标准出发，制定项目操作规程并作为学生考核依据。本教材设置的各个项目均给出详细的操作要领和步骤，充分融合理论和实践环节，可操作性强。教学中，每一个项目的实施过程均按照企业的工艺过程及规范进行。教材每个环节后面设有“训练任务”，并附有考核标准，可作为学生课堂和课后作业，并可以以此对学生的学习和训练效果进行考核和评判。

4. 从教学具体开展的可操作性出发，每个项目的适当环节安排“教学建议”，以方便初次使用该教材的教师提高教学效果。各教学建议的特点是，运用现代教学手段，充分利用网络丰富的视频等资源，提高学生的感性认识，激发学生的学习兴趣，也便于教师组织学生进行讨论互动，提高教学效果。另外，为方便教师教学和学生自学，对每一个核心项目及有一定难度的引导项目，在教材附录 A 有详细的参考答案。

5. 从我国现代制造业对新知识、新工艺的需求出发，适当补充了近几年出现的新知识、新工艺。教师在教学过程中，需根据教学实际，适当地加以讲解并运用。

参加本次编写工作的主要有：河源职业技术学院吴永锦（模块 1 项目 1、项目 2）、梁国栋（模块 1 项目 3、项目 4）、梁丰（模块 2 项目 5、项目 7）、刘长灵（模块 2 项目 6）。深圳康铨机电设备有限公司刘升前（模块 3），河源职业技术学院刘俊英（模块 4），北京电子科技职业技术学院张宝君和山东交通职业技术学院滕文建（模块 2 项目 8）。

本书由吴永锦、梁国栋、梁丰任主编，张宝君、刘长灵、刘俊英、滕文建、刘升前任副主编。全书由深圳职业技术学院刘守义教授担任主审。

限于编者水平局限，书中错误缺点难免，欢迎广大读者批评指正。

编　者

2016 年 11 月

目　　录

模块 1　金属材料及热加工技术

模块 2 机械加工技术

模块 3 工 装 夹 具

模块 4 机 械 装 配

模块1

金属材料及热加工技术

【核心项目】

如图1所示是某组合钻床主轴。用以传递动力和和夹持钻头等刀具，同时要求在加工过程中保证相应的回转精度。图中尺寸ϕ26h6（两处）为轴承轴颈，以保证主轴的回转精度，内孔ϕ16±0.05及锥面处用于安装刀具。

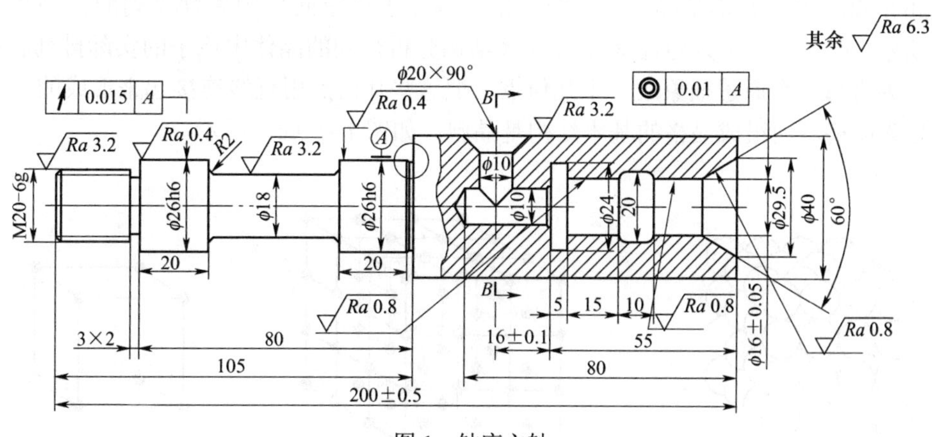

图1 钻床主轴

【任务】

（1）为该主轴选用钢材牌号；

（2）为该主轴定制毛坯；

（3）为该主轴安排热处理工序。

项目 1　金属材料的选用

【引导项目】确定图 1 钻床主轴材料的牌号

【教师引领】

（1）该钻床主轴对强度、硬度、韧性等力学性能有何要求？

（2）该钻床主轴对精度有何要求？

（3）该钻床主轴的重要程度如何？

（4）选用何种类型的材料和牌号来满足这些要求？

【兴趣提问】什么是钢？什么是铁（铸铁）？

知识点 1.1　铁碳合金和铁碳合金相图

1.1.1　纯铁的晶体和结晶

1. 纯铁的晶体结构

金属在固态下一般都是晶体。晶体是指金属原子在空间呈规律性排列的一种状态，如图 1–1 所示。图 1–1（a）为通过 X 射线晶体结构分析得到的晶体中原子的实际排列状况，图 1–1（b）为将每一个原子抽象成一个几何点，把这些几何点用直线连接起来形成的一个空间格子，称为晶格。而组成晶格的基本结构是晶胞，如图 1–1（c）所示。

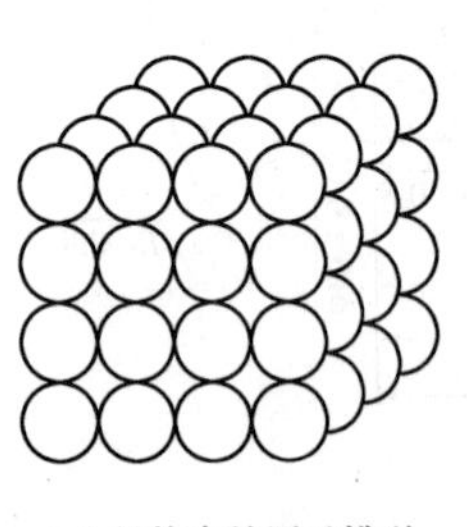
(a) 晶体中的原子排列

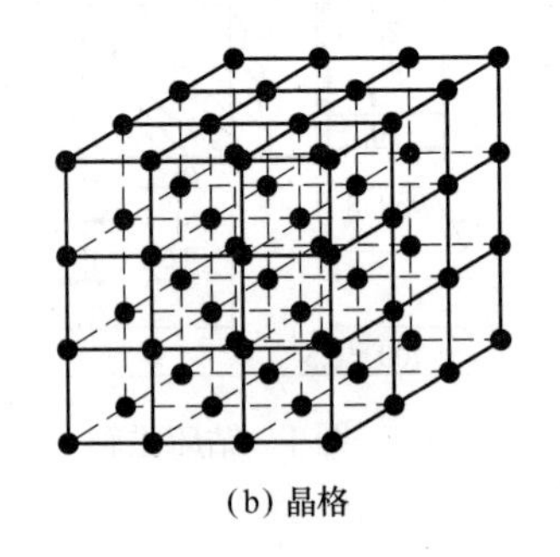
(b) 晶格

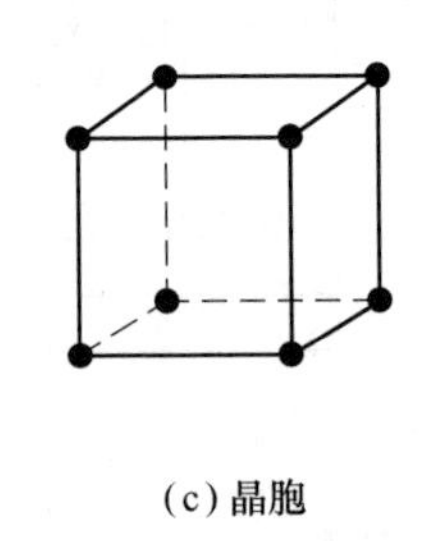
(c) 晶胞

图 1–1　晶体

纯铁的晶格在不同温度条件下有体心立方和面心立方两种结构，如图 1–2 所示。图 1–2（a）所示的晶胞立体中心有一个铁原子，所以称为体心立方晶格。而图 1–2（b）所示的晶胞，由于在晶胞的六个面中心都有一个铁原子，所以称为面心立方晶格。

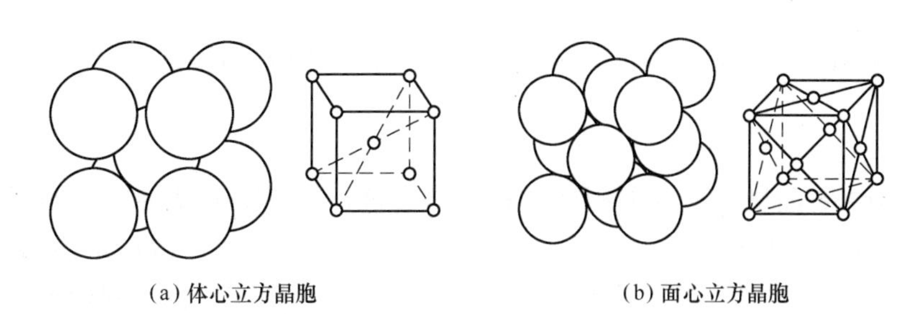

(a) 体心立方晶胞　　(b) 面心立方晶胞

图 1–2　纯铁的晶体结构

2. 纯铁的结晶过程

大多数金属制件都是经过熔化、冶炼和浇注而获得的。这种由金属液态转变为固态的过程称为结晶。纯铁在 1 538 ℃熔化成液态，从液态向固态凝固的过程中会发生三次结晶，如图 1–3 所示。

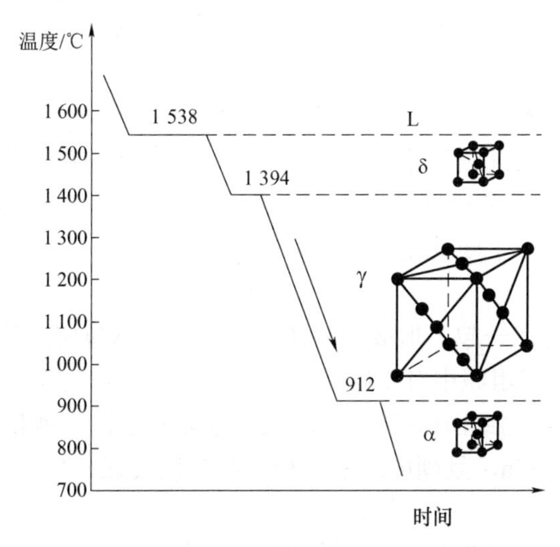

图 1–3　纯铁的结晶过程

从图 1–3 中可以看出，纯铁从液态冷却到 1 538 ℃时开始结晶，在 1 538～1 394 ℃结晶为体心立方晶格，称为δ–Fe。继续冷却到 1 394～912 ℃结晶为面心立方晶格，称为γ–Fe。当冷却到 912 ℃以下温度时又结晶为体心立方晶格，称为α–Fe。可见，在纯铁凝固成固态后，在温度继续冷却过程中，晶格还会继续发生变化。这种在金属固态时由一种晶格转变成另一种晶格的过程称为同素异构转变。

1.1.2　铁碳合金

一种金属元素与其他金属元素或非金属元素结合成具有金属特性的物质称为合金。在钢铁的冶炼过程中几乎不可能得到真正意义上的纯铁，而且也没必要。在钢铁冶炼过程中，铁（Fe）和碳（C）及一些其他元素会结合在一起，形成铁碳合金。我们通常所说的钢和铁均属于铁碳合金范畴。不同成分的铁碳合金，在不同温度下，具有不同的组织，表现出不同的性能。在液态时，铁和碳可以无限互溶，在固态时一定量的碳能溶于铁的晶体中形成固溶体。当含碳量超过铁的溶解度时，多余的碳与铁则形成化合物 Fe_3C。

铁碳合金从液态到固态的凝固过程中，随着温度的下降，通常可以得到以下 5 种基本组织。

1. 铁素体

碳溶解于α–Fe 晶格中形成的固溶体称为铁素体，用 F 或α 表示。它仍然保持α –Fe 的体心立方晶格。由于体心立方晶格的间隙分散，间隙尺寸小，故铁素体的溶碳能力很低，常温下只有 0.000 8%，最大溶碳量（727 ℃时）只有 0.021 8%。因铁素体溶碳量少，故固溶体强化作用甚微，其力学性能和纯铁相近，其特点是强度、硬度低，塑性、韧性好。

2. 奥氏体

碳溶入γ –Fe 晶格中形成的固溶体称为奥氏体，用 A 或γ 表示，呈面心立方晶格。奥氏体 1 148 ℃时最大溶碳量为 2.11%，在 727 ℃时溶碳量为 0.77%，铁碳合金中奥氏体为高温组织。奥氏体的力学性能和溶碳量有关，其强度不高，硬度不高，塑性优良。所以，锻造和轧制钢时，为利于塑性变形，通常将钢加热到高温，使之呈奥氏体状态。

3. 渗碳体

当含碳量超过铁的溶解度时，多余的碳与铁形成化合物 Fe_3C，称为渗碳体。它具有复杂的晶体结构，即正交晶格，含碳量达 6.69%，渗碳体不发生同素异构转变。其特性硬而脆，硬度一般大于 800 HB，塑性和韧性几乎为零，脆性很大。它一般不能单独使用，而是与钢中铁素体混合在一起，是钢中主要强化相。

4. 珠光体

渗碳体与铁素体结合在一起，形成铁素体薄层和渗碳体薄层交替重叠的共析组织，称为珠光体，用符号 P 表示。当组织中有渗碳体和铁素体时，它们很容易结合起来，形成珠光体，剩下的铁素体或渗碳体则单独存在。珠光体的力学性能介于铁素体和渗碳体之间，强度较高，其抗拉强度为 750～900 MPa，且硬度适中，塑性和韧性较好。

5. 莱氏体

莱氏体是液态铁碳合金发生共晶转变形成的奥氏体和渗碳体所组成的共晶体，其含碳量为 4.3%。当温度高于 727 ℃时，莱氏体由奥氏体和渗碳体组成，用符号 L_d 表示。在低于 727 ℃时，莱氏体则由珠光体和渗碳体组成，用符号 L'_d 表示，称为变态莱氏体。因莱氏体的基体是硬而脆的渗碳体，所以硬度高，塑性很差。

1.1.3 铁碳合金相图

铁碳合金相图用于描述不同含碳量铁碳合金从液态缓慢冷到常温过程中结晶组织的变化。它是研究钢和铁不同含碳量、不同温度下材料性能和进行热处理的基本工具。铁碳合金相图如图 1–4 所示。

识读铁碳合金相图时，主要掌握以下几点。

（1）铁碳合金相图以 E 点分界，含碳量 $w_C \leqslant 2.11\%$的铁碳合金，称为钢。含碳量 w_C 在 2.11%～6.69%的铁碳合金，称为铁（生铁或铸铁）。

（2）铁碳合金相图中其他重要点的含义见表 1–1。

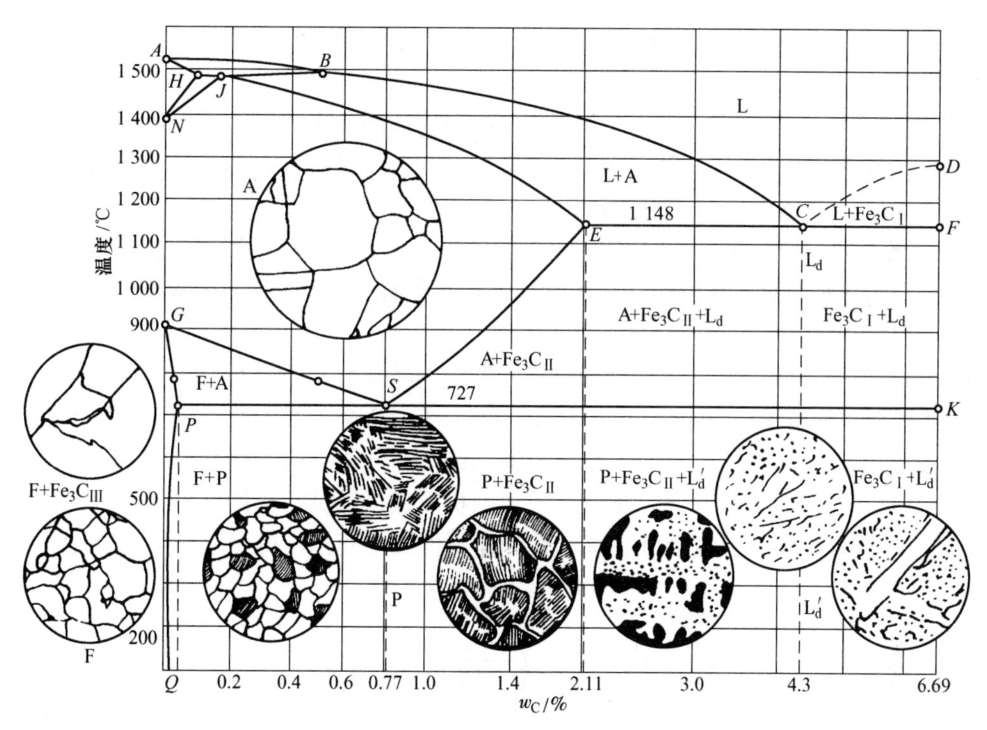

图 1–4　铁碳合金相图

表 1–1　铁碳合金相图中的几个特性点

符号	温度/℃	w_C/%	说　明
A	1 538	0	纯铁的熔点
C	1 148	4.3	共晶点，L_C=A＋Fe_3C
D	1 227	6.69	渗碳体的熔点
E	1 148	2.11	碳在γ–Fe 中的最大溶解度
G	912	0	纯铁的同素异构转变点α–Fe=γ–Fe
P	727	0.021 8	碳在α–Fe 中的最大溶解度
S	727	0.77	共析点 A_S=Fe＋Fe_3C

（3）铁碳合金相图中特性线的含义见表 1–2。

表 1–2　铁碳合金相图中的特性线

特性线	含　义
ACD	液相线
AECF	固相线
GS	常称 A_3 线，冷却时，不同含量的奥氏体中结晶铁素体的开始线
ES	常称 A_{cm} 线，碳在奥氏体中的固溶线
ECF	共晶线，L_C=A＋Fe_3C
PSK	共析线，A_1 线，A_S=Fe＋Fe_3C

（4）铁碳合金相图分为四个相区，分别是液相区（L）、奥氏体相区（A）、铁素体相区（F）、渗碳体相区（Fe_3C）。

（5）根据含碳量的不同，铁碳合金可分为钢和铸铁两大类。钢的含碳量小于 2.11%的铁碳合金，按室温组织不同又可分为三类。含碳量 w_C<0.77%的称为亚共析钢，含碳量 w_C=0.77%的称为共析钢，含碳量 w_C>0.77%的称为过共析钢。

铸铁也称生铁，含碳量为 2.11%～6.69%的铁碳合金，按室温组织的不同，分为三类。含碳量 w_C<4.3%的称为亚共晶铸铁，含碳量 w_C=4.3%的称为共晶铸铁，含碳量 w_C>4.3%的称为过共晶铸铁。

（6）根据含碳量的不同，钢在结晶过程中的组织转变有以下几种。

① 共析钢（含碳量 w_C=0.77%）的转变。图 1–5 中合金Ⅰ线为共析钢结晶的组织转变。当温度冷却到 1 点时，开始从液相中结晶出奥氏体，降到 2 点时液体全部转变成奥氏体，继续降到 3 点时，也就是共析线时，奥氏体发生共析反应，即结晶出的铁素体和渗碳体完全结合在一起，形成珠光体。温度继续下降，珠光体不再发生变化，得到室温组织的珠光体。

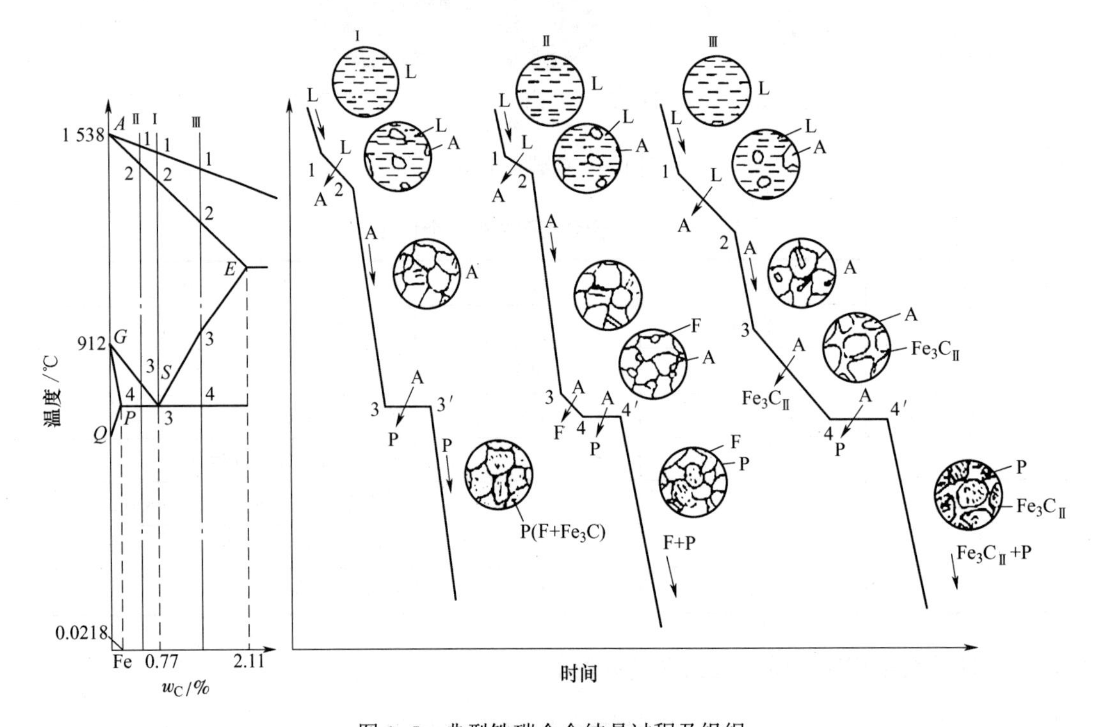

图 1–5 典型铁碳合金结晶过程及组织

② 亚共析钢（含碳量 w_C<0.77%）的转变。图 1–5 中合金Ⅱ线为共析钢结晶的组织转变。在 3 点以前的冷却过程与共析钢一致，缓慢冷却到 3 点时，从奥氏体中析出铁素体。随着温度的继续降低，铁素体的含量越来越多。当温度降到共析线时，剩余的奥氏体发生共析反应，转变成珠光体。冷却到 4 点以下时，组织不再发生改变，因此，室温得到的组织是铁素体和珠光体。亚共析钢含碳量不同，组织中铁素体和珠光体的相对量也不同。随着含碳量的增加，珠光体含量增多，而铁素体含量减少。

③ 过共析钢（含碳量 w_C>0.77%）的转变。图 1–5 中合金Ⅲ线为过共析钢结晶的组织转

变。在 3 点以前的冷却过程与共析钢一致，缓慢冷却到 3 点时，奥氏体中含碳量达到饱和，继续冷却从奥氏体晶界中析出二次渗碳体，呈网状分布。随着温度的下降，Fe_3C 不断增多，温度降至共析线时，剩余的奥氏体发生共析反应，转变成珠光体。冷却到 4 点以下至室温，组织不再发生变化。室温组织是珠光体和网状二次渗碳体。随着过共析钢含碳量的增多，二次渗碳体量也增多，珠光体相对减少。

1.1.4　含碳量对铁碳合金组织的影响

在铁碳合金中，渗碳体是强化相。当合金基体为铁素体时，随着渗碳体数量的增多，合金的强度和硬度增高，但塑性和韧性有所下降。当渗碳体明显地以网状分布在珠光体边界上时，将使铁碳合金的塑性和韧性急剧下降，强度也随之降低，这是高碳钢脆性高的原因。

为保证工业应用的钢有足够的强度并具有一定的塑性和韧性，其含碳量一般为 1.3%～1.4%。而含碳量大于 2.11%的白口铸铁由于难以进行切削加工，应用较少，绝大多数作为炼钢原料。

知识点 1.2　金属材料的力学性能

【兴趣提问】为什么车刀能切削钢材？

金属材料的力学性能是指金属材料在外力作用时表现出来的性能，它是金属材料的主要性能之一，是正确选用金属材料的主要依据。外力（载荷）形式主要有拉伸、压缩、弯曲、剪切、扭转等。由于低碳钢是工程中使用最广泛的金属材料，它在常温静载条件下测试的力学指标最全面且具代表性，所以通常以低碳钢的静载拉伸试验所测试的力学指标来说明金属的力学性能。金属材料常用的力学性能指标主要有强度、塑性、硬度、韧性和疲劳强度等。

1.2.1　强度

1. 拉伸曲线

在国家标准 GB/T 228.1—2010 中，对拉伸试样的形状、尺寸及加工要求均有规定。图 1–6 为圆柱形拉伸试样。其中 d_o 为试样平行长度的原始直径，L_o 为试样原始标距。试样可以分为长试样（L_o=10d_o）和短试样（L_o=5d_o）。

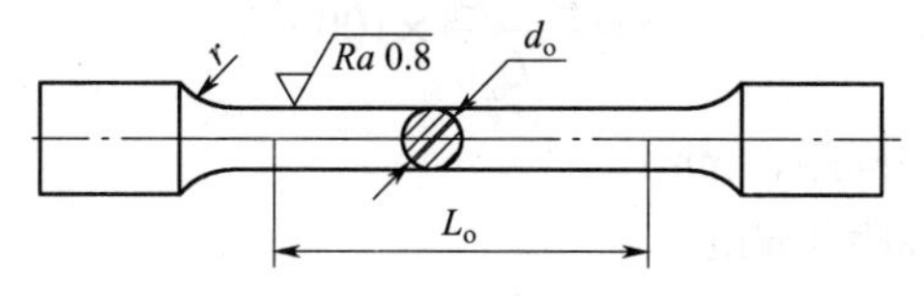

图 1-6　拉伸试样

通过拉伸试验可以得到相应的应力–应变曲线，通过该曲线可以得到一系列强度指标，并可根据试验结果计算出塑性指标值。图 1–7 为退火低碳钢的拉伸应力–应变曲线。

2. 弹性和刚性

从图 1–7 所示应力–应变曲线中可以看出，在小于对应 a 点的应力时，材料在静载的作用下做弹性变形，即在外力卸载后材料变形可以恢复。Oa 是直线，表示应力和应变成正比，此阶段符合胡克定律。斜率 m_E 即为材料的弹性模量 E。

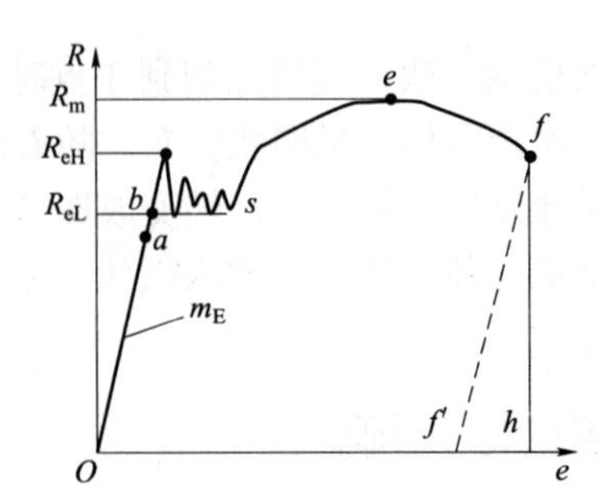

图 1–7 退火低碳钢的拉伸应力–应变曲线

3. 强度

强度是指构件在外力作用下抵抗塑性变形或断裂的能力。金属材料的强度指标主要有屈服强度和抗拉强度。

（1）屈服强度 R_{eH} 和 R_{eL}。从图 1–7 所示应力–应变曲线中可以看出，在 b 点到 s 点之间，静载拉力基本不增加的情况下变形仍在发生。若此时卸载，试样变形不会完全消失，将保留一部分永久变形，这个阶段材料发生塑性变形。R_{eL} 表示在材料开始产生塑性变形最低应力下的屈服强度。而在屈服变形过程中由于冷作硬化作用，会产生一个塑性变形应力峰值 R_{eH}，称为下屈服强度。

构件在正常工作中一般不允许发生塑性变形，所以下屈服强度 R_{eL} 是设计的主要参数指标。屈服强度是材料力学性能的重要指标。

（2）抗拉强度 R_m。抗拉强度是试样被拉断前的最大发生应力，是材料最重要的力学性能指标之一。对塑性较好的材料，R_m 表示材料对最大均匀变形的抗力；而对塑性较差的材料，一旦达到最大载荷，材料迅即发生断裂，故 R_m 也是其断裂强度指标。

1.2.2 塑性

塑性是指材料在外力作用下能够产生永久变形而不破坏的性能指标。常用的塑性指标有断后伸长率和断面收缩率。

1. 断后伸长率 A

断后伸长率是指断后试样标距所增长的长度与原始标距之比的百分率。即

$$A=\frac{L_1-L_o}{L_o}\times 100\%$$

式中 L_1——试样断裂后的标距，mm；

L_o——试样的原始标距，mm。

2. 断面收缩率 Z

断面收缩率是指断后试样横截面积的最大缩减量与原始横截面积之比的百分率。即

$$Z=\frac{S_o-S_u}{S_o}\times 100\%$$

式中 S_u——试样断裂处的最小横截面积，mm^2；

S_o——试样的原始横截面积，mm^2。

断后伸长率 A 和断面收缩率 Z 越大，材料的塑性越好。

材料具有一定的塑性，可保证某些成形工艺（如冷冲压、轧制、冷弯、校直、冷铆）和修复工艺（如汽车外壳或挡泥板受碰撞而凹陷）的顺利进行。对于金属材料，塑性指标还能反映材料冶金质量的好坏，是材料生产与加工质量的标志之一。

1.2.3 硬度

硬度是指材料在表面上的不大体积内抵抗局部塑性变形或破坏的能力，是表征材料性能的一个综合参量，能够反映出金属材料在化学成分、金相组织和热处理状态上的变化，是检验产品质量、研制新材料和确定合理的加工工艺不可缺少的检测性能方法之一。硬度检测比较简单，常用的硬度指标主要有布氏硬度和洛氏硬度。

1. 布氏硬度

布氏硬度测试原理如图 1–8 所示。按 GB/T 231.1—2009 的规定，对一定直径的硬质合金球施加试验力压入试样表面，经规定的保持时间后，卸除试验力，测量试样表面的压痕直径。将单位面积承受的平均应力乘以一常数后定义为布氏硬度。

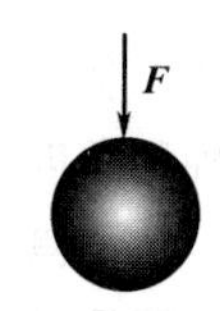

图 1–8　布氏硬度实验

布氏硬度值的计算方法按以下公式计算：

$$\mathrm{HBW}=0.102\times\frac{F}{S}=0.102\times\frac{2F}{\pi D(D-\sqrt{D^2-d^2})}$$

式中　F——试验力，N；

S——压痕表面积，mm^2；

d——压痕直径，mm；

D——硬质合金球直径，mm。

布氏硬度目前主要用于铸铁、非铁金属及经退火、正火和调质处理的钢材。布氏硬度试验的优点是测出的硬度值准确可靠，因压痕面积大，能消除因组织不均匀引起的测量误差。布氏硬度值与抗拉强度之间有近似的正比关系。但由于压痕大，不宜测量成品件和薄件。另外，测量速度较慢，测得压痕直径后还需计算或查表。

2. 洛氏硬度

洛氏硬度测试原理如图 1–9 所示，按 GB/T 230.1—2009 规定，将压头（金刚石圆锥、钢球和硬质合金）压入试样表面，经规定保持时间后，卸除试验力，测得在试验力下的残余压

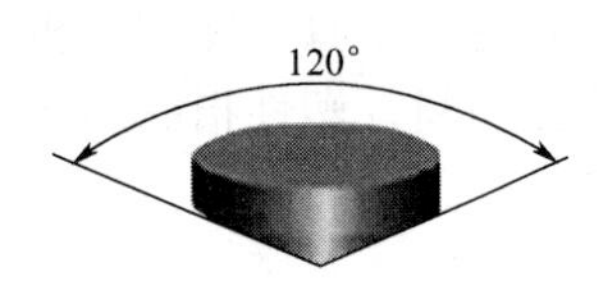

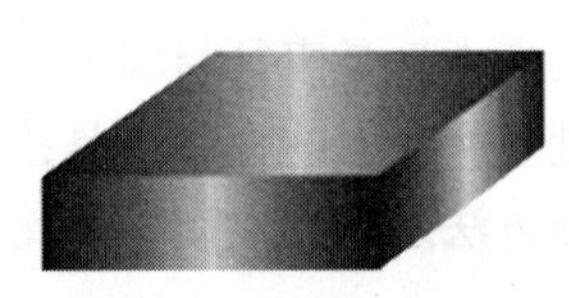

图 1–9　洛氏硬度实验

痕深度 h。

为了使洛氏硬度适应较宽的硬度测定范围，可采用不同的压头和载荷组成各种洛氏硬度标尺，如 HRA、HRB、HRC 等，其中 HRC 用得最多。HRC 以顶角为 120° 金刚石锥体为压头，用较小的载荷（1 500 N）测试，测试简单而迅速，压痕小，几乎不损伤测试件表面。

1.2.4　冲击韧度

许多零部件如枪管、炮管、冷冲模、锤头等都是在冲击载荷下工作。试验表明，承受动载荷时，相同的零件比承受静载荷时更易发生突然性破断。因此，此时不能用静载荷下的力学性能来衡量，而必须用冲击韧度来衡量。冲击韧度是指抵抗冲击载荷的作用而不被破坏的能力。

1.2.5　疲劳强度

许多零件是在交变载荷的作用下工作的，如轴类、弹簧、齿轮、滚动轴承等。它们断裂时的应力远远低于该材料的屈服强度，这种现象叫疲劳断裂。它与静载荷下的断裂不同，是在断裂前无明显塑性变形情况下突然断裂，从而具有更大的危险性。据统计，大约有 80%零部件的破坏是由于金属疲劳造成的。因此，研究疲劳破坏的原因，提高零部件抗疲劳强度，防止疲劳事故发生是非常重要的。

材料疲劳强度是指材料经受无限多次循环而不断裂的最大应力，记作 R_r，下标 r 为应力对称循环系数。对于金属材料，通常按 GB/T 4337—2008，用旋转弯曲试验方法测定在对称应力循环条件下材料的疲劳极限。试验时用多组试样，在不同的交变应力（R）下测定试样发生断裂的循环次数（N），绘制 R–N 曲线，如图 1–10 所示。

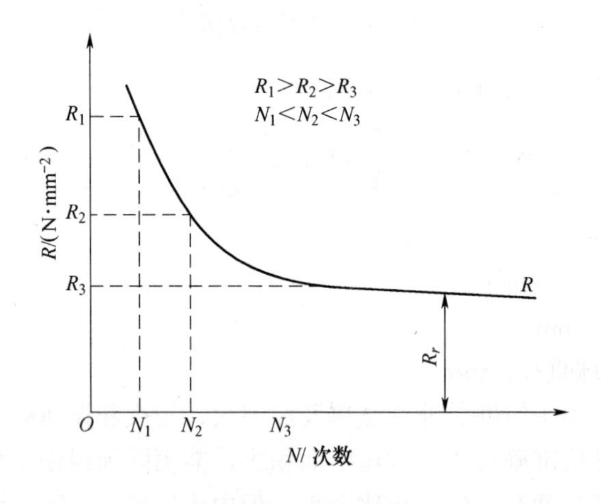

图 1–10　疲劳曲线

对钢铁材料和有机玻璃等，当应力降到某值后，R–N 曲线趋于水平直线，此直线对应的应力即为疲劳极限。一般钢铁材料取循环周次为 10^7 次时，能承受的最大循环应力为疲劳极限。金属材料疲劳强度较高，所以抗疲劳的零部件几乎都选用金属材料。

影响疲劳强度的因素主要有应力集中、材料内部组织缺陷、循环应力特征、温度、表面状态及残余应力等。

知识点1.3　钢铁材料

钢是国民经济中使用最广泛的工程材料。

按化学成分，钢可分为碳素钢（简称碳钢）和合金钢；合金钢按用途可分为合金结构钢、合金工具钢和特殊性能钢。

钢的分类图示如下：

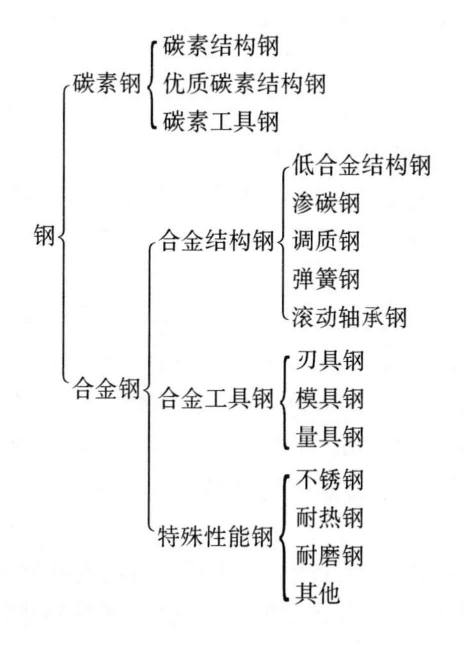

1.3.1　碳素钢

碳素钢简称碳钢，通常工业生产中使用的钢含碳量 w_C<1.54%。碳素钢中除碳外，在冶炼中不可避免含有少量硅、锰、磷、硫等杂质，它们对钢的性能有较大的影响。

磷是有害杂质，使钢的塑性韧性下降，具有冷脆性。

硫也是有害杂质，可造成钢的热脆性，原因是硫在晶界处形成低熔点的共晶体。

硅是有益元素，可提高钢的强度和硬度，是作为脱氧剂进入钢的。

锰也是有益元素，可提高钢的强度和硬度，抵消硫的有害作用，是作为脱氧剂进入钢的。

碳素钢可分为以下3类。

1. 碳素结构钢

常用的碳素结构钢含碳量小于0.25%。

结构钢的牌号：Q＋三位数字表示，例：Q215—A・F

其中：Q——屈服极限的首字母；

215——屈服极限的数值，MPa；

A——质量等级，分为A、B、C、D，其中A是普通级，D是优等级别，硫、磷含量较低；

F——脱氧程度，F 是沸腾钢，Z 是镇静钢（Z 可不标）。

常见的牌号有 Q195A、Q195B、Q215A、Q215B、Q235A、Q235B、Q235C、Q235D、Q255A、Q255B、Q275 等。

Q235 是用途最广的碳素结构钢，俗称 A3 钢。通常经热轧成钢板、型钢、钢管、棒材等供应。Q235 因铁素体较多，故塑性和韧性优良。Q235 常用于建筑构件，一般的轴类、螺钉、螺母、冲压件、焊接件、锻件等。

Q235C 及 Q235D 还可用作重要的焊接件。

2. 优质碳素结构钢

优质碳素结构钢含硫、磷量较低，主要用来制造机器产品重要零件。

优质碳素结构钢的牌号通常用两位数字表示。如 20 钢，数字 20 是钢中平均含碳量的万分数，表示含碳量为 0.2%。又如 10F 钢，表示含碳量为 0.1%的沸腾钢。

优质碳素结构钢分为低碳钢、中碳钢和高碳钢。

低碳钢常用的牌号有 08、10、15、20、25 等。其塑性好，易于拉拔、冲压、挤压、锻造和焊接。其中 20 钢用途最广，常用于制造螺钉、螺母、垫圈、小轴、冲压件、焊接件，有时用于做渗碳件。

中碳钢常用的牌号有 30、35、40、45、50、55 等。因钢中珠光体增多，强度、硬度提高，淬火后硬度显著增加。其中 45 钢的强度、硬度、塑性、韧性都较好，即综合性能优良，应用最广。常用于制造重要的轴、丝杠、齿轮及重要的螺钉、螺母等。

高碳钢常用的牌号有 60、65、70、75 等。经淬火及中温回火后强度、硬度得到适度提高，弹性变形性能优良，常用于制造小弹簧、钢丝绳、轧辊等。

3. 碳素工具钢

碳素工具钢的含碳量为 0.7%～1.35%，淬火后有较高的硬度（洛氏硬度大于 60 HRC）及良好的耐磨性。但工作温度通常须小于 250 ℃，否则，硬度将迅速下降。

碳素工具钢的牌号：T＋一或两位数字表示，如 T8A。

其中：T——碳素工具钢；

8——平均含碳量为 0.8%；

A——高级优质碳素工具钢。

常用的碳素工具钢有 T8、T10、T10A、T12。T8 属共析钢，韧性较好，多用于制造受冲击的工具，如錾子、锻工工具。T10、T10A 硬度较高，且有一定的韧性，常用来制造锯条，小冲模等。T12 硬度最高，耐磨性好，但脆性大，适于制造不受冲击的耐磨工具，如钢锉、刮刀等。

1.3.2 合金钢

为改善钢的某些性能，特意加入一种或几种合金元素所炼成的钢称为合金钢。合金元素加入钢后通常使钢的强度、硬度增加。但合金元素超过一定量时，也可能使韧性下降。大多数合金元素可提高合金钢的回火稳定性，即抗回火软化能力提高。当含 W、Mo、V、Ti 量较高时，合金钢有回火时硬度升高的现象，称为二次硬化。

如果钢中的硅含量大于 0.5%，或含锰量大于 1.0%，也属于合金钢。

合金钢通常可分为以下几种。

1. 低合金高强度结构钢

低合金高强度结构钢是一种在碳素结构钢的基础上添加总量小于 5%合金元素的钢材。和碳素结构钢相比，具有强度高、塑性和低温冲击韧性好、耐腐蚀等特点。

国标《低合金高强度结构钢》（GB/T 1591—2008）规定，低合金高强度结构钢以屈服极限等级为主，划分成 5 个牌号，其表示方法：

屈服极限等级–质量等级

屈服极限等级包括 Q295、Q345、Q390、Q420、Q460；

质量等级包括 E、D、C、B、A。

由于合金元素的强化作用，使低合金结构钢不但具有较高的强度，而且具有较好的塑性、韧性和可焊性。如 Q345 钢的综合性能较好，是钢结构的常用牌号。与碳素结构钢 Q235 相比，Q345 的强度和承载力更高，并具有良好的承受动荷载和耐疲劳性能，但价格稍高。用低合金高强度结构钢代替碳素结构钢 Q235 可节省钢材 15%～25%，并减轻结构的自重。低合金高强度结构钢广泛应用于钢结构和混凝土结构中，特别是大型结构、重型结构、大跨度结构、高层建筑、桥梁工程、承受动力荷载和冲击荷载的结构等。

2. 合金结构钢

合金结构钢是在优质碳素结构钢的基础上加入合金元素形成的。合金结构钢的牌号表达方法为两位数字＋元素符号＋数字。前面的两位数字表示钢中平均含碳量的万分数；元素符号是指所含的合金元素；元素符号后的数字表示该元素在钢中的平均含量，小于 1.5%时，钢号中只标明元素符号，不标数字。如果为 2 或 3，则表示该元素的平均含量为 1.5%～2.5%或 2.5%～3.5%。其余类推。

例如，40Mn2，表示钢中平均含碳量为 0.4%，平均含锰量为 2%；20Cr3MoWV，表示钢中平均含碳量为 0.2%，平均含铬量为 3%，钼、钨、钒元素的含量均小于 1.5%。

合金结构钢根据含碳和合金元素的不同分为渗碳钢、调质钢、弹簧钢和滚动轴承钢。

（1）渗碳钢。渗碳钢的含碳量很低，一般为 0.1%～0.25%，零件在相关热处理前，表层通常要进行渗碳处理，以达到足够的表面硬度。这样，渗碳零件热处理后，心部又可以保证有足够的韧性和塑性。渗碳钢中的主加元素铬、锰、镍、硼等，可以提高钢的淬透性，强化渗碳层和心部组织。辅加元素钼、钨、钛、钒等，可以形成稳定而硬度高的碳化物，并能有效地阻止奥氏体晶体的长大，进一步改善钢的力学性能。

渗碳钢常用牌号有低淬透性钢 15Cr 和 20Cr，用于制造受力不大，强度不太高的耐磨零件，如柴油机凸轮轴、活塞销、滑块和小齿轮。中淬透性钢 12CrNi3A 和 20CrTiMn，用于中等动载荷且需要足够韧性和耐磨性的零件，如汽车、拖拉机的重要齿轮、齿轮轴、花键轴套等。高淬透性钢 20Cr2Ni4、18Cr2Ni4WA 等主要用于制造承受重载荷和强烈磨损的大型零件，如大功率船用柴油机曲轴、连杆等。

（2）调质钢。调质钢的含碳量一般为 0.25%～0.5%，属于中碳钢。主加元素通常为铬、锰、硅、镍等。这些元素可以提高淬透性，强化铁素体。辅加元素通常是钼、钨、钒、钛、硼、铝等，这些元素含量一般较少，但能防止钢的高温回火脆性及奥氏体晶粒的粗化。这类钢热处理一般是油淬后在 500～650 ℃温度下回火（称为调质热处理）。调质后的组织一般为索氏体。这类钢具有良好的综合力学性能，重要的机器零件，如机床主轴、齿轮、螺栓和连杆等多用调质钢制造。

调质钢常用牌号有 40Cr、40CrV 等。其中 40Cr 是最常用的合金调质钢，具有较好的力学性能和工艺性能，调质后强度高，多用于尺寸较小的、用于传递动力的重要零件，如机床主轴、齿轮等。

（3）弹簧钢。弹簧钢通常用来制造各种弹性零件如弹簧。弹簧钢的含碳量为 0.5%～0.7%，常加入的合金元素有提高淬透性和强化铁素体的元素，如 Mn、Si 和 Cr；还有提高回火稳定性和高温强度及细化晶粒作用的元素，如 Mo、W、V、Nb 等。弹性零件如弹簧，常见的失效方式为弯曲疲劳或扭转疲劳破坏，也可能由于弹性极限较低引起弹性零件的过量变形或永久变形而失去弹性。因此，弹性零件必须具有高的弹性极限与屈服点，高的屈强比和高的疲劳极限及足够的冲击韧度和塑性。常用的弹簧钢有 65Mn 和 65Si2Mn，65Mn 用于制作各种小尺寸圆弹簧和扁弹簧，65Si2Mn 则用于制造外形较大、承载较大的弹簧。如汽车、拖拉机的螺旋弹簧和减震弹簧。

（4）滚动轴承钢。滚动轴承钢含碳量较高，以保证高硬度、高耐磨性，一般为 0.95%～1.10%。主要加入的合金元素为 Cr，最具代表性的是 GCr15 钢，用于制造中小型轴承。

3. 合金工具钢

合金工具钢牌号表示方法为一位数字（或无数字）＋元素符号＋数字。一位数字表示含碳量的千分数，合金元素及其含量的表示方法与合金结构钢相同。如果合金工具钢中的含碳量等于或大于 1.0%，用来表示含碳量的数字就省略，否则易与合金结构钢的钢号混淆。如 9Mn2V，表示钢中平均含碳量为 0.90%，平均含锰量为 2%，含钒量小于 1.5%。又如 CrW5，表示钢中含铬量小于 1.5%，平均含钨量为 5%，含碳量则大于 1%（经查表可知为 1.25%～1.50%）。另外，合金工具钢中的高速钢，其含碳量虽小于 1%，但在钢号中也不标出含碳量的数字。如 W9Cr4V2，表示钢中平均含钨量为 9%，平均含铬量为 4%，平均含钒量为 2%，其含碳量经查表可知为 0.85%～0.95%。

合金工具钢的含碳量一般较高，为 0.65%～1.5%。主要加入的元素有铬、钨、钼、钒等。铬是最基本的加入元素，能有效地提高钢的淬透性，从而增加钢的硬度和耐磨性。钨、钼、钒都是碳化物形成元素，加入后通过弥散硬化可以显著地提高钢的热硬性和耐磨性。

工具钢按用途可分为刃具钢、量具钢、模具钢等。各种工具钢的性能要求有差异，刃具钢应具有高的硬度和耐磨性，一定的强度和韧性，在大负荷或高速切削时，还要求具有热硬性。量具钢应具有高的硬度，高的耐磨性和尺寸稳定性。冷模具钢应具有高硬度、高耐磨性，以及较高的强度和一定的韧性；热模具钢应具有高的韧性和抗热疲劳性能。

（1）刃具钢。刃具钢主要用于制造车刀、铣刀、钻头、丝锥、板牙等切削刀具。刃具在工作中受到很大的切削力、振动、摩擦及切削热的作用。因此，刃具钢应具有高硬度和耐磨性，并能在高温状态下维持其高硬度，即有热硬性。此外，刃具钢还应有足够的强度和韧性，以免在切削过程中发生断裂或崩刀。

刃具钢按合金元素的含量一般可分为低合金刃具钢和高速钢。

低合金刃具钢主要用于制造淬火变形小的低速切削刃具，如常用的低合金刃具钢 9Mn2V 用于制造丝锥、板牙和铰刀。

高速钢含合金元素量较多，如 W18Cr4V，可在 600～650 ℃保持高硬度，适宜制造较高切削速度的刀具，如车刀、铣刀、刨刀、钻头、机用锯条等。

高速钢中含碳量较高（0.7%～1.4%），并含有较多的碳化物形成元素钨、铬、钒等。钨是提高高速钢热硬性的主要元素，钨在高速钢中的含量为 6%～19%，钨与碳能形成未定的碳化物，可有效地阻止奥氏体晶粒长大。铬在高速钢中的含量为 3.85%～4.4%，铬的主要作用是提高钢的淬透性。钒在高速钢中的含量为 1%～4.4%，钒也是提高热硬性的主要元素之一，钒的碳化物硬且细碎，分布均匀且稳定，使钢具有高的耐磨性。

最常用的高速钢为 W18Cr4V，用于制造一般切削用车刀、铣刀、钻头、刨刀。

（2）量具钢。量具钢的含碳量为 0.9%～1.5%，常加入的合金元素有 Cr、W、Mn 等。量具钢主要用于制造量规、塞规、游标卡尺和千分尺等工具。最常用的量具钢为 9SiCr。

（3）模具钢。模具钢分为冷模具钢和热模具钢。

冷模具钢的含碳量一般为 1.3%～2.3%，主要加入元素为 Cr、Mo、V。Cr12、Cr12MoV、CrWMn 和 9Mn2V 是常用的冷模具钢，广泛用于冷冲模、冷弯模和冷挤压模等。

热模具钢的含碳量一般为 0.3%～0.6%，为保证足够的强度和韧性，常加入的合金元素为 Cr、Ni、Mn、Si、Mo、W、V 等。主要用于制造热锻模具、热挤压模等。另外，常见的注塑模具钢有 3Cr2Mo（进口牌号为 P20）和 3Cr2MnNiMo 等。

4. 不锈钢

工程上将含铬量超过 12%的钢称为不锈钢。

（1）铬不锈钢。铬不锈钢的主要牌号有 Cr13、2Cr13、3Cr13 等。为满足一定的力学性能，铬不锈钢需要有一定的含碳量，但随着含碳量的增加，钢的强度和硬度有所提高，而耐腐蚀性却有所下降。1Cr17 型不锈钢属于铁素体类型不锈钢，它在升温时不发生$\alpha \rightarrow \gamma$相变，因而不能接受淬火强化。但是这种钢不仅耐蚀性好，塑性也较好，这是由于 1Cr17 含铬量较高且具有单相铁素体组织。

（2）镍铬不锈钢。最早应用的镍铬不锈钢含铬 18%，含镍 8%，习惯上称 18–8 钢。这种钢具有很高的耐腐蚀性能，且无磁性，塑性和韧性较好，具有良好的焊接性能。但是有晶间腐蚀的倾向。为了进一步提高耐腐蚀性能，防止晶间腐蚀，就需要在 18–8 钢的基础上加入镍及 0.4%～0.8%的钛，做成 18–9 型或含钛的 18–9 型镍铬不锈钢。由于含碳量提高不利于耐腐蚀性能，所以铬镍不锈钢中的含碳量通常较低。

【引导项目训练】钻床主轴材料选用

如图 1 所示的某组合钻床主轴应选用何种材料？牌号是什么？

【任务】

（1）应选择碳素钢还是合金钢？

（2）应选择何种类型的碳素钢或合金钢？

（3）是结构钢还是工具钢？是低碳钢、中碳钢，还是高碳钢？

（4）进行同类零件材料选用调查，并写出材料分析报告。

注：答案见附录 A。

知识点 1.4　有色金属材料

在工业生产中，通常把铁及其合金称为黑色金属，把其他非铁金属及其合金称为有色金属。常用的有色金属材料有铝、铜、镁、锌、钛等金属及其合金。有色金属有许多铁碳合金所不具有的物理、化学和力学特性，是现代工业中不可缺少的材料。同时，有色金属越来越走入人们的现代生活，许多现代产品都采用有色金属，如新型数码相机、手机外壳用铝合金压铸而成，而笔记本电脑外壳用铝镁合金压铸而成。为了防锈和美化生活，许多产品的金属或塑料零件表面镀锌或铬等。

1.4.1 铝及铝合金

铝及铝合金是应用最为广泛的重要有色金属。铝在大气中其表面易生成一层致密的 Al_2O_3 薄膜而阻止进一步氧化，故抗大气腐蚀能力较强。纯铝主要用于制作电线、电缆，配制各种铝合金及制作要求密度小、导热或耐大气腐蚀但强度要求不高的器具。

1. 工业纯铝

纯铝为面心立方晶格，无同素异构转变，呈银白色。塑性好（$Z\approx80\%$）、强度低（R_m=80～100 MPa），一般不能作为结构材料使用，可经冷塑性变形使其强化。铝的密度较小（约 2.7×10^3 kg/m^3），仅为铜的三分之一。熔点为 660 ℃，磁化率低，接近非磁材料。导电导热性好，仅次于银、铜、金而居第四位。工业纯铝分铸造纯铝和变形纯铝，铸造纯铝牌号由“Z”和铝的化学元素符号及铝的纯度百分含量数字组成，如：ZAl99.5 表示 W_{Al}=99.5%的铸造纯铝。

2. 铝合金

铝合金分为变形铝合金和铸造铝合金两大类。变形铝合金又分为可热处理强化铝合金和不可热处理强化铝合金两类。

（1）变形铝合金。变形铝合金主要有防锈铝合金、硬铝合金、超硬铝合金、锻铝合金。

① 防锈铝合金。主要有 Al–Mn 系和 Al–Mg 系铝合金。Mn 和 Mg 主要作用是提高抗蚀能力和塑性，并起固溶强化作用。防锈铝合金锻造退火后组织为单相固溶体，抗蚀性、焊接性能好，易于变形加工，但切削性能差。不能进行热处理强化，常利用加工硬化提高其强度。常用的 Al–Mn 系铝合金有 3A21（LF21），其抗蚀性和强度高于纯铝，常用于制造油罐、油箱、管道、铆钉等需要弯曲、冲压加工的零件。常用的 Al–Mg 系铝合金有 5A05（LF5），其密度比纯铝小，强度比 Al–Mn 合金高，在航空工业中得到广泛应用，如飞机的蒙皮、管道、容器、铆钉及承受中等载荷的零件。

② 硬铝合金。主要是 Al–Cu–Mg 系铝合金，并含少量 Mn。可进行时效强化，也可进行变形强化。强度、硬度高，加工性能好，耐蚀性低于防锈铝。常用硬铝合金如 2A11（LY11）、2A12（LY12）等，用于制造冲压件、模锻件和铆接件，如飞机翼梁、螺旋桨、梁、铆钉等。

③ 超硬铝合金。属 Al–Zn–Mg–Cu 系铝合金，并含有少量 Cr 和 Mn。时效强化效果超过硬铝合金，热态塑性好，但耐蚀性差。常用合金有 7A04（LC4）、7A09（LC9）等，主要用于工作温度较低、受力较大的结构件，如飞机大梁、起落架等。

④ 锻铝合金。是在硬铝的基础上加入硅元素后得到的，可锻性好，力学性能高，可用于形状复杂的锻件和模锻件生产，如喷气发动机压气机叶轮、导风轮等。常用牌号有 LD7（2A70）、LD8（2A80）、LD9（2A90）等。用于制造 150～225 ℃下工作的零件，如压气机叶片、超声速飞机蒙皮等。

（2）铸造铝合金。根据组成元素不同，铸造铝合金主要有 Al–Si 系、Al–Cu 系、Al–Mg 系、Al–Zn 系 4 种。Al–Si 系铸造铝合金的铸造性能好，具有优良的耐蚀性、耐热性和焊接性能。常用的牌号是 ZAlSi12（ZL102）用于电动机壳体、汽缸体、活塞等。

Al–Cu 系铸造铝合金耐热性好，强度较高。但密度大，铸造性能、耐蚀性能差，强度低于 Al–Si 系合金。常用代号有 ZAlCu5Mn（ZL201）、ZAlCu4（ZL203）等。主要用于制造在较高温度下工作的高强度零件，如内燃机汽缸头、汽车活塞等。

Al–Mg 系铸造铝合金耐蚀性好，强度高，密度小。但铸造性能差，耐热性低。常用代号为 ZAlMg10（ZL301）、ZAlMg5Si1（ZL303）等。主要用于制造外形简单、承受冲击载荷、在腐蚀性介质下工作的零件，如舰船配件、氨用泵体等。

Al–Zn 系铸造性能好，强度较高，可自然时效强化。但密度大，耐蚀性较差。常用代号为 ZAlZn11Si7（ZL401）、ZAlZn6Mg（ZL402）等。主要用于制造形状复杂受力较小的汽车、飞机、仪器零件。

1.4.2 铜及铜合金

铜是一种重要的有色金属，纯铜呈紫红色，故又称紫铜，具有面心立方晶格，无同素异构转变，无磁性。纯铜具有优良的导电性和导热性，在大气、淡水和冷凝水中有良好的耐蚀性，塑性好。铜合金常加元素为 Zn、Sn、Al、Mn、Ni、Fe、Be、Ti、Zr、Cr 等，既提高了强度，又保持了纯铜特性。

铜合金分为黄铜、青铜、白铜三大类。

1. 黄铜

以锌为主要合金元素的铜合金称为黄铜。黄铜按化学成分可分为普通黄铜和特殊黄铜。按工艺可分为加工黄铜和铸造黄铜。

（1）普通黄铜。铜与锌的二元合金称为普通黄铜。黄铜分为单相黄铜和两相黄铜。单相黄铜塑性好。常用牌号有 H80、H70、H68。适于制造冷变形零件，如弹壳、冷凝器管等。两相黄铜热塑性好，强度高。常用牌号有 H59、H62。适于制造受力件，如垫圈、弹簧、导管、散热器等。

（2）特殊黄铜。在普通黄铜的基础上加入 Al、 Fe、Si、Mn、Pb、 Sn、Ni 等元素形成特殊黄铜。特殊黄铜强度、耐蚀性比普通黄铜好，铸造性能改善。常用牌号有 HPb63–3、HAl60–1–1、HSn62–1、HFe59–1–1、ZCuZn38Mn2Pb2、ZCuZn16Si4 等。主要用于船舶及化工零件，如冷凝管、齿轮、螺旋桨、轴承、衬套及阀体等。

2. 青铜

除黄铜和白铜外的其他铜合金统称为青铜。加工青铜的牌号为：Q＋主加元素符号及其平均百分含量＋其他元素平均百分含量。如 QSn4–3（含 4%Sn、3%Zn）。

常用青铜有锡青铜、铝青铜、铍青铜、硅青铜、铅青铜等。

（1）锡青铜。以锡为主加元素的铜合金，锡含量一般为 3%～14%。锡青铜铸造流动性差，铸件密度低，易渗漏，但体积收缩率在有色金属中最小。锡青铜耐蚀性良好，在大气、海水及无机盐溶液中的耐蚀性比纯铜和黄铜好，但在硫酸、盐酸和氨水中的耐蚀性较差。

常用牌号有 QSn4–3、QSn6.5–0.4、ZCuSn10Pb1 等。主要用于耐蚀承载件，如弹簧、轴承、齿轮轴、蜗轮、垫圈等。

（2）铝青铜。以铝为主加元素的铜合金，铝含量为 5%～11%。强度、硬度、耐磨性、耐热性及耐蚀性高于黄铜和锡青铜，铸造性能好，但焊接性能差。常用牌号有 QAl5、QAl7、

ZCuAl8Mn13Fe3Ni2 等。主要用于制造船舶、飞机及仪器中的高强度、耐磨、耐蚀件，如齿轮、轴承、蜗轮、轴套、螺旋桨等。

（3）铍青铜。以铍为主加元素的铜合金，铍含量为 1.7%～2.5%。具有高的强度、弹性极限、耐磨性、耐蚀性，良好的导电性、导热性、冷热加工及铸造性能，但价格较贵。常用牌号有 QBe2、QBe1.7、QBe1.9 等。用于重要的弹性件、耐磨件，如精密弹簧、膜片，高速、高压轴承及防爆工具、航海罗盘等重要机件。

3. 白铜

以镍为主要合金元素的铜合金称白铜。分普通白铜和特殊白铜。

（1）普通白铜是 Cu–Ni 二元合金，具有较高的耐蚀性和抗腐蚀疲劳性能及优良的冷热加工性能。普通白铜牌号：B＋镍的平均百分含量，如 B5。常用牌号有 B5、B19 等。用于在蒸汽和海水环境下工作的精密机械、仪表零件及冷凝器、蒸馏器、热交换器等。

（2）特殊白铜是在普通白铜的基础上添加 Zn、Mn、Al 等元素形成的，分别称为锌白铜、锰白铜、铝白铜等。其耐蚀性、强度和塑性高，成本低。常用牌号如 BMn40–1.5、BMn43–0.5，用于制造精密机械、仪表零件及医疗器械等。

1.4.3 粉末冶金材料简介

粉末冶金是以金属粉末（或金属粉末与非金属粉末的混合物）为原料，通过成形、烧结或热成形制成金属制品或材料的一种冶金工艺技术。粉末冶金法可制出尺寸准确、表面光洁的零件，制取的合金压制品形状、尺寸可达到或接近零件要求，可达到少切削甚至无切削生产工艺要求。

粉末冶金常用来制作减摩材料、结构材料、摩擦材料、硬质合金、难熔金属材料、过滤材料、金属陶瓷、无偏析高速工具钢、磁性材料、耐热材料等。

硬质合金是以碳化钨或碳化钨与碳化钛等高熔点、高硬度碳化物为基体，加入钴作为黏结剂的一种粉末冶金材料。硬质合金具有很高的常温硬度（69～81 HRC），高的热硬性（可达 900～1 000 ℃），优良的耐磨性。主要用于制造高速切削硬而韧材料的刀具，制造某些冷作模具、量具及不受冲击、振动的高耐磨零件。

常用硬质合金按成分可分为三类：钨钴类硬质合金、钨钛类硬质合金和钨钛钽类硬质合金。

项目 2　钢的热处理技术

【引导项目】为图 1 所示组合钻床主轴进行热处理工艺安排

【教师引领】

（1）该钻床主轴对强度、硬度、韧性等力学性能有何要求？

（2）该钻床主轴有何种精度要求？

（3）用什么热处理工艺才能达到这些力学要求？才能有利于精度的保证？

【兴趣提问】钻床主轴按图纸尺寸加工完毕就可以直接装配使用吗？

知识点 2.1　钢的固态相变

钢的热处理工艺过程由加热、保温、冷却三个阶段组成。因此了解热处理的工艺方法，必须了解钢在加热、保温、冷却过程中组织的变化规律，即钢的固态相变。钢在热处理时，首先要加热，当加热温度达到如图 2–1 中 A_1 点以上时，其组织要发生由珠光体向奥氏体的转化，这种转变称为奥氏体化。

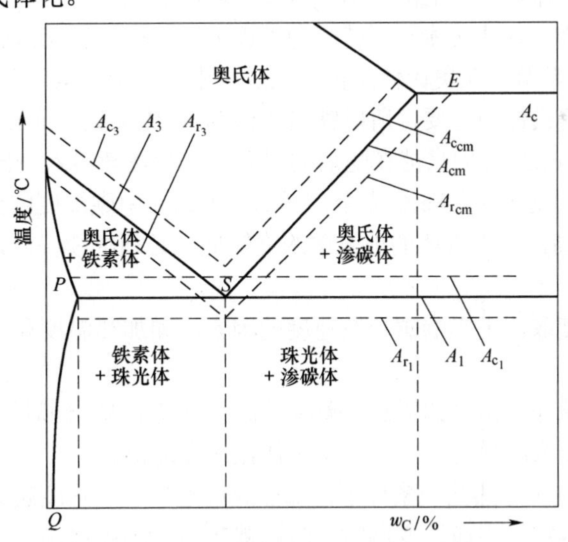

图 2–1　钢在实际加热和冷却时的临界点

由铁碳合金相图得知，碳钢在缓慢加热和冷却时转变温度为 A_1、A_3 和 A_{cm}，因此 A_1、A_3 和 A_{cm} 点是平衡临界点。但在实际热处理中加热和冷却并不是极缓慢的，因此不可能在平衡临界点进行组织转变。由图 2–1 可知，实际加热时各临界点的位置分别为 A_{c_1}、A_{c_3} 和 $A_{c_{cm}}$。而实际冷却时各临界点的位置分别是 A_{r_1}、A_{r_3} 和 $A_{r_{cm}}$。

加热的目的是将组织奥氏体化，钢经奥氏体化后，以不同冷却方式进行冷却，便得到不同的组织，从而使钢获得需要的性能。奥氏体化是钢组织转变的基本条件。下面以共析钢为例，了解奥氏体形成的过程及其对钢材性能的影响。

2.1.1 钢在加热时的转变

共析钢在 A_1 点以下全部为珠光体组织，珠光体（P）向奥氏体（A）的转变过程中必须进行晶格改组和铁碳原子的扩散。奥氏体的形成是通过形核及长大过程来实现的，可分为四个阶段，如图 2–2 所示。

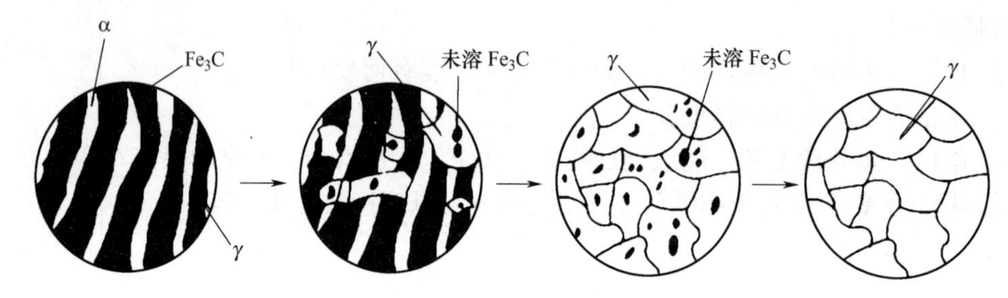

图 2–2 珠光体向奥氏体转变过程

（1）奥氏体晶核的形成。钢加热到 A_{c1} 以上时，珠光体变得不稳定，铁素体（F）和渗碳体（Fe_3C）的界面在成分和结构上处于最有利于转变的条件下，首先在这里形成奥氏体 A 晶核。

（2）奥氏体晶核的长大。A 晶核形成后，随即也建立起 A–F 和 A–Fe_3C 的碳浓度平衡，并存在一个浓度梯度。在此浓度梯度的作用下，奥氏体内碳原子由 Fe_3C 边界向铁素体边界扩散，使其渗碳体和铁素体两边界上的平衡碳浓度遭破坏。为了维持碳浓度的平衡，渗碳体必须不断往奥氏体中溶解，且铁素体不断转变为奥氏体。这样，奥氏体晶核便向两边长大了。

（3）剩余 Fe_3C 的溶解。在奥氏体晶核长大过程中，由于 Fe_3C 溶解提供的碳原子远多于同体积铁素体转变为奥氏体的需要，所以铁素体比 Fe_3C 先消失，而在奥氏体全部形成之后，还残存一定量的未溶 Fe_3C。它们只能在随后的保温过程中逐渐溶入奥氏体中，直至完全消失。

（4）奥氏体成分的均匀化。Fe_3C 完全溶解后，奥氏体中碳浓度的分布并不均匀，原先是 Fe_3C 的地方碳浓度较高，而铁素体的地方碳浓度较低，必须继续保温，通过碳的扩散，使奥氏体成分均匀化。

奥氏体的形成速度取决于影响碳扩散速度的因素，如加热温度和速度、钢的成分和原始组织等。

（1）加热温度。随加热温度的提高，碳原子扩散速度增大。同时温度高时 *GS* 和 *ES* 线间的距离大，奥氏体中碳浓度梯度大，所以奥氏体化速度加快。

（2）加热速度。在实际热处理条件下，加热速度越快，过热度越大，发生转变的温度越高，转变的温度范围越宽，完成转变所需的时间就越短，因此快速加热（如高频感应加热）时，不用担心转变来不及的问题。

（3）钢中碳含量。碳含量增加时，Fe_3C 量增多，铁素体和 Fe_3C 的相界面增大，因而奥氏体的核心增多，转变速度加快。

（4）合金元素。合金元素的加入，不改变奥氏体形成的基本过程，但显著影响奥氏体的形成速度。

（5）原始组织。原始珠光体中的 Fe_3C 有两种形式：片状和粒状。原始组织中 Fe_3C 为片状时奥氏体形成速度快，因为它的相界面积较大。而且 Fe_3C 片间距越小，相界面越大，同时奥氏体晶粒中碳浓度梯度也大，所以长大速度更快。

2.1.2　钢在冷却时的转变

钢的奥氏体化不是热处理的最终目的，而是为随后的冷却过程中组织转变做准备。因为大多数机械构件都在室温下工作，且钢件性能最终取决于冷却转变后的组织。不同的冷却条件，会得到不同的组织，从而得到钢的不同性能。因此，热处理的关键是冷却过程。

在热处理过程中，冷却速度往往是比较快的，奥氏体快速冷却到临界点以下某一温度时，奥氏体来不及立即转变，存在一个孕育期，处于过冷状态，称为过冷奥氏体。过冷奥氏体的转变产物，决定于它的转变温度，而转变温度又主要与冷却的方式和速度有关。在热处理中，通常有两种冷却方式：等温冷却与连续冷却。

1. 共析钢过冷奥氏体 C 曲线

将奥氏体化后的共析钢快速冷却至临界点以下的某一温度做等温停留，并测定奥氏体转变量与时间的关系，即可得到过冷奥氏体等温转变动力学曲线。将各个温度下转变开始和终了时间标注在温度–时间坐标中，并连成曲线，即得到共析钢的过冷奥氏体等温转变曲线，如图 2–3 所示。这种曲线形状类似字母“C”，故称为 C 曲线（亦称 TTT 图）。它不仅可以表达不同温度下过冷奥氏体转变量与时间的关系，同时也可以显示出过冷奥氏体等温转变的产物。

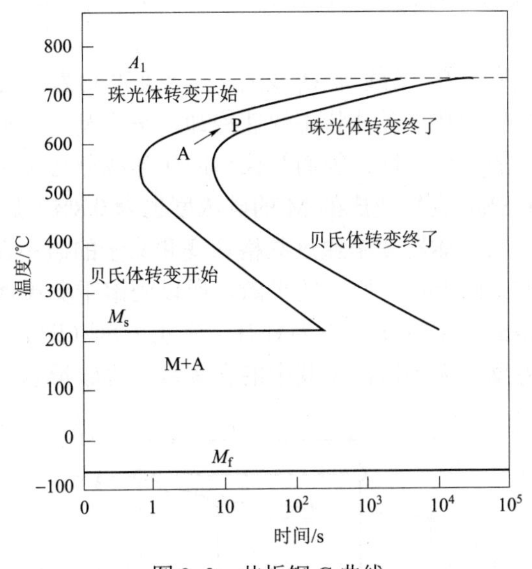

图 2–3　共析钢 C 曲线

（1）C 曲线上各线、区的含义。C 曲线上部的水平线 A_1 是珠光体和奥氏体的平衡（理论转变）温度，A_1 线以上为奥氏体稳定区，A_1 线以下为过冷奥氏体转变区。在该区内，左边的曲线为过冷奥氏体转变开始线，该线以左为过冷奥氏体孕育区，它的长短标志着过冷奥氏体稳定性的大小，右边的曲线为冷奥氏体转变终了线。其右部为过冷奥氏体转变产物区。两条曲线之间为转变过渡区。C 曲线下面的两条水平线分别表示奥氏体向马氏体转变开始温度 M_s 点和奥氏体向马氏体转变终了温度 M_f 点，两条水平线之间为马氏体和过冷奥氏体的共存区。

（2）C 曲线的“鼻尖”。由图 2–3 可见，共析钢在 550 ℃左右孕育期最短，过冷奥氏体最不稳定，它是C曲线的“鼻尖”。在鼻尖以上，随温度下降（即过冷度增大），孕育区变短，转变加快；在鼻尖以下，随温度下降，转变所需的原子的扩散能力降低，孕育区逐渐变长，转变渐慢。

2. 共析钢过冷奥氏体等温转变产物的组织形态

根据过冷奥氏体转变温度的不同，C曲线包括3个转变区。

（1）在 A_1～550 ℃之间，转变产物为珠光体，此温区称珠光体转变区。珠光体是铁素体和渗碳体的机械混合物，渗碳体呈层状分布在铁素体基体上。转变温度越低，层间距越小。按层间距不同，珠光体组织习惯上分为珠光体（P）、索氏体（S）和屈氏体（T）。它们并无本质区别，也没有严格界限，只是形态上不同。珠光体较粗，索氏体较细，屈氏体最细（具体见表2–1）。

表2–1 过冷奥氏体高温转变产物的形成温度和性能

组织名称	表示符号	形成温度范围/℃	硬度	能分辨片层的放大倍数
珠光体	P	A_1～650	170～200 HB	＜500×
索氏体	S	650～600	25～35 HRC	＞1 000×
屈氏体	T	600～550	35～40 HRC	＞2 000×

（2）在550 ℃～M_s之间，转变产物为贝氏体（B），此温区称B转变区。贝氏体是碳化物（Fe_3C）分布在碳过饱和的铁素体基体上的两相混合物。奥氏体向贝氏体的转变属于半扩散型转变，铁原子不扩散而碳原子有一定扩散能力。转变温度不同，形成的贝氏体形态也明显不同。通常将550～350 ℃形成的贝氏体称上贝氏体（$B_{上}$），350 ℃～M_s形成的贝氏体叫下贝氏体（$B_{下}$）。

（3）马氏体的转变过程。在 M_s 线到 M_f 线之间，转变产物为马氏体（M），此温区称马氏体转变区。马氏体转变是指钢从奥氏体状态快速冷却，来不及发生扩散分解而产生的无扩散型转变，由于马氏体转变的无扩散性，因而马氏体的化学成分与母相奥氏体完全相同。如共析钢的奥氏体碳浓度为0.8%，它转变成的M的碳浓度也为0.8%。显然，马氏体是碳在α–Fe中的过饱和间隙固溶体。马氏体转变是通过共格切变和原子的微小调整来向α相转变（属复杂转变，此处不赘述）的。由于没有原子的扩散，所以固溶于奥氏体中的碳原子被迫保留在α相的晶格中，造成晶格的严重畸变，成为具有一定正方度（即 c/a）的体心正方晶格，如图2–4所示。马氏体正方度的大小取决于其中的含碳量，含碳量越高，正方度越大。

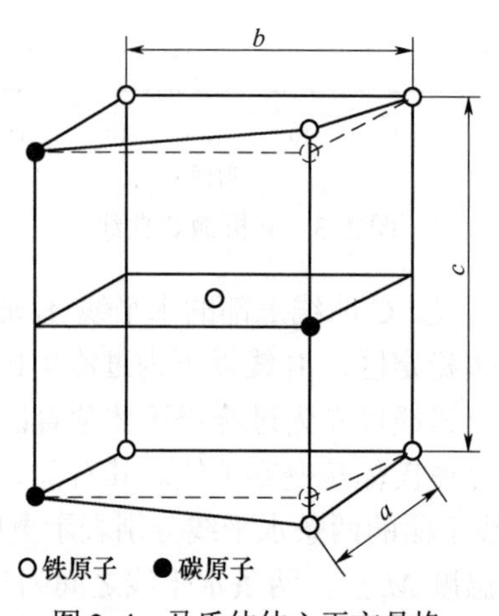

图2–4 马氏体体心正方晶格

马氏体的形态主要有两种，即板条状和针片状。具体形成哪个形态主要取决于马氏体含碳量，含碳量低于 0.20%时，几乎完全为板条状，含碳量高于 1.0%时，基本为针片状，含碳量介于 0.20%～1.0%时，马氏体为板条状和针片状的混合组织。一般认为马氏体的塑性和韧性都很差，实际上只有针片状马氏体硬而脆，而板条状马氏体则具有较好的韧性。尽可能细化奥氏体晶粒，以获得细小的马氏体组织，这是提高马氏体韧性的有效途径。

知识点 2.2　钢的热处理

钢的原材料往往在硬度、强度等方面不能直接满足构件的力学使用要求，比如不耐磨，或者经过热加工、粗加工后变得难以切削加工。因此，为了满足零件的相应力学要求或加工工艺要求，需要改变或局部改变钢材的性能。一般需要在零件加工过程中进行热处理，通过改变钢的组织来满足零件的力学性能要求或改善加工工艺性。钢的热处理方法主要有退火、正火、淬火、回火及表面淬火等。

2.2.1　钢的退火与正火

在机械零件加工过程中，退火和正火往往是不可缺少的先行工序，具有承前启后的作用。机械零件的毛坯如锻件、铸件或焊接件，退火或正火后，可以消除或减轻毛坯零件的内应力及改善组织的不均匀性，从而改善钢件的力学性能和切削工艺性能，为切削加工及最终热处理（淬火）做好组织、性能准备。一些对性能要求不高的机械零件或工程构件，退火和正火亦可作为最终热处理。

1. 退火

将钢加热到适当温度，保温一定时间，随后在炉中缓慢冷却以获得接近平衡状态组织的热处理工艺，称为退火。铸造、锻造后的零件，组织不均匀，有较大内应力，使得后续的切削加工不好加工，或容易使零件变形，这些零件在切削加工之前往往需要进行退火，使组织均匀及消除内应力。

退火工艺种类很多，常用的有完全退火、等温退火、球化退火、扩散退火、去应力退火及再结晶退火等。不同退火工艺的加热温度范围如图 2–5 所示，它们有的加热到临界点以上，有的加热到临界点以下。对于加热温度在临界点以上的退火工艺，其质量主要取决于加热温度、保温时间、冷却速度及等温温度等。对于加热温度在临界点以下的退火工艺，其质量主要取决于加热温度的均匀性。

（1）完全退火。完全退火（又称重结晶退火）是将亚共析钢加热到 A_{c_3} 以上 30～50 ℃，保温一定时间后随炉缓慢冷却或埋入石灰和砂中冷却，以获得接近平衡组织的一种热处理工艺。它主要用于亚共析钢，其主要目的是细化晶粒、均匀组织、消除内应力、降低硬度和改善钢的切削加工性能。低碳钢和过共析钢不宜采用完全退火。低碳钢完全退火后硬度偏低，不利于切削加工。过共析钢完全退火，加热温度在 $A_{c_{cm}}$ 以上，会有网状二次渗碳体沿奥氏体晶界析出，造成钢的脆化。

（2）等温退火。等温退火是将钢件或毛坯加热到高于 A_{c_3}（含碳量为 0.3%～0.8%的亚共析钢）以上 30～50 ℃或 A_{c_1}（含碳量为 0.8%～1.2%的过共析钢）以上 10～20 ℃的温度，保温适当时间后较快地冷却到珠光体区的某一温度，并等温保持，使奥氏体转变为珠光体组织，然后缓慢冷却的热处理工艺。

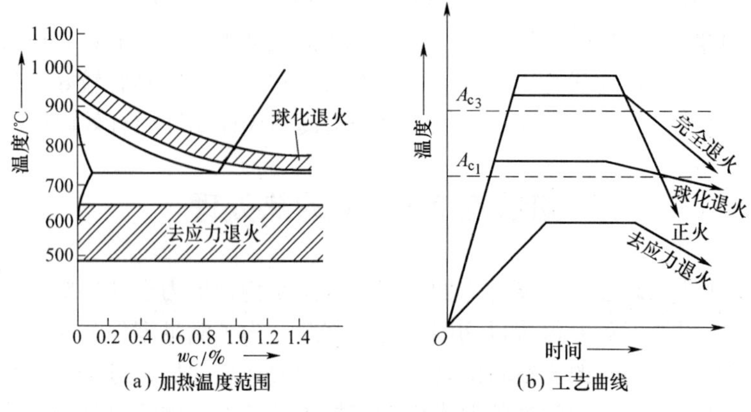

图 2–5　各种退火工艺的加热温度范围

完全退火所需时间很长，特别是对于某些奥氏体比较稳定的合金钢，往往需要几十个小时，为了缩短退火时间，可采用等温退火。

（3）球化退火。球化退火是将钢件加热到 A_{c_1} 以上 20～30 ℃，充分保温使未溶二次渗碳体球化，然后随炉缓慢冷却或在 A_{r_1} 以下 20 ℃左右进行长期保温，使珠光体中渗碳体球化（退火前用正火将网状渗碳体破碎），随后出炉空冷的热处理工艺。主要用于共析钢和过共析钢，如工具钢、滚珠轴承钢等，其主要目的在于降低硬度，改善切削加工性能，并为以后的淬火做组织准备。

（4）去应力退火。去应力退火是将钢件加热到低于 A_{c_1} 的某一温度（一般为 500～650 ℃），保温，然后随炉冷却，从而消除冷加工及铸造、锻造和焊接过程中引起的残余内应力而进行的热处理工艺。去应力退火能消除内应力为 50%～80%，不引起组织变化。还能降低硬度，提高尺寸稳定性，防止工件的变形和开裂。

2. 正火

由于退火的冷却方式一般是炉冷，所以冷却速度慢，生产周期长。一般工业上用正火代替退火。将钢件加热到 A_{c_3}（对于亚共析钢）和 $A_{c_{cm}}$（对于过共析钢）以上 30～50 ℃，保温适当时间后，在自由流动的空气中均匀冷却，得到珠光体类组织（一般为索氏体）的热处理工艺称为正火。

正火的冷却速度较退火快，得到的珠光体组织的片层间距较小，珠光体更为细薄，目的是使钢的组织正常化，所以亦称常化处理。例如，含碳小于 0.4%时，可用正火代替完全退火。正火和完全退火相比，能获得更高的强度和硬度。正火生产周期较短，设备利用率较高，节约能源，成本较低，所以在生产实际中尽量用正火代替退火。

2.2.2　钢的淬火

有一些零件需要耐磨性好，也就是表面硬度要高，提高材料表面硬度的热处理方式通常是淬火。

淬火就是把钢加热到临界温度（A_{c_3} 或 A_{c_1}）以上，保温一定时间使之奥氏体化后，再以大于临界冷却速度的冷却速度急剧冷却，从而获得马氏体的热处理工艺。

1. 钢的淬火工艺

（1）淬火温度的选择。亚共析钢的淬火温度为 A_{c_3} 以上 30～50 ℃；共析钢和过共析钢的淬火温度为 A_{c_1} 以上 30～50 ℃。如图 2–6 所示。

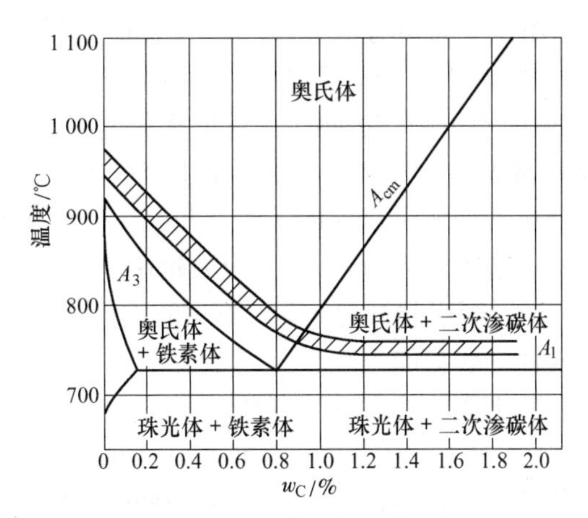

图 2–6　钢淬火加热温度范围

亚共析钢必须加热到 A_{c_3} 以上，否则淬火组织中会保留自由铁素体，使其硬度降低。过共析钢加热到 A_{c_1} 以上时，组织中会保留少量二次渗碳体，而有利于提高硬度和耐磨性，并且由于降低了奥氏体中的碳含量，可以改变马氏体的形态，从而降低马氏体的脆性。此外，还可减少淬火后残余奥氏体的量。但是淬火温度太高，会形成粗大的马氏体组织，使力学性能恶化，同时也增大淬火应力，使变形和开裂倾向增大。

（2）加热时间的确定。加热时间包括升温时间和保温时间。通常以装炉后炉温达到淬火温度所需时间为升温时间，并以此作为保温时间的开始，保温时间是指钢件烧透并完成奥氏体化所需的时间。

加热时间受钢件成分、尺寸和形状、装炉量、加热炉类型、炉温和加热介质等因素的影响。可根据热处理手册中介绍的经验公式来估算，也可由实验来确定。

（3）淬火冷却介质。加热至奥氏体状态的钢件必须在冷却速度大于临界冷却速度的情况下才能得到预期的马氏体组织，即希望在 C 曲线鼻子附近的冷却速度愈快愈好。但在 M_s 点以下，为了减少因马氏体形成而造成的组织应力，又希望冷速尽量慢一些。这样既能保证钢件淬火完成，又不致引起太大的变形，但至今还未找到这样理想的冷却介质。

常用的冷却介质是水和油。

淬火用水作冷却介质时，在 650～550 ℃范围冷却能力较大，在 300～200 ℃范围也较大，因此易造成零件的变形和开裂，这是它的最大缺点。提高水温能降低 650～550 ℃范围的冷却能力，但对 300～200 ℃的冷却能力几乎没有影响。这样既不利于淬硬，也不能避免变形，所以淬火用水的温度一般控制在 30 ℃以下。用水作冷却介质既经济又可循环使用，因此在生产上主要用于形状简单、截面较大的碳钢零件的淬火冷却介质。

油冷却介质通常为各种矿物油（如锭子油、变压器油等）。它的优点是在 300～200 ℃范围冷却能力低，有利于减少钢件的变形和开裂，缺点是在 650～550 ℃范围冷却能力比较低，不利于钢件的淬硬，所以油一般作为合金钢的淬火介质。另外，油温不能太高，以免其黏度降低，流动性增大而提高冷却能力。油超过燃点易引起着火，且长期使用会老化。

2. 淬火时易出现的缺陷及防止措施

（1）淬火后硬度不足或出现软点。产生这类缺陷的主要原因有：① 亚共析钢加热温度低或保温时间不充分，淬火组织中残留有铁素体；② 加热时钢件表面发生氧化、脱碳，淬火后局部生成非马氏体组织；③ 淬火时冷却速度不足或冷却不均匀，未全部得到马氏体组织；④ 淬火介质不清洁，工件表面不干净，影响了工件的冷却速度，致使未能完全淬硬。

（2）变形和开裂。这是常见的两种缺陷，主要是由淬火应力引起的，淬火应力包括热应力（即淬火钢件内部温度分布不均所引起的内应力）和组织应力（即淬火时钢件各部转变为马氏体时体积膨胀不均匀所引起的内应力）。淬火应力超过钢的屈服极限时，引起钢件变形，淬火应力超过钢的强度极限时，则引起开裂。变形不大的零件，可在淬火和回火后进行校直，变形较大或出现裂纹时，零件一般只能报废。

减少和防止变形、开裂的主要措施有以下几项。

① 正确选材和合理设计。对于形状复杂、截面变化大的零件，应选用淬透性好的钢种，以便采用油冷淬火。在零件结构设计中，必须考虑热处理的要求，如尽量减少不对称性、避免尖角，等等。

② 淬火前进行退火或正火，以细化晶粒并使组织均匀化，减少淬火产生的内应力。

③ 淬火加热时严格控制加热温度，防止过热使奥氏体晶粒粗化，同时也可减小淬火时的热应力。

④ 采用适当的冷却方法。如采用双介质淬火、分级淬火或等温淬火等。淬火时尽可能使零件冷却均匀。厚薄不均的零件，应先将厚的部分淬入介质中。薄件、细长件和复杂件，可采用夹具或专用淬火压床进行冷却。

⑤ 淬火后及时回火，以消除应力，提高工件的韧性。

3. 钢的淬透性与淬硬性

淬透性是钢的一个重要的热处理工艺性能，它是根据使用性能合理选择钢材和正确制订热处理工艺的重要依据。

钢的淬透性是指奥氏体化后的钢在淬火时获得马氏体的能力，其大小可用钢在一定条件下淬火获得淬透层深度表示。淬透层越深，表明钢的淬透性越好。

一定尺寸的工件在某种冷却介质中淬火时，其淬透层的深度与工件从表面到心部各点的冷却速度有关。若工件心部的冷却速度能达到或超过钢的临界冷却速度，则工件从表面到心部均能得到马氏体组织，这表明工件已淬透。若工件心部的冷却速度达不到临界冷却速度，仅外层冷却速度超过临界冷却速度，则心部只能得到部分马氏体或全部非马氏体组织，这表明工件未淬透。在这种情况下，工件从表到里是由一定深度的淬透层和未淬透的心部组成。显然钢的淬透层深度与钢件尺寸及淬火介质的冷却能力有关。工件尺寸越小，淬火介质冷却能力越强，则钢的淬透层深度越大。反之，工件尺寸越大，介质冷却能力越弱，则钢的淬透层深度就越小。

需要特别强调两个问题，一是钢的淬透性与具体工件的淬透层深度的区别。淬透性是钢的一种工艺性能，也是钢的一种属性，对于一种钢在一定的奥氏体化温度下淬火时，其淬透性是确定不变的。钢的淬透性的大小用规定条件下的淬透层深度表示。而具体工件的淬透层深度是指在实际淬火条件下得到的半马氏体区至工件表面的距离，是不确定的，它受钢的淬透性、工件尺寸及淬火介质的冷却能力等诸多因素的影响。二是淬透性与碎硬性的区别。淬硬性是指钢在淬火时的硬化能力，用淬火后马氏体所能达到的最高硬度表示，它主要取决于马氏体中的含碳量。淬透性和淬硬性并无必然联系，如过共析碳钢的淬硬性高，但淬透性低，而低碳合金钢的淬硬性虽然不高，但淬透性很好。

2.2.3　钢的回火

由于钢淬火后得到的是性能很脆的马氏体组织，并存在有内应力，容易产生变形和开裂。并且淬火马氏体和残余奥氏体都是不稳定组织，在工作中会发生分解，导致零件尺寸的变化，所以淬火钢一般不直接使用，必须进行回火热处理。钢件淬火后，为了消除内应力并获得所要求的组织和性能，将其加热到 A_{c_1} 以下的某一温度，保温一定时间，然后冷却到室温的热处理工艺叫作回火。

淬火钢回火后的组织和性能决定于回火温度。按回火温度范围的不同，可将钢的回火分为以下 3 类。

（1）低温回火。低温回火的回火温度为 150～250 ℃，所得组织为回火马氏体。淬火钢经低温回火后仍保持较高硬度（58～64 HRC）和高耐磨性。其主要目的是降低淬火应力和脆性。各种高碳钢、模具及耐磨零件通常采用低温回火。

（2）中温回火。中温回火的回火温度为 350～500 ℃，所得组织为回火屈氏体。淬火钢经中温回火后，硬度为 35～45 HRC，但具有较高的弹性极限和屈服极限，并有一定的塑性和韧性。中温回火主要用于各种弹簧的处理。如 65 钢制作弹簧时回火温度一般在 380 ℃左右。

（3）高温回火。高温回火的回火温度为 500～650 ℃，所得组织为回火索氏体，硬度为 25～35 HRC。淬火钢经高温回火后，在保持较高强度的同时，又具有较好的塑性和韧性，即综合机械性能较好。人们通常将中碳钢淬火后再进行高温回火的热处理称为调质热处理。它广泛应用于各种重要的结构零件的热处理，如在交变载荷下工作的连杆、螺栓、齿轮及轴类等均需要进行调质处理。

回火虽然会降低淬火硬度，但可以通过控制回火温度获得需要的硬度。在硬度、塑性和韧性之间找到材料所需的最佳平衡。

【教学建议】可利用网络资源下载调质热处理的相关视频，以增进学生对相关知识的掌握。

2.2.4　钢的表面淬火

许多机械零件齿轮、凸轮要求表面耐磨，而心部要求有足够塑性和韧性。这时，可以采用表面淬火的热处理工艺。

表面淬火是通过快速加热使钢表层奥氏体化，然后淬火冷却，这样可使表层获得硬而耐磨的马氏体，而心部组织未发生变化，仍保持较高的塑性和韧性，做到“外硬内韧”。目前生产中使用最多的是感应加热表面淬火和火焰加热表面淬火。

1. 感应加热表面淬火

感应线圈中通以交流电时，即在其内部和周围产生一个与电流频率相同的交变磁场。若把工件置于磁场中，则在工件内部产生感应电流，并由于电阻的作用而被加热。由于交流电的集肤效应，感应电流在工件截面上的分布是不均匀的，靠近表面的电流密度最大，而中心几乎为零。电流透入工件表层的深度，主要与电流频率有关。对于碳钢，存在以下关系表达式：$\delta=\dfrac{500}{\sqrt{f}}$。式中，$\delta$为电流透入深度（mm），$f$为电流频率（Hz）。可见，电流频率越高，电流透入深度越小，加热层也越薄。因此，通过频率的选定，可以得到不同的淬硬层深度。例如，要求淬硬层2～5 mm时，适宜的频率为2 500～8 000 Hz，可采用中频发电机或可控硅变频器。对于淬硬层为0.5～2 mm的工件，可采用电子管式高频电源，其常用频率为200～300 kHz。频率为50 Hz的工频发电机，适于处理要求10～15 mm以上淬硬层的工件。

感应加热表面淬火一般用于中碳钢和中碳低合金钢，如45、40Cr、40MnB钢等。这类钢经预先热处理（正火或调质）后表面淬火，心部保持较高的综合机械性能，而表面具有较高的硬度（大于50 HRC）和耐磨性。高碳钢也可表面淬火，主要用于受较小冲击和交变载荷的工具、量具等。

2. 火焰加热表面淬火

火焰加热表面淬火，是用乙炔–氧或煤气–氧等火焰加热工件表面。火焰温度很高（3 000 ℃以上），能将工件表面迅速加热到淬火温度。然后，立即用水喷射冷却。调节烧嘴的位置和移动速度，可以获得不同厚度的淬硬层。显然，烧嘴越靠近工件表面和移动速度越慢，表面过热度越大，获得的淬硬层也越厚。调节烧嘴和喷水管之间的距离也可以改变淬硬层的厚度。

火焰加热表面淬火和高频感应加热表面淬火相比，具有设备简单、成本低等优点。但生产率低，零件表面存在不同程度的过热，质量控制也比较困难。因此主要适用于单件、小批量生产及大型零件（如大型齿轮、轴、轧辊等）的表面淬火。

【教学建议】可利用网络资源下载如齿轮表面淬火的相关视频，以增进学生对相关知识的掌握。

2.2.5 钢的化学热处理

钢的化学热处理是将钢件置于一定温度的活性介质中保温，使一种或几种元素渗入它的表面，改变其化学成分和组织，满足表面性能技术要求的热处理工艺。按照表面渗入的元素不同，化学热处理可分为渗碳、氮化、碳氮共渗、渗硼、渗铝等。

1. 渗碳

低碳钢在淬火热处理时，由于其含碳量低，所以形成马氏体的含量少，达不到需要的硬度。因此，在淬火热处理前往往要先提高表层的含碳量，即先进行渗碳处理。将低碳钢放入渗碳介质中，在900～950 ℃加热保温，使活性碳原子渗入钢件表面以获得高碳浓度（约1.0%）渗层的化学热处理工艺称为渗碳。在经过适当淬火和回火处理后，可提高表面的硬度、耐磨性及疲劳强度，而使心部仍保持良好的韧性和塑性。因此渗碳主要用于同时承受严重磨损和较大冲击载荷的零件，如各种齿轮、活塞销、套筒等。渗碳钢的含碳量一般为0.1%～0.3%，常用渗碳钢有20、20Cr、20CrMnTi等。

为了充分发挥渗碳层的作用，使渗碳件表面获得高硬度和高耐磨性，心部保持足够的强度和韧性，工件在渗碳后必须进行回火热处理（淬火＋低温回火）。

2. 氮化

氮化（渗氮）就是向钢的表面渗入氮元素的热处理工艺。氮化的目的在于更大程度地提高钢件表面的硬度和耐磨性，提高疲劳强度和耐蚀性。

与渗碳相比，钢件氮化后表层具有更高的硬度和耐磨性。氮化后的工件表层硬度高达 1 000～1 200 HV，相当于 65～72 HRC。这种硬度可保持到 500～600 ℃不降低，故钢件氮化后具有很好的热稳定性。由于氮化层体积胀大，在工件表层形成较大的残余压应力，因此可以获得比渗碳更高的疲劳强度。另外，钢件氮化后表面形成一层致密的氮化物薄膜，从而使工件具有良好的耐腐蚀性能。

钢件经氮化后表层即具有高硬度和高耐磨性，氮化后无须再进行热处理。为了保证工件心部的性能，在氮化前应进行调质处理。

3. 碳氮共渗

碳氮共渗是向钢的表层同时渗入碳和氮的过程，又称作氰化。主要工艺方法有中温气体碳氮共渗和低温气体氮碳共渗，中温气体碳氮共渗的主要目的是提高钢的硬度、耐磨性和抗疲劳强度。低温气体氮碳共渗以渗氮为主，其主要目的是提高钢的耐磨性和抗咬合性。

【引导项目训练】组合钻床主轴热处理工艺安排。

如图 1 所示的某组合钻床主轴，为了达到使用要求，应安排何种热处理？

任务：

（1） 主轴的力学性能要求分析。

① 主轴必须传递机床电动机动力，主轴工作为旋转状态，承受循环交变载荷。因此，要求有足够的强度、韧度，具有良好的综合力学性能。

② 主轴靠轴承定位，因此表面硬度不需太高。

③ 主轴锥面要求插装钻头，所以要求有一定的耐磨性，材料必须热处理达到中等耐磨。

（2） 热处理安排分析。

① 主轴是用什么毛坯加工而成的？这种毛坯好不好加工？应采取什么热处理方式改善它的加工性能？

② 为保证主轴有足够强度和韧性（但硬度要求不高），已知该轴材料为 40Cr（中碳合金钢），应安排何种热处理？

③ 用哪种淬火方式保证主轴锥面的硬度？

（3） 根据以上内容写出分析报告并编写热处理工艺过程。

注：答案见附录 A。

项目 3　热加工技术

【引导项目】为图 1 所示组合钻床主轴选定毛坯

【教师引领】

（1）该钻床主轴对强度、硬度、韧性等力学性能有何要求？

（2）该钻床主轴对精度有何要求？

（3）该钻床主轴的重要程度如何？

（4）选用什么毛坯（棒料、锻造或铸造）来加工钻床主轴才能达到这些力学要求？

【兴趣提问】钻床主轴是直接用棒料加工出来的吗？

知识点 3.1　铸　　造

铸造是指将熔化的金属浇注到与零件形状相适应的铸型空腔中，冷却凝固后，形成具有一定形状与性能的铸造件的生产方法。铸件一般是毛坯，须经切削加工等工艺过程才成为零件。零件精度要求较低和表面粗糙度允许较大的零件，以及经过特种铸造的铸件也可直接使用。

铸造在我国有着悠久的历史，最早可追溯到商代的青铜器，其精美绝伦的工艺至今令世人惊叹，并且我国古代的铸造工艺水平长期走在世界的前列。铸造在现代机械制造行业也十分重要，如各种机床的床身、发动机缸体等都是铸件。随着精密铸造技术、压力铸造技术的发展，铸造还与人们的现代生活越来越密切相关。许多电子产品的外壳，如数码相机、手机、笔记本电脑外壳等越来越多地使用铝镁合金材料进行压力铸造。

铸造生产方法很多，常见有以下两类。

（1）砂型铸造。用型砂紧实成型的铸造方法。型砂来源广泛，价格低廉，且砂型铸造适应性强，因而是目前生产中常用的铸造方法。

（2）特种铸造。与砂型铸造不同的其他铸造方法，如熔模铸造、金属型铸造、压力铸造、低压铸造和离心铸造等。

3.1.1　砂型铸造

砂型铸造是目前最常见的铸造方法，在国民经济装备机械制造毛坯生产中占有十分重要的地位。

1. 砂型铸造工艺过程

砂型铸造是用型砂和芯砂为造型材料制成铸型，液态金属在重力下充填铸型来生产铸件的铸造方法。图 3–1 所示是某套筒铸件的砂型铸造过程。芯盒 1 和模样 2 一般是用木头制造，叫作木模。用来做砂芯 5 的芯砂 3 及用来做砂型 8 的型砂 6 由原砂（山砂或河砂）、黏土和水按一定比例混合而成，其中黏土约为 9%，水约为 6%，其余为原砂。有时还加入少量如煤粉、植物油、木屑等附加物以提高型砂和芯砂的性能。型芯所处的环境恶劣，所以芯砂性能要求比型砂高，同时芯砂的黏结剂（黏土、油类等）比型砂中的黏结剂的比重要大一些。砂型铸造工艺流程如图 3–2 所示。

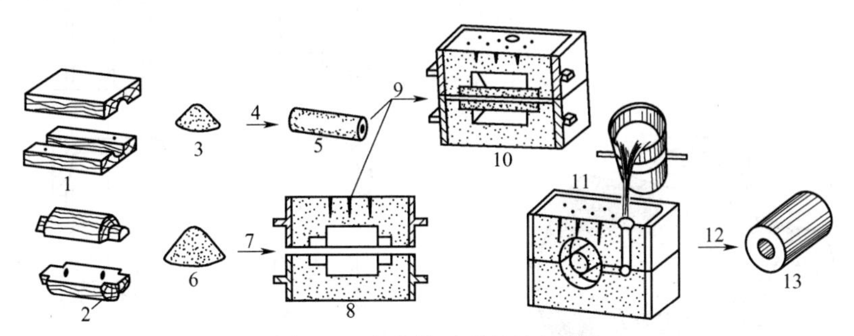

图 3–1　套筒的砂型铸造过程

1—芯盒；2—模样；3—芯砂；4—造型；5—砂芯；6—型砂；7—造型；8—砂型；9—合型；10—铸型；11—浇注；12—落砂清理；13—铸件

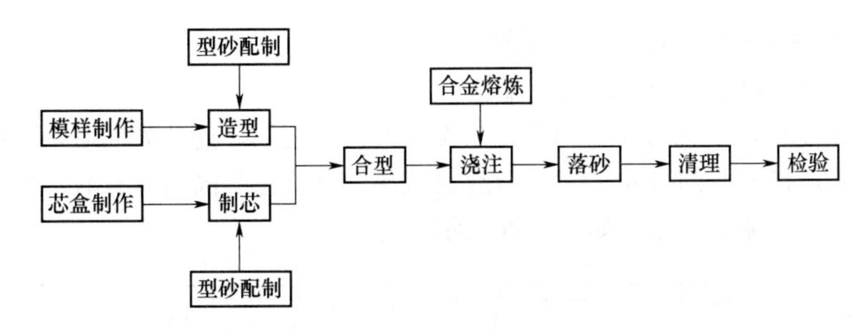

图 3–2　砂型铸造工艺流程

2. 铸件的特性

（1）内应力。铸件在凝固之后继续冷却过程中，其固态收缩若受到阻碍，铸件内部将产生内应力。有些内应力是暂存的，有的则一直保留到室温，后者称为残余内应力。铸造内应力是铸件产生变形、裂纹的基本原因。当铸件内残留铸造应力超过材料屈服极限时，往往产生翘曲变形。

为防止铸件变形和开裂，设计时尽量使铸件壁厚均匀，形状对称。时效处理是去除残余应力、防止变形的有效方法。时效分为自然时效和人工时效。自然时效是将铸件置于露天半年以上，适合于大型铸件，如机床床身等的时效处理。人工时效即为 550～650 ℃去应力退火，适合于小型铸件。时效处理宜放在粗加工之后，以便将铸造应力与粗加工产生的应力一并消除。

（2）铸件常见缺陷。铸件常见的缺陷主要有气孔、缩孔、砂眼等。气孔是在铸件内部或表面有大小不等的光滑孔洞。缩孔多分布在铸件厚断面处，形状不规则，孔内粗糙。砂眼是在铸件内部或表面有充塞砂粒的孔眼。气孔、缩孔、砂眼对铸件的强度、寿命构成很大威胁，因此必须在粗加工阶段通过深切削去除或暴露这些缺陷，严重者直接报废，以免遗留后患。

3. 铸件的结构工艺性

（1）铸造圆角。铸件表面相交处应有圆角，以免铸件冷却时产生缩孔或裂纹，同时防止脱模时砂型落砂。如图 3–3 所示。

（2）铸件要有结构斜度。为便于出模，铸件在内外壁沿起模方向应有斜度，称为拔模斜度。如图 3–4 所示。

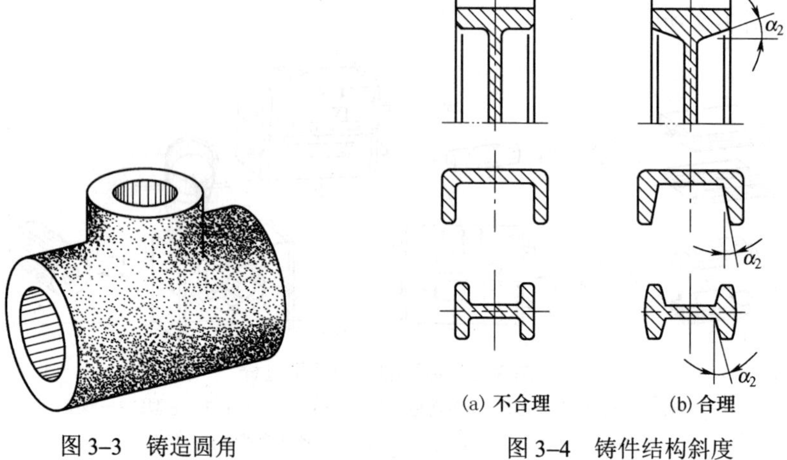

图 3–3　铸造圆角　　　　图 3–4　铸件结构斜度

（3）铸件壁厚应尽可能均匀。壁厚差别过大，温差过大，冷却速度过大，热应力较大，则易产生裂纹。且较厚处易产生缩孔、缩松。

（4）防裂筋的应用。为防裂，通常在易裂处增设防裂筋。筋的方向必须与机械应力方向一致，厚度为被连接壁厚的 1/4～1/3。防裂筋较薄，可首先凝固而具有较高的强度，增加了连接力，同时还可以减少壁厚。如图 3–5 所示。

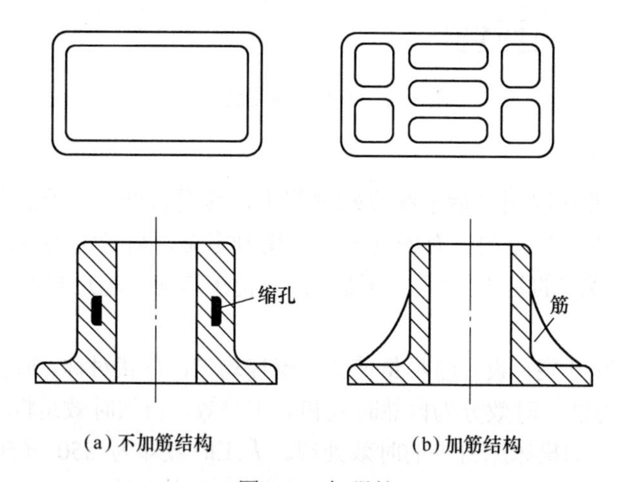

图 3–5　加强筋

4. 常用铸造材料

我们知道，含碳量 w_C<2.11%为钢，w_C≥2.11%称为铁，即铸铁。但铸铁通常是 w_C=2.5%～4.0%的铁碳合金。实际生产中，由于铸铁材料（包括灰口铸铁、可锻铸铁、球墨铸铁）具有优良的铸造性能，且资源丰富，冶炼方便，价格低廉，铸铁件占液态成形件中相当大的份额。碳在铸铁中的存在形式有渗碳体和石墨两种。根据碳在铁碳合金中的存在形式，铸铁可以分为白口铸铁、灰口铸铁、麻口铸铁。

（1）白口铸铁。碳基本上以 Fe_3C 形式存在。仅有微量碳溶于铁素体，断口呈银白色。有大量莱氏体，非常硬、脆，难以机械加工，很少用来制造零件。

（2）灰口铸铁。碳全部或大部分以石墨形式存在。少量碳溶于铁素体，断口呈灰色，故得名，是最常用的铸造材料。灰口铸铁由金属基体（铁素体和珠光体）和片状石墨组成。由于石墨的存在，减少了承载的有效面积，尖角处易引起应力集中。因此，灰口铸铁的抗拉强度低，塑性、韧性差，但抗压强度与钢相近。灰口铸铁属脆性材料，不能锻造、冲压。灰口铸铁具有优良的铸造性能和切削加工性能。由于石墨有缓冲作用，灰口铸铁还具有优良的减振性，是制造床身底座的好材料。灰口铸铁具有很好的耐磨性，因石墨是一种润滑剂，石墨剥落后形成储油的凹坑，因此常用作耐磨导轨。

灰口铸铁常用的牌号有 HT100、HT150、HT200。

（3）麻口铸铁。麻口铸铁的组织中有石墨，也有莱氏体，性硬脆，少用。

【教学建议】可利用网络资源下载砂型铸造相关视频进行学习。

3.1.2 压力铸造

随着科学技术的发展和生产水平的提高，对铸件的表面质量、尺寸精度、外观及生产效率都有越来越高的要求。精密铸造技术的出现，改变了传统砂型铸造件表面粗糙、尺寸精度低的不足。其中压力铸造是目前最为广泛的精密铸造技术，压铸件越来越广泛地应用在现代电子及汽车配件产品中，如笔记本电脑、手机、数码相机等的外壳。还有汽车及摩托车发动机缸体等。日常生活用品如卫浴设备、建筑装饰、灯饰等都广泛应用精密铸件。

压力铸造是在高压作用下将金属液以较高的速度压入高精度的型腔内，力求在压力下快速凝固，以获得优质铸件的高效率铸造方法。它的基本特点是高压（5～150 MPa）和高速（5～100 m/s）。

压力铸造的基本设备是压铸机。压铸机可分为热室压铸机和冷室压铸机两大类，冷室压铸机又可分为立式和卧式等类型，但它们的工作原理基本相似。图 3–6 为卧式冷室压铸机，用高压油驱动，合型力大，充型速度快，生产率高，应用较广泛。

图 3–6 卧式冷室压铸机

压铸型是压力铸造生产铸件的模具，主要由活动半型和固定半型两大部分组成。固定半型固定在压铸机的定型座板上，由浇道将压铸机压室与型腔连通。活动半型随压铸机的动型座板移动，完成开合型动作。完整的压铸型组成中包括型体部分、导向装置、抽芯机构、顶出铸件机构、浇注系统、排气和冷却系统等部分。压铸工艺过程如图 3–7 所示。

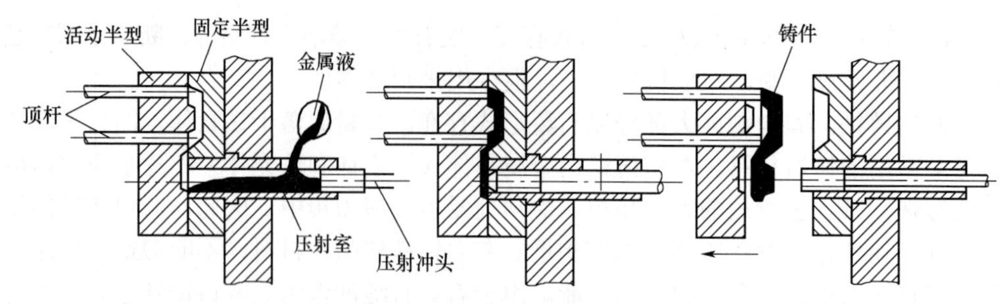

图 3–7　压铸工艺过程示意图

压铸工艺的优点是压铸件具有“三高”：铸件精度高（IT11～IT13，*Ra* 3.2～0.8 μm）、强度与硬度高（σ_b 比砂型铸件高 20%～40%）、生产率高（50～150 件/h）。

其缺点是存在无法克服的皮下气孔，且塑性差；设备投资大，应用范围较窄（适于低熔点的合金和较小的、薄壁且均匀的铸件。适宜的壁厚：锌合金 1～4 mm，铝合金 1.5～5 mm，铜合金 2～5 mm）。

知识点 3.2　锻　　造

锻造是在外力作用下使加热到一定温度的金属材料产生塑性变形，从而获得具有一定形状、尺寸和内部组织的毛坯或零件的加工方法。锻造的主要目的是改变金属材料内部组织排列结构，提高零件的力学性能。锻造分自由锻造和模锻造。

3.2.1　自由锻造

自由锻造是利用冲击力或压力使加热到一定温度的金属在上下砧面间各个方向自由变形，不受任何限制而获得所需形状及尺寸和一定力学性能的锻件的一种加工方法，简称自由锻。单件或小批量生产锻件时，一般采用自由锻。大型锻件和特大型锻件也一般采用自由锻。

自由锻的基本工序如下。

（1）镦粗。镦粗是使坯料的截面增大，高度减小的锻造工序。镦粗有完全镦粗、局部镦粗和垫环镦粗三种方式。局部镦粗按其镦粗的位置不同又可分为端部镦粗和中间镦粗两种。如图 3–8 所示。

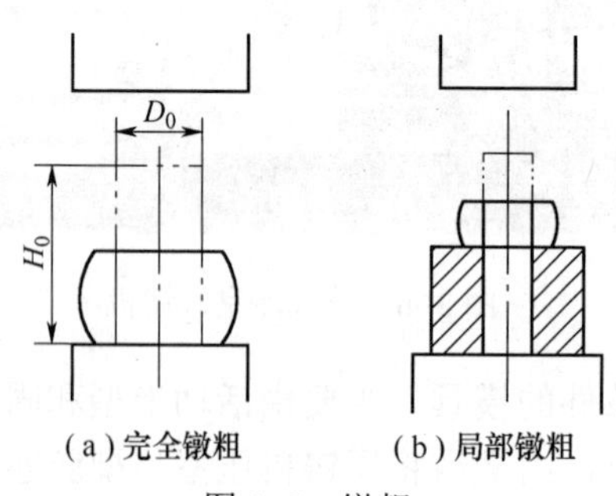

（a）完全镦粗　（b）局部镦粗

图 3–8　镦粗

（2）拔长。拔长是使坯料长度增加，横截面减小的锻造工序，又称延伸或引伸，如图 3–9 所示。拔长用于锻制长而截面小的工件，如轴类、杆类和长筒形零件。

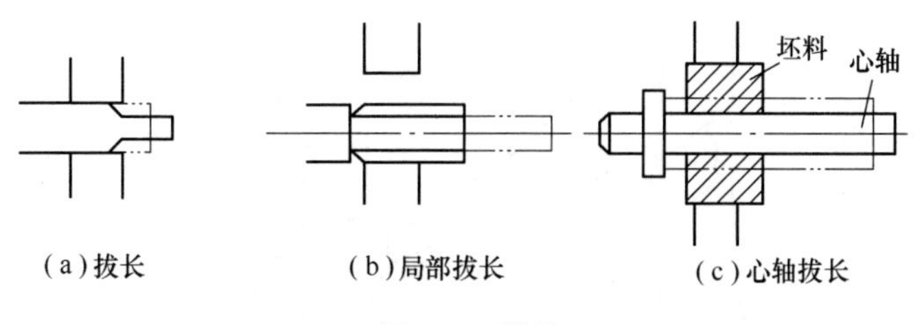

图 3–9　拔长

（3）冲孔。冲孔是用冲子在坯料上冲出透孔或不透孔的锻造工序，如图 3–10 所示。

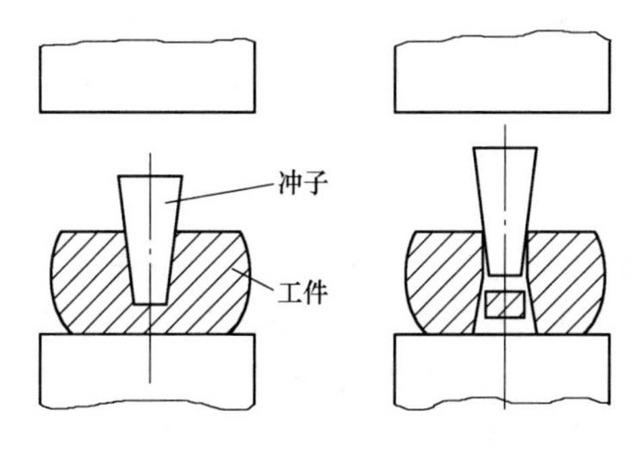

图 3–10　冲孔

一般规定，锤的落下部分质量为 0.15～5 t，最小冲孔直径相应为ϕ30～ϕ100 mm。孔径小于 100 mm，而孔深大于 300 mm 的孔可不冲出；孔径小于 150 mm，而孔深大于 500 mm 的孔也不冲出。

（4）弯曲。使坯料弯成一定角度或形状的锻造工序称为弯曲。弯曲用于锻造吊钩、链环、弯板等锻件。弯曲时锻件的加热部分最好只限于被弯曲的一段，加热必须均匀。在空气锤上进行弯曲时，将坯料夹在上下砥铁间，使欲弯曲的部分露出，用手锤或大锤将坯料打弯，如图 3–11（a）所示。或借助于成形垫铁、成形压铁等辅助工具使其产生成形弯曲，如图 3–11（b）所示。

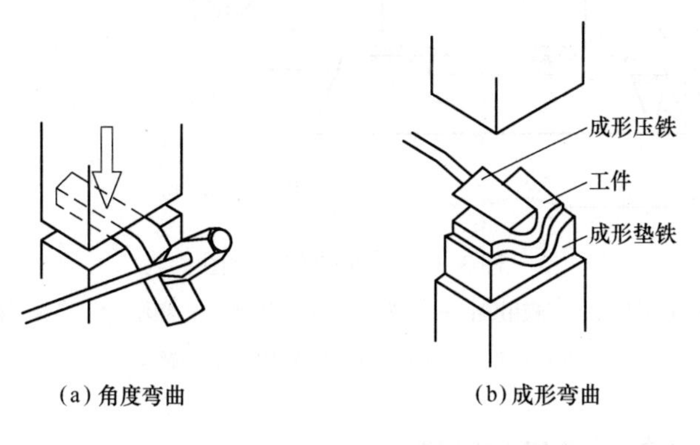

图 3–11　弯曲

（5）扭转。扭转是将毛坯的一部分相对于另一部分绕其轴心线旋转一定角度的锻造工序，称为扭转，如图 3–12 所示。锻造多拐曲轴、连杆、麻花钻等锻件和校直锻件时常用这种工序。

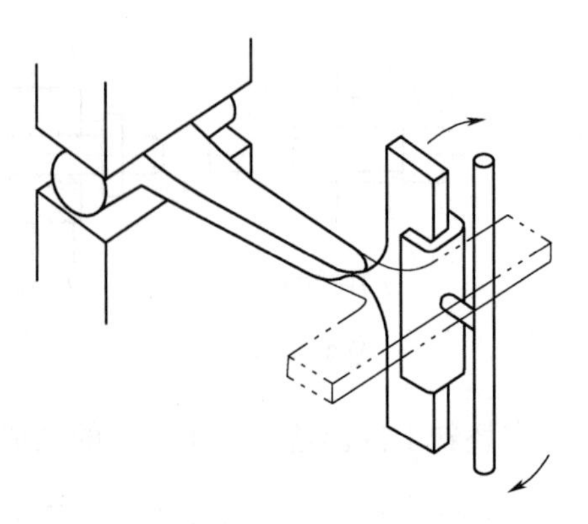

图 3–12　扭转

3.2.2　模锻造

将加热后的坯料放到锻模的模腔内，经过锻造，使其在模腔所限制的空间内产生塑性变形，从而获得锻件的锻造方法叫作模型锻造，简称模锻。当锻件需要大批量生产或形状较为复杂时，自由锻不能达到要求，必须采用模锻。

模锻方法生产的锻件尺寸精确度较高、加工余量较小，结构也可较复杂，生产率高。

模锻的生产过程及锻件的形成过程如图 3–13 所示。

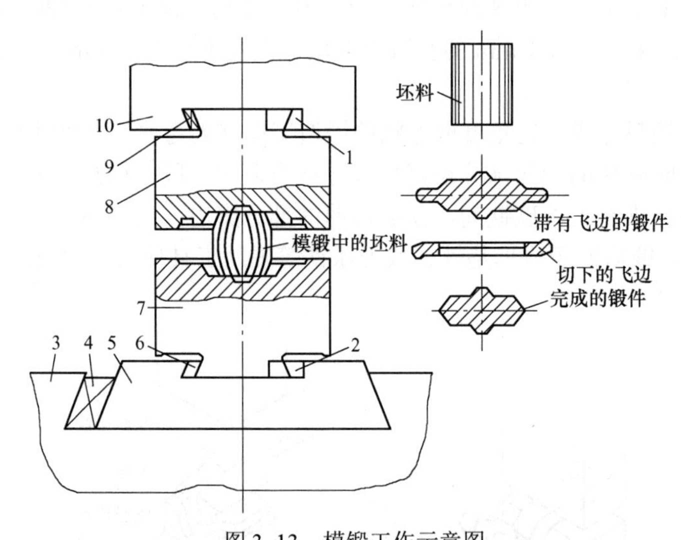

图 3–13　模锻工作示意图

1—上模用键；2—下模用键；3—砧座；4—模座用楔；5—模座；6—下模用楔；7—下楔；8—上模；9—上模用楔；10—锤头

3.2.3　锻造对零件力学性能的影响

经过锻造加工后的金属材料，其内部原有的缺陷（如裂纹、疏松等）在锻造力的作用下可被压合，且形成细小晶粒。因此锻件组织致密、力学性能（尤其是抗拉强度和冲击韧度）比同类材料的铸件大大提高。机器上一些重要零件（特别是承受重载和冲击载荷）的毛坯，通常用锻造方法生产。如机床的主轴，需要传递机床的动力，是最重要的零件，其毛坯必须经过锻造，而不能用棒料直接加工。锻造可改变零件的组织排列，使零件工作时的正应力与流线的方向一致，切应力的方向与流线方向垂直。用圆棒料直接以车削方法制造螺栓时，头部和杆部的纤维不能连贯而被切断，头部承受切应力时与金属流线方向一致，所以螺栓强度不高。而采用局部镦粗法制造螺栓时，其纤维未被切断，且具有较好的纤维方向，螺栓强度较高，如图 3–14 所示。

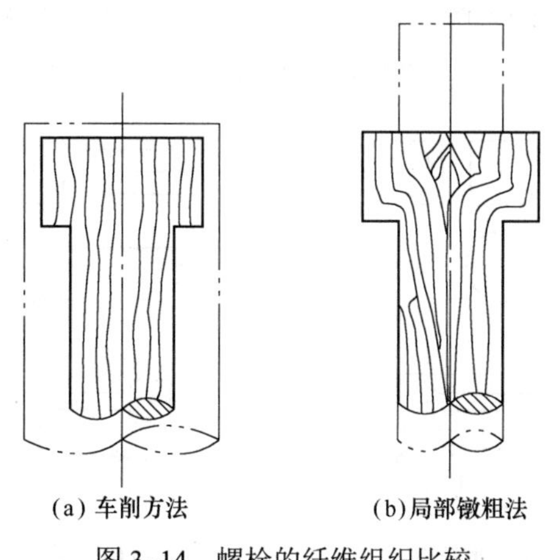

(a) 车削方法　　(b)局部镦粗法

图 3–14　螺栓的纤维组织比较

【教学建议】观看车床主轴锻造视频后，可组织学生讨论为什么车床主轴需要锻造？

3.2.4　锻造备料及后处理

用于锻造的材料应具有良好的塑性，以便锻造时产生较大的塑性变形而不致被破坏。在常用的金属材料中，铸铁无论是在常温或加热状态下，其塑性都很差，不能用于锻造。低中碳钢、铝、铜等有良好的塑性，可以锻造。

在锻造中小型锻件时，常以经过轧制的圆钢或方钢为原材料，用锯床、剪床或其他切割方法将原材料切成一定长度，送至加热炉中加热到一定温度后，利用锻锤或压力机进行锻造。塑性好、尺寸小的锻件，锻后可堆放在干燥的地面冷却；塑性差、尺寸大的锻件，应在灰砂或一定温度的炉子中缓慢冷却，以防变形或裂缝。热处理后的锻件，有的要进行清理，去除表面油垢及氧化皮，以便检查表面缺陷。锻件毛坯经质量检查合格后一般还需要进行机械加工。

在机械加工前，锻件要进行热处理，目的是均匀组织，细化晶粒，减少锻造残余应力，调整硬度，改善机械加工性能，并且为最终热处理做准备。常用的热处理方法有正火、退火、球化退火等。

3.2.5　锻件结构的工艺性

（1）自由锻件不要有锥体或斜面结构，如图 3–15 所示的轴类锻件结构。几何体的交接处不应形成空间曲线，如图 3–16 所示的杆类锻件结构。

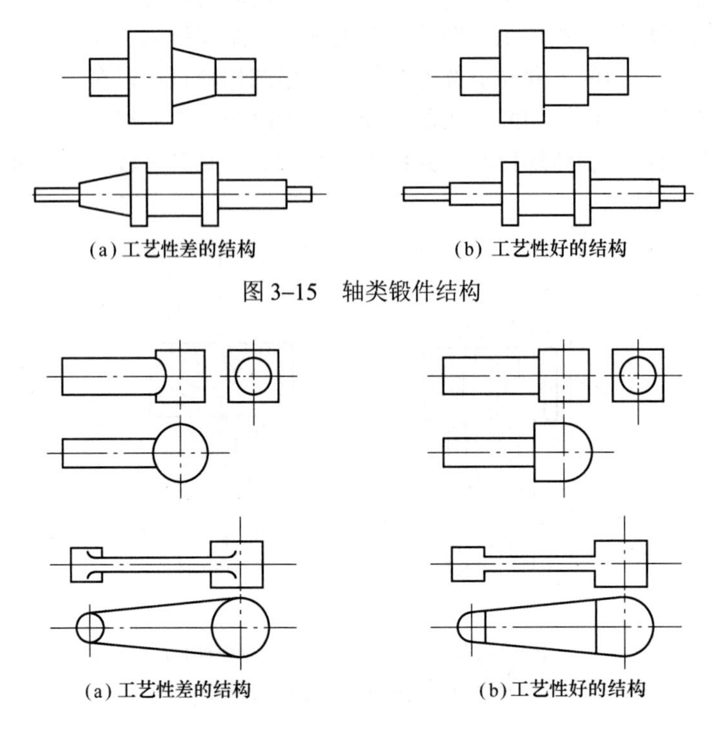

(a) 工艺性差的结构　(b) 工艺性好的结构

图 3–15　轴类锻件结构

(a) 工艺性差的结构　(b) 工艺性好的结构

图 3–16　杆类锻件结构

（2） 自由锻件上不应设计出加强筋、凸台、工字形截面或空间曲线形表面，如图 3–17 所示盘类锻件结构。

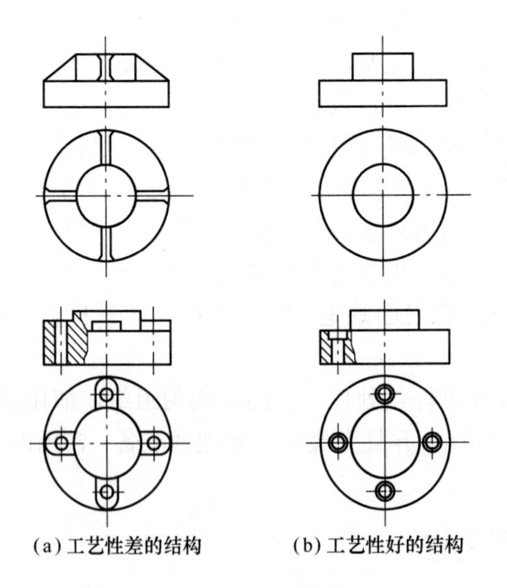

(a) 工艺性差的结构　(b) 工艺性好的结构

图 3–17　盘类锻件结构

（3） 自由锻件横截面若有急剧变化或形状较复杂时，应设计成由几个简单件构成的组合体，再焊接或用机械方法连接，如图 3–18 所示复杂件结构。

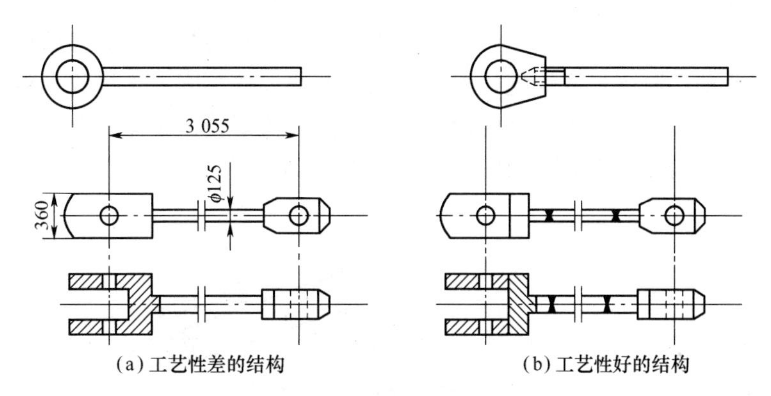

图 3–18　复杂件结构

（4）模锻件的结构工艺性。模锻件应有一合理分模面，使工件容易取出，应使敷料少，锻模容易制造。零件上与其他零件配合部位需要进行切削加工，其他面均应设计成非加工面。要注意设计出模锻斜度、模锻圆角。锻件外形应力求简单、平直、对称，避免直径相差过大或具有薄壁、高筋、高台、深孔、多孔等结构，如图 3–19 所示。

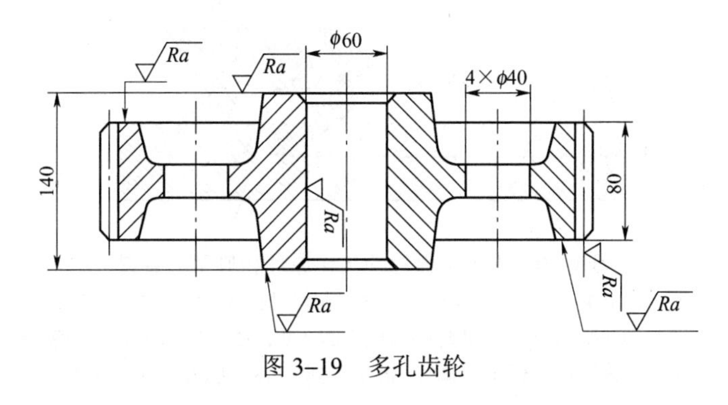

图 3–19　多孔齿轮

知识点 3.3　焊 接 概 述

焊接是利用加热或加压（或加热同时加压），使分离的两部分金属靠得足够近，原子互相扩散，形成原子间结合的连接方法。焊接技术在机械制造、建筑、车辆、石油化工、原子能、航空航天等部门得到广泛运用。

焊接具有连接性能好，密封性好，承压能力高等优点。同时焊接也有自身的缺点，如焊接结构是不可拆卸的，更换修理不便。焊接会产生焊接残余应力和焊接变形，使构件容易开裂等。

焊接方法很多，根据焊接过程特点可分为熔化焊、压力焊、钎焊三大类。下面以最常见的熔化焊中的焊条电弧焊来讲述焊接的一般工艺过程。

电弧焊是以电弧为热源来熔化和连接金属的焊接方法。

3.3.1　手弧焊的焊接过程

首先将电焊机的输出端两极分别与焊件和焊钳连接，如图 3–20 所示。再用焊钳夹持电焊条。焊接时在焊条与焊件之间引出电弧，高温电弧将焊条端头与焊件局部熔化而形成熔池。然后，熔池迅速冷却、凝固形成焊缝，促使分离的两块焊件牢固地连接成一整体。焊条的药皮熔化后形成熔渣覆盖在熔池上，熔渣冷却后形成渣壳依旧覆盖并保护在焊缝上。最后将渣壳清除掉，焊接接头的工作就此完成。

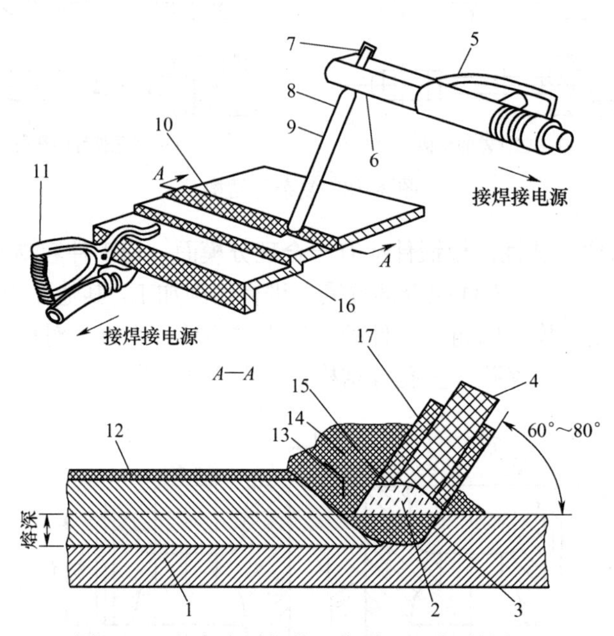

图 3–20　焊条电弧焊的工作原理和典型的装置

1—热影响区；2—弧坑；3—焊缝弧坑；4—焊芯；5—绝缘手把；6—焊钳；7—用于导电的裸露部分；8—药皮部分；9—焊条；10—焊缝金属；11—地线夹头；12—渣防护层；13—焊接熔池；14—气体保护；15—焊条端部分形成的套筒；16—焊件；17—焊条药皮

1. 焊接电弧的产生

焊接电弧是在焊条与工件之间产生的强烈、持久又稳定的气体放电现象。焊接引弧时，焊条和工件瞬间接触形成短路，强大的电流产生强烈电阻热使接触点熔化甚至蒸发，当焊条提起时，在电场作用下，热的金属发射大量电子，电子碰撞气体使之电离，正、负离子和电子构成电弧。如图 3–21 所示。

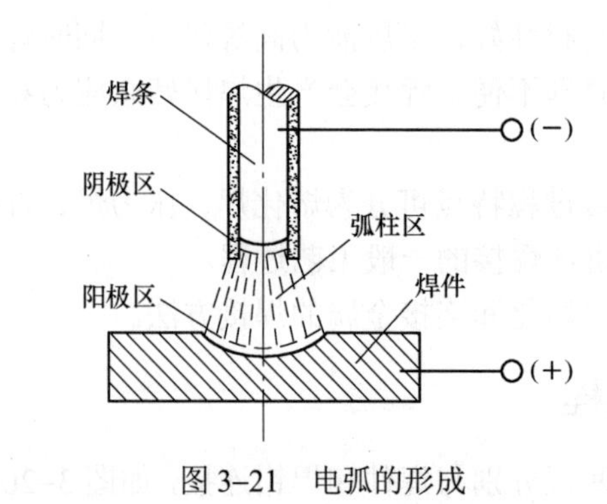

图 3–21　电弧的形成

2. 电焊条

电焊条（简称焊条）是涂有药皮的供手弧焊用的熔化电极。

焊条是由焊芯和药皮两部分组成，如图 3–22 所示。

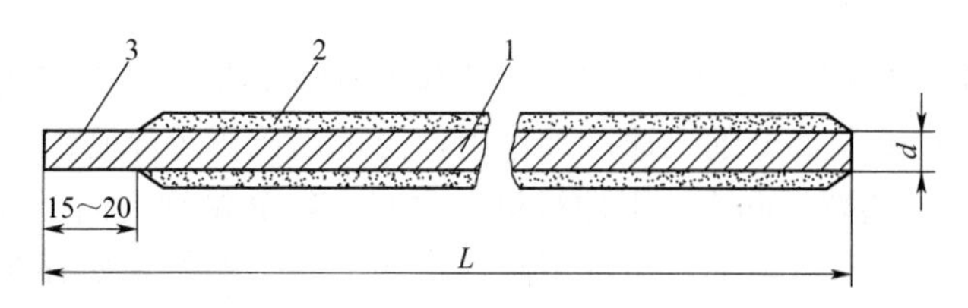

图 3–22 焊条的纵截面

1—焊芯；2—药皮；3—焊条夹持端

d—焊条直径；*L*—焊条长度

（1）焊芯。焊芯是焊条内的金属丝。它的作用有两个：① 起到电极的作用，即传导电流，产生电弧；② 形成焊缝金属，焊芯熔化后，其熔融金属液滴到熔池中作为填充金属，并与熔化的母材熔合后，经冷凝成为焊缝金属。

为了保证焊缝金属具有良好的塑性、韧性和减少产生裂纹的倾向，焊芯是经特殊冶炼的焊条钢拉拔制成，它与普通钢材的主要区别在于低碳、低硫和低磷。

焊芯牌号的标法与普通钢材的标法相同，如常用的焊芯牌号有 H08、H08A、H08SiMn 等。牌号的含义为："H" 是 "焊" 字汉语拼音首字母，读音为 "焊"，表示焊接用实芯焊条。其后的数字表示含碳量，如 "08" 表示含碳量为 0.08%左右。再其后则表示质量和所含化学元素，如 "A"，表示含硫、磷较低的高级优质钢。又如 "SiMn" 则表示含硅与锰的元素均小于 1%（含量大于 1%的元素则标出数字）。

焊条的直径是焊条规格的主要参数。常用的焊条直径有 2～6 mm，长度为 250～450 mm。一般细直径的焊条较短，粗焊条则较长。

（2）药皮。药皮是压涂在焊芯上的涂料层。它是由矿石粉、有机物粉、铁合金粉和黏结剂等原料按一定比例配制而成。药皮的主要作用有以下三个。

① 改善焊条的焊接工艺性能：容易引燃电弧、稳定电弧燃烧，并减少飞溅等。

② 机械保护作用：药皮熔化后造成气体和熔渣，隔绝空气，保护熔池和焊条熔化后形成的熔滴不受空气的侵入。

③ 冶金处理作用：去除有害元素（氧、氢、硫、磷），添加有用的合金元素，改善焊缝质量。

3.3.2 金属的焊接性

1. 低碳钢的焊接

低碳钢的含碳量≤0.25%，塑性好，一般没有淬硬倾向，对焊接过程不敏感，焊接性好。不需要采取特殊的工艺措施，通常在焊后不需要进行热处理。厚度＞50 mm 的低碳钢结构，常用大电流多层焊，焊后应进行消除内应力退火。低温下焊接刚度较大的结构时，应焊前预热。

2. 中、高碳钢的焊接

中碳钢含碳量为 0.25%～0.6%，随着含碳量的增加，淬硬倾向越加明显，焊接性逐渐变差，生产中主要焊接各种中碳钢的铸件和锻件。

中碳钢的焊接特点如下。

（1）热影响区易产生淬硬组织和冷裂纹。中碳钢属淬火钢，热影响区金属被加热超过淬火温度区段时，受工件低温部分的迅速冷却作用，出现马氏体等淬硬组织。

（2）焊缝金属产生热裂倾向大。工件材料中含 C、S、P 量远远高于焊芯，工件材料熔化后进入熔池使焊缝金属含碳量增加，塑性下降。再加上 S、P 等杂质存在，焊缝及熔合区在相变前可能因内应力而产生裂纹，因此，焊前必须预热，同时减慢热影响区的冷却速度以免产生淬硬组织。

（3）高碳钢焊接特点与中碳钢相似，由于含碳量更高，焊接性变得更差，预热的温度更高，工艺措施更严格。实际上，高碳钢的焊接只限于用焊条电弧焊进行修补工作。

（4）强度级别较低的低合金结构钢，焊接性能与低碳钢基本相同，而强度明显提高，应优先选用。强度级别较高的低合金结构钢，焊接性能稍差些，设计强度要求高的重要结构可以选用。

3.3.3 焊接结构的工艺性设计

（1）在满足工作性能要求的前提下，首先要考虑焊接性较好的材料。设计焊接结构时多用型材，以降低重量，减少焊缝，简化工艺。还可以选用铸钢件、锻件或冲压件来焊接。如图 2–23 所示。

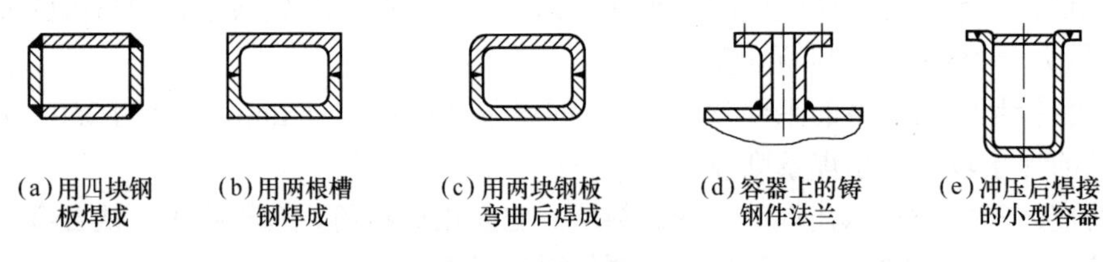

图 3–23 型材焊接

（2）焊缝布置应尽量分散，两条焊缝的间距一般要求大于三倍板厚，如图 3–24 所示。焊缝的位置应尽可能对称布置，焊后不会发生明显的变形。

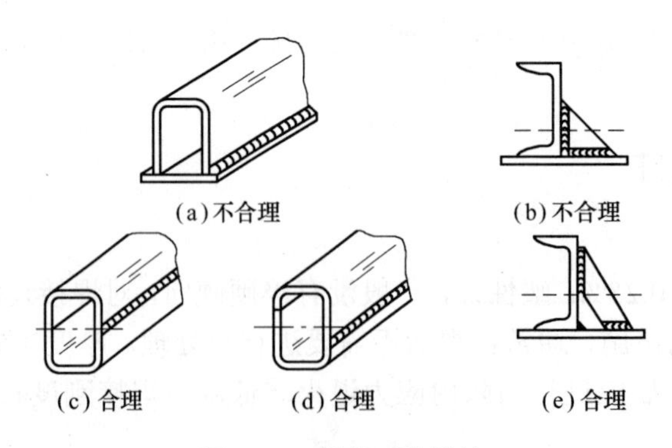

图 3–24 焊缝对称设计

（3）焊缝应尽量避开最大应力断面和应力集中位置，如图3–25所示。

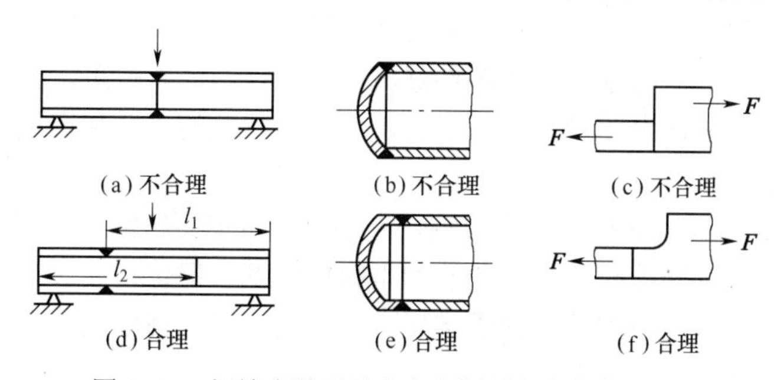

图3–25　焊缝应避开最大应力断面和应力集中位置

（4）焊缝应尽量避开机械加工面，如图3–26所示。

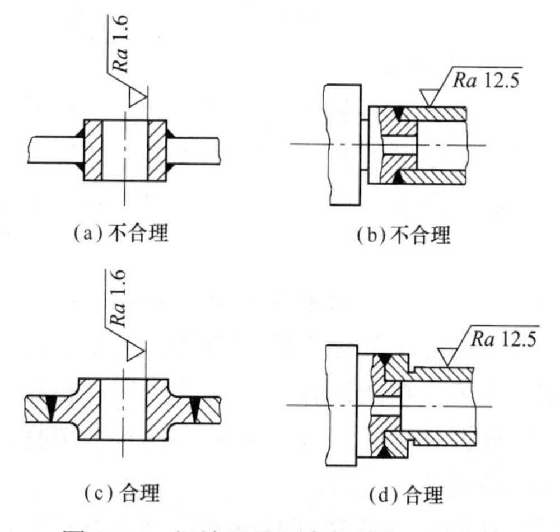

图3–26　焊缝尽量远离机械加工面

知识点3.4　毛坯的选择

机械加工过程是将毛坯切削加工成零件的过程，因此，在进行机械加工前，必须选择合适的毛坯。毛坯的确定，不仅影响机械加工的经济性，还影响零件的机械使用性能。

1. 机械加工中常用毛坯的种类

毛坯的种类很多，同一种毛坯又有多种制造方法，机械制造中常用的毛坯有以下几种。

（1）铸件。形状复杂的零件毛坯，宜采用铸造方法制造。目前铸件大多用砂型铸造，它又分为木模手工造型和金属模机器造型。木模手工造型铸件精度低，加工表面余量大，生产率低，适用于单件小批量生产或大型零件的铸造。金属模机器造型生产率高，铸件精度高，但设备费用高，铸件的质量也受到限制，适用于大批量生产的中小铸件。其次，少量质量要求较高的小型铸件可采用特种铸造（如压力铸造、离心制造和熔模铸造等）。

（2）锻件。机械强度要求高的钢制件，一般要用锻件毛坯。锻件有自由锻造锻件和模锻件两种。自由锻造锻件可用手工锻打（小型毛坯）、机械锤锻（中型毛坯）或压力机压锻（大型毛坯）等方法获得。这种锻件的精度低，生产率不高，加工余量较大，而且零件的结构必须简单；适用于单件和小批生产，以及制造大型锻件。

模锻件的精度和表面质量都比自由锻件好，而且锻件的形状也可较为复杂，因而能减少机械加工余量。模锻的生产率比自由锻高得多，但需要特殊的设备和锻模，故适用于批量较大的中小型锻件。

（3）型材。型材按截面形状可分为圆钢、方钢、六角钢、扁钢、角钢、槽钢及其他特殊截面的型材。型材有热轧和冷拉两类。热轧的型材精度低，但价格便宜，用于一般零件的毛坯。冷拉的型材尺寸较小、精度高，易于实现自动送料，但价格较高，多用于批量较大的生产，适用于自动机床加工。

（4）焊接件。焊接件是用焊接方法获得的结合件，焊接件的优点是制造简单、周期短、节省材料，缺点是抗振性差，变形大，需经时效处理后才能进行机械加工。

除此之外，还有冲压件、冷挤压件、粉末冶金等其他毛坯。

2. 毛坯种类选择中应注意的问题

（1）零件材料及其力学性能。零件的材料大致确定了毛坯的种类。例如，材料为铸铁和青铜的零件应选择铸件毛坯。选用毛坯时，首先要考虑零件的使用力学性能要求，钢质零件形状不复杂，力学性能要求不太高时可选型材。重要的钢质零件，如机床的主轴，为保证其力学性能，应选择锻件毛坯。

（2）零件的结构形状与外形尺寸。形状复杂的毛坯，一般用铸造方法制造。薄壁零件不宜用砂型铸造。中小型零件可考虑用先进的铸造方法，大型零件可用砂型铸造。一般用途的阶梯轴，如各阶梯直径相差不大，可用圆棒料。如各阶梯直径相差较大，为减少材料消耗和机械加工的劳动量，则宜选择锻件毛坯。尺寸大的零件一般选择自由锻造，中小型零件可选择模锻件，一些小型零件可做成整体毛坯。

（3）生产类型。大量生产的零件应选择精度和生产率都比较高的毛坯制造方法，如铸件采用金属模机器造型或精密铸造，锻件采用模锻、精锻。型材采用冷轧或冷拉型材，零件产量较小时应选择精度和生产率较低的毛坯制造方法。

（4）现有生产条件。确定毛坯的种类及制造方法，必须考虑具体的生产条件，如毛坯制造的工艺水平、设备状况及对外协作的可能性等。

（5）充分考虑利用新工艺、新技术和新材料。随着机械制造技术的发展，毛坯制造方面的新工艺、新技术和新材料的应用也发展很快。如精铸、精锻、冷挤压、粉末冶金和工程塑料等在机械中的应用日益增加。采用这些方法大大减少了机械加工量，有时甚至可以不再进行机械加工就能达到使用要求，其经济效益非常显著。实际工作中在选择毛坯时应给予充分考虑，在可能的条件下，尽量采用这些方法。

【教学建议】此处组织学生讨论核心项目（图1）钻床主轴的毛坯选型。

【核心项目综合训练】

【任务】

（1）为该主轴选用钢材牌号；

（2）为该主轴定制毛坯；

（3）给该主轴进行热处理安排。

考核标准：

（1）材料类型选对 10 分，含碳量选对 10 分，具体牌号基本正确 10 分；

（2）选对热加工类型 20 分，选对具体热加工方法 10 分；

（3）主轴整体热处理选对 15 分，能分析出局部热处理位置及热处理方法 15 分，选对改善加工性能热处理方法 10 分。

注：答案见附录 A。

项目 4　模具的热处理概述

模具的热处理是模具制造中的关键工艺之一，直接关系到模具的制造精度、力学性能（如强度等）、使用寿命及制造成本，是保证模具质量和使用寿命的重要环节。实际生产使用过程表明，在模具的全部失效中，由于热处理不当所引起的失效居于首位。在模具设计制造过程中，若能正确选用钢材，选择合理的热处理及表面强化技术工艺，对充分发挥材料的潜在性能、减少能耗、降低成本、提高模具的质量和使用寿命都将起到重大的作用。当前模具热处理技术发展较快的领域是真空热处理技术和模具的表面强化技术。

知识点 4.1　模具钢的热处理

模具钢的热处理工艺是指模具钢在加热、冷却过程中，根据组织转变规律制定的具体热处理加热、保温和冷却的工艺参数。根据加热、冷却方式及获得组织和性能的不同，热处理工艺可分为整体热处理、表面热处理和化学热处理等。

根据热处理在零件生产工艺流程中的位置和作用，热处理又可分为预备热处理和最终热处理。模具钢热处理主要包括退火、正火、淬火和回火。在本模块项目 2 已详细讲述，这里不再赘述。

知识点 4.2　真空热处理技术

在热处理时，被处理模具零件表面发生氧化、脱碳和增碳等效应，都会给模具使用寿命带来严重的影响。为了防止氧化、脱碳和增碳，可利用真空作为理想的加热介质，制成真空热处理炉。零件在真空炉中加热后，将中性气体通入炉内的冷却室，在炉内利用气体进行淬火的方式为气冷真空处理炉，利用油进行淬火的方式为油冷真空处理炉。

近年来，真空热处理技术在我国发展较为迅速。它特别适合用于模具的热处理工艺。模具钢经过真空热处理后具有良好的表面状态，其表面不氧化、不脱碳，淬火变形小。而与大气下的淬火工艺相比，真空淬火后，模具表面硬度比较均匀，而且还略高一点。真空加热时，模具钢表面呈活性状态，不脱碳，不产生阻碍冷却的氧化膜。真空淬火后，钢的断裂韧度有所提高，模具寿命比常规工艺提高 40%～400%，甚至更高。模具真空淬火技术在我国已得到较广泛的应用。

1. 真空热处理的特点

（1）在真空中加热或冷却，氧的分压很低，零件表面氧化作用得到抑制，可得到光亮的处理表面。

（2）在大气中熔炼的金属和合金，由于吸收气体而使韧性下降，强度降低，在真空热处理时，可使吸收的气体释放，从而增加强度和韧性，提高模具的使用寿命。

（3）真空热处理淬火变形小。如 W6Mo5Cr4V2 钢凸模真空热处理后，在氮气中冷却，变形实测结果表明，只要留 0.08 mm 磨削余量即可。冷作模具钢制成的凹模，变形量为盐浴淬火变形量的 1/5～1/3。

（4）由于在密封条件下处理，具有无公害和保护环境等优点。

（5）真空中的传热只是发热体的辐射，并非以对流、传导来传热，因此零件背面部分的加热有时会不均匀。

2. 真空热处理设备

真空热处理技术的关键是采用合适的设备（真空退火炉、真空淬火炉、真空回火炉）。真空加热最早采用真空辐射加热，后来逐步出现了负压载气加热、低温阶段正压对流加热等。

（1）真空退火炉。真空退火炉的真空度为 10^{-3}～10^{-2} Pa，温度的升降应能自动控制。热处理工艺与非真空炉退火工艺基本相同。

（2）真空淬火炉。真空淬火分为油淬和气淬。油淬时，零件表面出现白亮层，其组织为大量的残余奥氏体，不能用 560 ℃左右的一般回火加以消除，需要更高的温度（700～800 ℃）才能消除。气淬的零件表面质量好，变形小，无须清洗，炉子结构也较简单。对于高合金或高速钢模具零件，应选用高压气淬炉。

（3）真空回火炉。对于热处理后不再进行机械加工的模具工作面，淬火后尽可能采用真空回火，特别是采用真空淬火的工件（模具），可以提高工件与表面质量相关的力学性能，如疲劳性能、表面光亮度、耐腐蚀性等。

3. 真空热处理工艺

真空热处理工艺也是真空热处理技术的关键。

（1）清洗。通常用真空脱脂的方法。

（2）真空度。真空度是主要的工艺参数。在高温高真空下，模具钢中的合金元素容易蒸发，影响模具表面质量和性能。

（3）加热温度。真空热处理的加热温度为 1 000～1 100 ℃时，需要在大约 800 ℃进行预热。加热温度为 1 200 ℃时，简单、小型模具可在 850 ℃进行一次预热，大型、复杂模具可采用两次预热。第一次在 500～600 ℃；第二次在 850 ℃左右。

（4）保温时间。真空中的加热速度比盐浴处理的加热速度慢，主要是由于传热方式以辐射为主。一般加热时间是盐浴炉加热时间的 6 倍左右，是空气炉加热时间的 2 倍左右。另外，恒温时间也应长于盐浴炉加热。

（5）冷却。真空冷却分油淬和气淬。油淬应使用特制的真空淬火油，气淬又分为负压气淬和高压气淬等。负压气淬由于负压气体冷却能力低，只能对小件实施淬火；高压气淬则可对大件实施淬火，现在国际上（5～6）$\times 10^5$ Pa 的单室真空高压气冷技术已得到普遍应用。加热的保护性气体和冷却所用气体主要是氨气、氮气、氦气、氢气。其冷却能力从大到小的顺序依次是氢气、氦气、氮气和氨气，其冷却能力之比为 2.2:1.7:1:0.7。

氮气和氦气的混合气比单纯氦气的冷却能力高。60%的氮气与 40%的氦气的混合气相当于纯净氦气的冷却能力，这样不仅降低了价格，还达到了高的冷却能力。提高冷却能力的方法有冷却气体高压化、高速化，利用辐射冷却、优化工件放置方式等。

表 4–1 列举了一些常用模具钢的真空热处理工艺参数。

表 4–1 一些常用模具钢的真空热处理工艺参数

牌号	预热		淬火			回火温度/℃	硬度/HRC
	温度/℃	真空度/Pa	温度/℃	真空度/Pa	冷却介质		
9SiCr	500～600	0.1	850～870	0.1	油（40 ℃以上）	170～185	61～63
CrWMn	500～600	0.1	820～840	0.1	油（40 ℃以上）	170～185	62～63
3CrW8V	一次 480～520 二次 800～850	0.1	1 050～1 100	0.1	油或高纯氮气	560～580 600～640	42～47 39～44
Cr12MoV	一次 500～550 二次 800～850	0.1	980～1 050 1 080～1 120	0.1	油或高纯氮气	180～240 500～540	58～60 60～64
W6Mo5Cr4V2	一次 500～600 二次 800～850	0.1	1 100～1 150 1 150～1 250	0.1	油或高纯氮气	200～300 540～600	58～62 62～66
W18Cr4V	一次 500～600 二次 800～850	0.1	1 000～1 100 1 240～1 300	0.1	油或高纯氮气	180～220 540～600	58～62 62～66

知识点 4.3 常用冷作模具钢热处理

1. 冷作模具的工作条件和对模具材料的性能要求

冷作加工是金属在室温下进行冲压、剪断或形变加工的制造工艺，如冷冲压、冷镦锻、冷挤压和冷轧加工等。由于各种冷作加工的工作条件不完全相同，因此对冷作模具材料的要求也不完全一致。

如在冲压过程中，被冲压的材料变形抗力很大，模具的工作部分，特别是刃口承受着强烈的摩擦和挤压，所以对冲裁、剪切、拉深、压印等模具材料的要求主要是高的硬度和耐磨性。同时模具在工作过程中还将受到冲击力的作用，要求模具材料也应具有足够的强度和适当的韧性。此外，为便于模具制造，模具材料还要求有良好的冷热加工性能，包括退火状态下的可加工性、精加工时的可磨削性及锻造、热处理性能等。

冷挤压时，模具整个工作表面除承受巨大的变形抗力和摩擦，在 300 ℃左右，要求具有足够的强度和耐磨性，所以要求模具材料还应具有一定的红硬性和耐热疲劳性。

2. 碳素工具钢的热处理

要求不太高的小型简单冷作模具可以采用碳素工具钢。应用较多的为 T8A 和 T10A。T10A 钢热处理后硬而耐磨，但淬火变形收缩明显；T8A 钢韧性较好，但耐磨性稍差。除了碳元素以外，碳素工具钢不含有其他合金元素，因此其淬透性较差，常规淬火后硬化层仅有 1.5～3 mm。

碳素工具钢淬火后得到马氏体组织，使模具具有高硬度和耐磨性。如果淬火温度过高，会使奥氏体组织晶粒粗大，并导致马氏体组织粗大，增加了淬火变形开裂的可能性，力学性能降低；但是，若淬火温度太低，奥氏体组织不能溶入足够的碳，且碳浓度不能充分均匀化，则同样会降低其力学性能。碳素工具热处理工艺规范见有关热处理手册。

3. 低合金模具钢的热处理

冷作模具常用的低合金工具钢有：CrWMn、9Mn2V、9SiCr、GCr15 等。此类钢是在碳素工具钢的基础上，加入了适量的 Cr、W、Mo、V、Mn 等合金元素。合金元素总含量低于

5%为低合金工具钢。合金元素的加入提高了钢的淬透性及过冷奥氏体的稳定性。因此，可以降低淬火冷却速度，减少热应力、组织应力及淬火变形开裂的倾向。

（1）CrWMn 钢。CrWMn 钢的硬度、强度、韧性、淬透性及热处理变形倾向均优于碳素工具钢。钢中 W 形成的碳化物硬度很高，耐磨性好，W 还能细化晶粒。主要用作轻载荷冲裁模、拉深模及弯曲、翻边模。但其形成网状碳化物的倾向大，不宜制作大截面模具。

CrWMn 钢一般需要进行球化退火处理，球化退火工艺规范如图 4–1 所示。

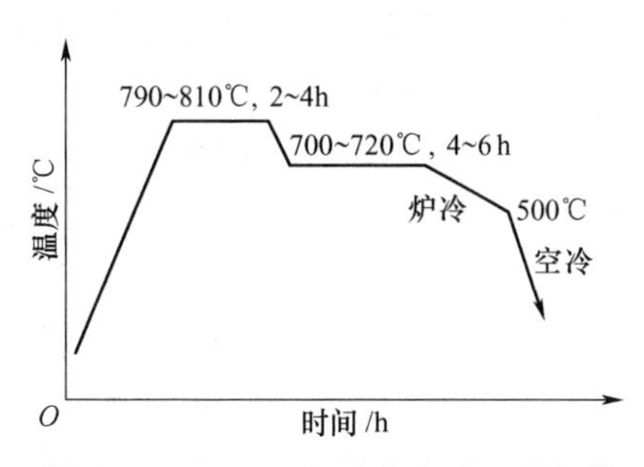

图 4–1　CrWMn 钢球化退火工艺规范

CrWMn 钢的淬火温度一般为 820～840 ℃，油冷，ϕ40～ϕ60 mm 尺寸的工件油冷能够淬透。回火温度一般为 170～200 ℃，回火后硬度可以达到 60～62 HRC。淬火及低温回火后含有较多碳化物，具有较高的硬度和耐磨性。但在 250～350 ℃回火时，其韧性降低，应予避免。

（2）9Mn2V 钢。9Mn2V 钢是不含有 Cr、Ni 等较贵重元素的经济型低合金模具钢。由于含有少量的 V，细化了钢的晶粒，减小了钢的过热敏感性。该钢冷加工性能和热处理工艺良好，变形开裂倾向小。但其淬透性、淬硬性、回火抗力、强度等性能不如 CrWMn 钢。适合用于尺寸较小的冷冲模、冷压模、雕刻模、落料模等。

9Mn2V 钢主要热处理工艺如下。

等温退火工艺：750～780 ℃，保温 3～5 h，等温温度 670～700 ℃，保温 4～6 h。

淬火工艺：淬火温度 780～820 ℃，油冷，硬度 61 HRC 以上。

回火工艺：回火温度 150～200 ℃，空冷，硬度 59～62 HRC。回火温度在 200～300 ℃时有回火脆性存在，应避免在此温度范围回火。

（3）9SiCr 钢。9SiCr 钢在我国有悠久的使用历史。钢中含有 Cr 和 Si，提高了钢在贝氏体转变区的稳定性，Si 还可细化碳化物，有利于提高耐磨性、回火稳定性和塑性变形能力，淬透性较好，适合进行分级淬火或等温淬火，有利于防止模具淬火变形开裂。该钢主要用作中小型轻负荷冷作模具，如冷冲模、冷挤压模及打印模等。

其主要热处理工艺如下。

退火工艺：780～810 ℃，保温 2～4 h，等温温度 700～720 ℃，保温 4～6 h。

淬火工艺：淬火温度 860～880 ℃，油冷，硬度 62～65 HRC。

回火工艺：回火温度 180～200 ℃，空冷，硬度 60～62 HRC。回火温度在 200～300 ℃，有回火脆性存在，应避免在此温度范围回火。

4. 高合金模具钢的热处理

高合金模具钢有含高铬和中铬工具钢、高速钢、基体钢等。此类钢含有较多的合金元素，具有淬透性好、耐磨性高及淬火变形小等特点，广泛用作承受负荷大、生产批量大、耐磨性要求高及形状复杂的模具。

（1） 高碳高铬钢。此类钢的成分特点是高铬量、高碳量，是冷作模具钢中应用范围最广、数量最大的。代表性钢号有 Cr12、Cr12MoV、Cr12Mo1V1（D2）、Cr12W 等。

该类钢锻后通常采用球化退火处理，退火后硬度为 207～255 HB。常用的淬火工艺如下。

① 较低温度淬火。将 Cr12 钢加热到 960～980 ℃，油冷，淬火后硬度为 62 HRC 以上。对 Cr12MoV 钢，淬火温度为 1 020～1 050 ℃，油冷，淬火后硬度为 62 HRC 以上。采用此种方法可使钢获得高硬度、高耐磨性和高精度尺寸，用于制作冷冲压模具。

② 较高温度淬火及多次高温回火。对 Cr12 钢，加热到 1 050～1 100 ℃，油冷，淬火后硬度为 42～50 HRC。对 Cr12MoV 钢，淬火温度为 1 100～1 150 ℃，油冷，淬火后硬度为 42～50 HRC。较高温度淬火加上多次高温回火，可以使钢获得高红硬性和耐磨性，用于制作高温下工作的模具。

Cr12 型钢淬火后应及时回火，回火温度可以根据要求的硬度而定。对于要求高硬度的冷冲压模具，回火温度在 150～170 ℃，回火后硬度在 60 HRC 以上。对要求较高强度、硬度和一定韧性的冷冲压模具，回火温度取 250～270 ℃，回火后硬度为 58～60 HRC。对于要求高冲击韧性和一定硬度的冷冲压模具，回火温度可以提高到 450 ℃左右，回火后硬度为 55～58 HRC，Cr12 型钢要避开 275～375 ℃的回火脆性区。

（2） 高碳中铬钢。主要有 Cr6WV 钢、Cr4W2MoV 钢、Cr6Mo1V 钢。

（3） 高速钢。铜或铝零件冷挤压时，模具受力不太剧烈，一般可以采用 Cr12 型模具钢。但黑色金属冷挤压时，受力剧烈，工作条件十分恶劣，对模具提出了更高的要求。因此，需要采用更高级的模具钢，如高速钢来制造模具。

高速钢热处理后具有高的硬度和抗压强度、良好的耐磨性，能满足较为苛刻的冷挤压条件。常用的冷挤压高速钢有 W6Mo5Cr4V2 钢、W18Cr4V 钢、6W6Mo5Cr4V 钢。

W18Cr4V 钢具有良好的红硬性，在 600 ℃时仍具有较高的硬度和较好的韧性，但其碳化物较粗大，强度和韧性随尺寸增大而下降。W6Mo5Cr4V2 钢具有良好的红硬性和韧性，淬火后表面硬度可以达到 64～66 HRC，其碳化物颗粒较为细小，分布较均匀，强度和韧性较 W18Cr4V 钢为好。

大多数高速钢制作的冷挤压（包括冷镦）模具，可以采用略低于高速钢刀具淬火温度的温度进行淬火，如 W18Cr4V 钢采用 1 240～1 250 ℃，W6Mo5Cr4V2 钢采用 1 180～1 200 ℃，然后在 560 ℃进行三次回火。对于一些细长或薄壁的模具，要求有很高的韧性，则可以进一步降低淬火温度，以提高其使用寿命。但低温淬火后，高速钢抗压强度降低，不能用于高负荷模具，也会使耐磨性降低。表 4–2 为常用冷挤压高速钢经过淬火和不同温度回火热处理后的硬度和无缺口冲击韧度。

表 4–2　常用冷挤压高速钢经过淬火和不同温度回火热处理后的硬度和无缺口冲击韧度

牌号	淬火温度/℃	硬度/HRC				无缺口冲击韧度/（kgf·cm^{-2}）			
		500 ℃回火	530 ℃回火	550 ℃回火	580 ℃回火	500 ℃回火	530 ℃回火	550 ℃回火	580 ℃回火
6W6Mo5Cr4V	1 200	60.9	62.3	62.3	60.6	5.7	5.3	6.3	5.7
W18Cr4V	1 260	64.4	64.4	63.8	63	2.6	2.9	3.4	3.6
W6Mo5Cr4 V2	1 220	63.5	64.8	65.3	62.8	2.0	2.7	3.2	3.5

知识点 4.4　热作模具钢热处理

1. 热作模具的工作条件和对模具材料的性能要求

热作模具主要用于热压力加工（包括锤模锻、热挤压、热镦锻、精密锻造、高速锻造等）和压力铸造，也包括塑料成型。

热锻模承受着较大的冲击载荷和工作压力，模具的型腔除产生剧烈的摩擦外，还经常与被加热到 1 050～1 200 ℃高温的毛坯接触，型腔表面温度一般在 400 ℃以上，有时能达到 600～700 ℃，随后又经水、油或压缩空气对锻模进行冷却，这样冷热反复交替使模具极易产生热疲劳裂纹。因此，要求热锻模材料要具有较高的高温强度和热稳定性（即红硬性）、适当的冲击韧性和尽可能高的导热性、良好的耐磨性和耐热疲劳性，在工艺性能方面具有高的淬透性和良好的切削加工性能。

近年来被推广的热挤压、热镦锻、精密锻造、高速锻造等先进工艺，由于模具的工作条件比一般热锻模更为恶劣，因此对模具材料提出了更高的要求。这些模具在工作时需长时间与被加工的金属相接触，或承受较大的打击载荷，模具型腔的受热程度往往比锤锻模具高，承受的负荷也比锤锻模大，尤其是黑色金属挤压和高速锻造，模具型腔表面温度通常在 700 ℃以上，高速锻造时，型腔表面的加热速度为 2 000～4 000 ℃/s，温度可达 950 ℃左右，造成模具寿命显著缩短。所以，特别要求模具材料要有高的热稳定性和高温强度、良好的耐热疲劳特性及高的耐磨性。

2. 锤锻模具的热处理

常用作锤锻模的钢种有 5CrNiMo、5CrMnMo、5CrMnSiMoV 等。5CrNiMo 钢具有高的淬透性，良好的综合力学性能，主要用作形状复杂、冲击负荷大的较大型锻模。5CrMnMo 钢中不含有 Ni，以 Mo 代替 Ni 不降低强度，但塑性和韧性降低，适于制造中型锻模。

5CrNiMo 钢的淬火温度通常采用 830～860 ℃。由于淬透性高，奥氏体稳定性大，冷却时可采用空冷、油冷、分级淬火或等温淬火。一般是淬火前先在空气中预冷至 750～780 ℃，然后油冷到 150～180 ℃出油，再行空冷。模具淬火后要立即回火，以防止变形与开裂。

一般热锻模回火后的硬度无须太高，以保证所需的韧性。生产上对不同尺寸的热锻模有不同的硬度要求，因而回火温度也应不同，如对小型模具的硬度要求是 44～47 HRC，回火温度可选择在 190～510 ℃；中型模具的硬度要求是 38～42 HRC，回火温度为 520～540 ℃；大型模具的要求是 34～37 HRC，回火温度为 560～580 ℃。模具淬火后内应力较大，回火加热时应缓慢升温或预热（350～400 ℃）均匀后，升至所需的回火温度，保温时间不少于 3 h。

3. 热挤压及压铸等模具的热处理

热挤压及压铸等模具要求模具钢有较高的高温性能，如热强性、热疲劳、热熔损、回火抗力及热稳定性等。因此，此类钢含有较多的 Cr、W、Si、Mo、V 等元素，以保证拥有以上性能。我国标准中应用最多的代表性牌号有 3Cr2W8V、4Cr5MoSiV1、4Cr5MoSiV、4Cr3Mo3SiV、4Cr5W2VSi 等。

3Cr2W8V 钢虽然只含有 0.3%～0.4%的碳，但由于钨、铬含量高，组织上仍属于过共析钢。其工艺性能、热处理规范与 Cr12MoV 钢颇为类似。退火工艺为 830～850 ℃，保温 3～4 h，常用的淬火处理温度为 1 050～1 150 ℃，除缓慢加热外，大件或复杂模具应在 800～850 ℃预热均温，回火时也有二次硬化现象，回火选择 550～620 ℃的高温回火。

3Cr2W8V 钢广泛用作黑色和有色金属热挤压模及 Cu、Al 合金的压铸模。这种钢的热稳定性高，使用温度达 650 ℃，但钨系热作模具钢的导热性低，冷热疲劳性差。我国在 20 世纪 80 年代初引进国外通用的铬系热作模具钢 H13（4Cr5MoSiV1），H13 钢的合金含量比 3Cr2W8V 钢低，但淬透性、热强性、热疲劳性、韧性、塑性都比前者好，在使用温度不超过 600 ℃时，代替 3Cr2W8V 钢，模具寿命有大幅度提高，因此 H13 钢迅速得到推广应用。

H13 钢的热处理工艺：退火温度 800～840 ℃，保温 3～6 h，以 30 ℃/h 冷至 500 ℃以下空冷，也可以采用球化退火工艺。淬火温度为 1 040～1 080 ℃，油冷至 500～550 ℃后出油空冷。回火温度为 580～620 ℃，保温 2～3 h，回火 2 次。经上述工艺处理后的 H13 钢模具硬度为 44～51 HRC。

知识点 4.5　塑料模具钢热处理

塑料制品在工业及日常生活中得到广泛应用，塑料模具已向精密化、大型化方向发展，因此对塑料模具钢（塑模钢）的性能要求越来越高。塑模钢的性能应根据塑料种类、制品用途、成型方法和生产批量大小而定。一般要求塑料模具钢有良好的综合性能，对模具材料的强度和韧性要求不如冷作和热作模具高，但对材料的加工工艺性能要求高，如热处理工艺简便、处理变形小或不变形、预硬状态的切削加工性能好、镜面抛光性能和图案蚀刻性能优良等。

塑料模具钢所要求的基本性能如下。

（1）综合力学性能。成型模具在工作过程中要受到不同的温度、压力、侵蚀和磨损作用。因此要求模具材料组织均匀，无网状及带状碳化物出现，热处理过程应具有较小的氧化、脱碳及畸变倾向，热处理以后应具有一定的强度。为保证足够的抗磨损性能，许多塑料模具钢经调质后再进行渗氮或镀铬等表面强化处理。

（2）切削加工性能。对于大型、复杂和精密的注射模具，通常预硬化到 28～35 HRC，再进行切削和磨削加工，至所要求的尺寸和精度后再投入使用，从而排除热处理变形、氧化和脱碳的缺陷。因此，常加入易切削元素 S、Co 和稀土，以改善预硬状态的切削加工性能。

（3）镜面加工性能。光盘和塑料透镜等塑料制品的表面粗糙度要求很高，主要由模具型腔的粗糙度来保证。一般模具型腔的粗糙度要比塑料制品的高一级。模具钢的镜面加工性能与钢的纯洁度、组织、硬度和镜面加工技术有关。高的硬度、细小而均匀的显微组织、非金属夹杂少，均有利于镜面抛光性能的提高。镜面抛光性能要求高的塑料模具钢常采用真空熔炼、真空除气。

（4）图案蚀刻性能。某些塑料制品表面要求呈现清晰而丰满的图案花纹，皮革工业中的大型皮纹压花板，都要求模具钢有良好的图案蚀刻性能。图案蚀刻性能对材质的要求与镜面抛光性能相似，钢的纯洁度要高，组织要致密，硬度要高。

（5）耐蚀性能。含氯和氟的树脂及在 ABS 树脂中添加抗燃剂时，在成型过程中将释放出有腐蚀性的气体。因此，这类塑料模具要选用耐蚀塑料模具钢，或镀铬，或采用镍磷非晶态涂层。

另外，还要求塑料模具钢有良好的预硬化性能、较高的冷压性能和补焊性能等。

塑料模具钢根据化学成分和使用性能，可以分为渗碳型、预硬化型、耐腐蚀型、时效硬化型和冷挤压成形型等。它们的热处理分述如下。

1. 渗碳型塑料模具钢的热处理

受冲击大的塑料模具零件，要求表面硬而心部韧，通常采用渗碳工艺、碳氮共渗工艺等来达到此目的。

一般渗碳零件可采用结构钢类的合金渗碳钢，其热处理工艺与结构零件基本相同。对于表面质量要求很高的塑料模具成型零件，宜采用专门用钢。热处理的关键是选择先进的渗碳设备，严格控制工艺过程，以保证渗碳层的组织和性能要求。

渗碳或碳氮共渗工艺规范可参考热处理行业工艺标准《JB/T 3999—2007 钢件的渗碳与碳氮共渗淬火回火》。

常用渗碳型塑料模具钢有 20、20Cr、12CrNi2、12CrNi3、12Cr2Ni4、20Cr2Ni4 钢等。

（1）12CrNi3 钢。12CrNi3 钢是传统的中淬透性合金渗碳钢，冷成形性能属中等。该钢碳含量较低，加入合金元素镍和铬，可提高钢的淬透性和渗碳层的强韧性，尤其是加入镍后，在产生固溶强化的同时，可明显提高钢的塑性。该钢的锻造性能良好，锻造加热温度为 1 200 ℃，始锻温度为 1 150 ℃，终锻温度大于 850 ℃，锻后缓冷。

12CrNi3 钢主要用于冷挤压成型复杂的浅型腔塑料模具，或用于切削加工成型的大中型塑料模具。采用切削加工制造塑料模具，为了改善切削加工性能，模坯需经正火处理。采用冷挤压成型型腔，锻后必须进行软化退火工艺。

12CrNi3 钢采用气体渗碳工艺时，加热温度为 900～920 ℃，保温 6～7 h，可获得 0.9～1.0 mm 的渗碳层，渗碳后预冷至 800～850 ℃，直接油冷或空冷淬火，淬火后表层硬度可达 56～62 HRC，心部硬度为 250～380 HBS。

（2）20Cr2Ni4 钢。20Cr2Ni4 钢为高强度合金渗碳钢，有良好的综合力学性能，其淬透性、强韧性均超过 12CrNi3 钢。该钢锻造性能良好，锻造加热温度为 1 200 ℃，始锻温度为 1 150 ℃，终锻温度大于 850 ℃，锻后缓冷。

2. 预硬化型塑料模具钢的热处理

预硬化型塑料模具钢是指将热加工的钢材，预先调质处理到一定硬度(一般分为 10 HRC、20 HRC、30 HRC、40 HRC 四个等级)，待模具成形后，无须再进行最终热处理就可直接使用，从而避免由于热处理而引起的模具变形和开裂，这种钢称预硬化钢。预硬化钢最适宜制作形状复杂的大中型精密塑料模具。常用的预硬化型塑料模具钢有 3Cr2Mo（P20）、3Cr2NiMo（P4410）、8Cr2MnWMoVS、4Cr5MoSiV1、P20SRe、5NiSCa 等。

（1）3Cr2Mo 钢。3Cr2Mo（现为 SM3Cr2Mo）钢是最早列入标准的预硬化型塑料模具钢，相当于美国 P20 钢，同类型的还有瑞典（ASSAB）的 718、德国的 40CrMnMo7、日本的 HPM2 钢等。3Cr2 Mo 钢是 GB/T 1299—2014 中唯一的塑料模具钢，主要用于聚甲醛、ABS 塑料、醋酸丁酸纤维素、聚碳酸酯（PC）、聚酯（PEF）、聚乙烯（DPE）、聚丙烯（PP）、聚氯乙烯（PVC）等热塑性塑料的注射模具。

我国某厂推荐的 3Cr2Mo 钢的强韧化热处理工艺：淬火温度为 840～880 ℃，油冷；温度 600～650 ℃，空冷，硬度为 28～33 HRC。

美国标准（AISI，SAE）推荐的 P20 钢渗碳后的热处理工艺：淬火温度为 820～870 ℃，回火温度为 150～260 ℃，空冷，硬度为 58～64 HRC（渗碳层表面硬度）。

（2）8Cr2MnWMoVS（8Cr2S）钢。为了改善预硬化钢的切削加工性，在保证原有性能的前提下添加一种或几种易切削合金元素，成为一种易切削型的预硬化钢。

8Cr2S 钢是我国研制的硫系易切削预硬化高碳钢，该钢不仅用来制作精密零件的冷冲压模具，而且经预硬化后还可以用来制作塑料成型模具。此钢具有高的强韧性、良好的切削加工性能和镜面抛光性能，具有良好的表面处理性能，可进行渗氮、渗硼、镀铬、镀镍等表面处理。

8Cr2S 钢热处理到硬度为 40～42 HRC 时，其切削加工性相当于退火态的 T10A 钢（200 HBS）的加工性。综合力学性能好，可研磨抛光到 *Ra* 0.025 μm，该钢有良好的光刻浸蚀性能。

8Cr2S 钢的淬火加热温度为 860～920 ℃，油冷淬火、空冷淬火或在 240～280 ℃硝盐中等温淬火都可以。直径 100 mm 的钢材空冷淬火可以淬透，淬火硬度为 62～64 HRC。回火温度可在 550～620 ℃范围内选择，回火硬度为 40～48 HRC。因加有 S，预硬硬度为 40～48 HRC 的 8Cr2S 钢坯，其机械加工性能与调质到 30 HRC 的碳素钢相近。

3. 耐腐蚀型塑料模具钢的热处理

生产对金属有腐蚀作用的塑料制品时，工作零件采用耐腐蚀钢制造。常用钢种有 Cr13 和 9Cr18 钢等可强化的马氏体型不锈钢。

4. 时效硬化型塑料模具钢的热处理

对于复杂、精密、长寿命的塑料模具，模具材料在使用状态必须有好的综合力学性能，为此，必须采用最终热处理。但是，采用一般的最终热处理工艺，往往导致模具的热处理变形，模具的精度就很难达到要求。而时效硬化型塑料模具钢在固溶处理后变软（一般为 28～34 HRC），可进行切削加工，待冷加工成形后进行时效处理，可获得很好的综合力学性能。时效热处理变形很小，而且该类钢一般具有焊接性能好，可以进行渗氮处理等优点。适合于制造复杂、精密、寿命长的塑料模具。

时效硬化型塑料模具钢有马氏体时效硬化钢和析出（沉淀）硬化钢两大类。

（1）马氏体时效硬化钢。马氏体时效硬化钢有屈服强度比高、切削加工性和焊接性能良好、热处理工艺简单等优点。典型的钢种是 18Ni 系列，屈服强度高达 1 400～3 500 MPa。这一类钢制造模具虽然价格昂贵，但由于使用寿命长，综合经济效益仍然很高。

（2）析出（沉淀）硬化钢。析出硬化钢也是通过固溶处理和沉淀析出第二相而强化，硬度在 37～43 HRC，能满足某些塑料模具成型零件的要求。市场以 40 HRC 级预硬化供应，仍然有满意的切削加工性。这一类钢的冶金质量高，一般都采用特殊冶炼，所以纯度、镜面研磨性、蚀花加工性良好，使模具有良好的精度和精度保持性。其焊接性好，表面和心部的硬度均匀。

析出硬化钢的代表性钢号有 25CrNi3MoAl，属低碳中合金钢，相当于美国 P21 钢。析出硬化钢制的模具零件还可通过渗氮处理进一步提高其耐磨性、抗咬合能力和延长模具使用寿命。

模 块 2

机械加工技术

【核心项目 1】

如图 2（a）所示，为某组合钻床动力头主轴，用以传递动力和夹持钻头刀具，同时保证加工过程中的回转精度。图中ϕ26h6（两处）为轴承轴颈，用以保证主轴的回转精度，ϕ16±0.05 及锥面处用以安装刀具。

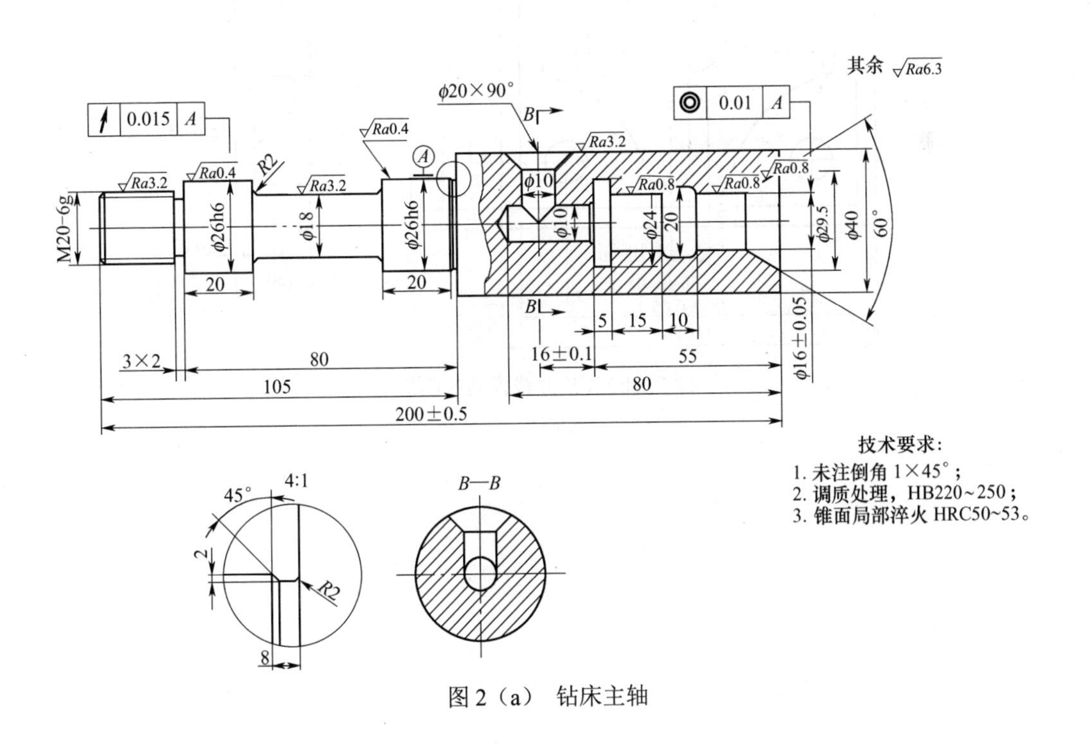

图 2（a） 钻床主轴

【任务】

（1）对该主轴进行工艺分析，包括主要表面的尺寸精度、位置精度、表面粗糙度等，并确定加工方法；

（2）拟定加工工艺路线；

（3）编写该主轴加工工艺过程并编制机械加工工艺过程卡（含热处理）。

【核心项目 2】

图 2（b）为某冲裁模具的凸模，模具寿命为 5 万件。为了保证与凹模的间隙，需保证刃口尺寸精度。为保证模具的定位精度，需保证 4 个导向孔的位置精度。

（1）分析凸模的力学性能要求，选择凸模的材料；

（2）根据凸模的结构和使用力学性能要求，选择凸模的毛坯类型；

（3）拟定加工工艺路线；

（4）编制该凸模的加工工艺规程（填写工艺过程卡和加工工艺卡）。

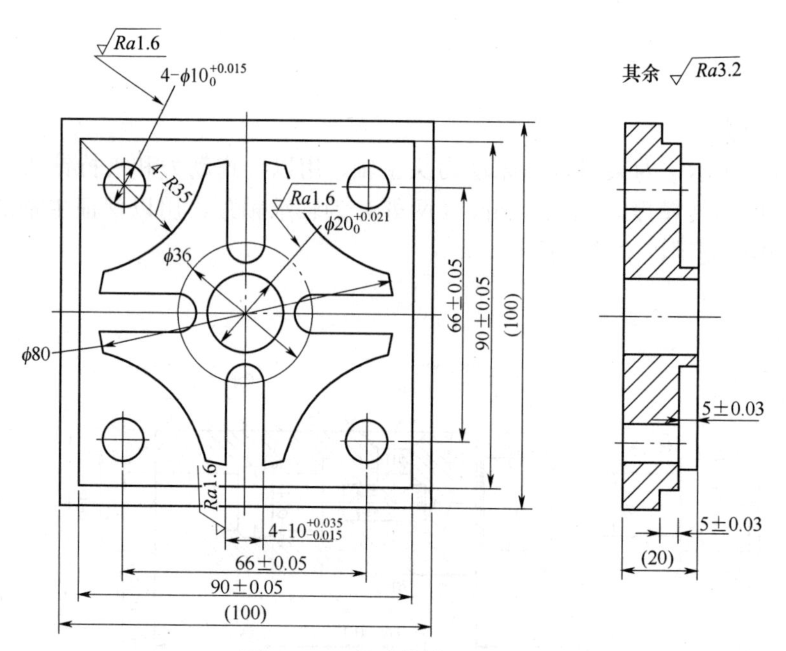

图 2（b） 某冲裁模具的凸模

项目 5　轴的加工技术

【引导项目】光轴的加工。

图 5–1 为一根光轴，材料为 45 钢，尺寸精度和表面要求如图 5–1 所示。

【任务】

（1）根据尺寸精度和表面粗糙度要求确定车削方法；

（2）确定光轴车削装夹方法；

（3）确定光轴车削切削用量；

（4）编写光轴的加工工艺过程；

（5）确定刀具几何参数并选用车刀；

（6）实操加工该光轴。

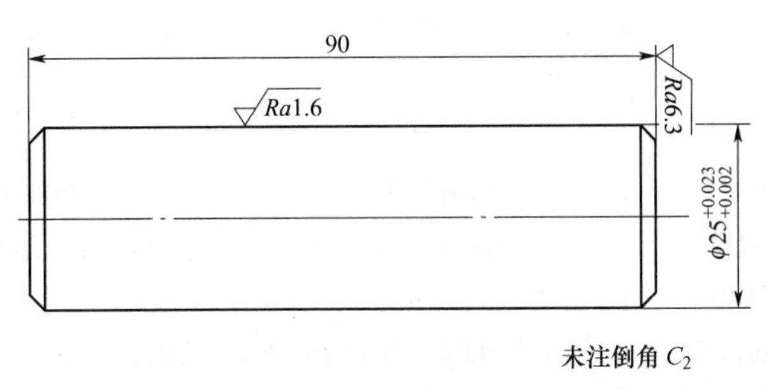

图 5–1　光轴

教师提问：

（1）该轴的尺寸ϕ25 的尺寸精度是几级？

（2）该外圆表面可以一次走刀车成吗？

（3）该外圆表面需要走几次刀，每次车削深度多少，应选用多大的毛坯棒料？

【教学建议】利用网络资源观看车削简单阶梯轴视频，让学生带着以上的问题观看，以建立车削的感性认识。

知识点 5.1　车床及车床附件的使用

5.1.1　车床主要部件名称和用途

下面以 C6132 型普通车床为例介绍车床的主要组成部分，如图 5–2 所示。

1. 床头箱

床头箱又称主轴箱，内装主轴和变速机构。变速是通过改变设在床头箱外面的手柄位置，可使主轴获得 12 种不同的转速（45～1 980 r/min）。主轴是空心结构，能通过长棒料，通过

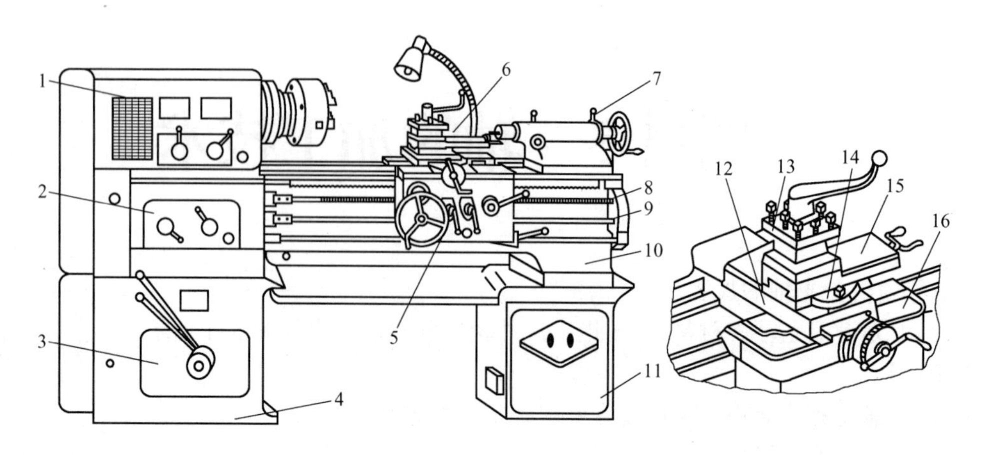

图 5–2 C6132 型普通车床

1—床头箱；2—进给箱；3—变速箱；4—前床脚；5—溜板箱；6—刀架；7 —尾架；8—丝杠；9—光杠；10—床身；11—后床脚；12—中刀架；13—方刀架；14—转盘；15—小刀架；16—大刀架

主轴孔的棒料最大直径是 29 mm。主轴的右端有外螺纹，用以连接卡盘、拨盘等附件。

主轴右端的内表面是莫氏 5 号锥孔，可插入锥套和顶尖，当采用顶尖并与尾架中的顶尖同时使用安装轴类工件时，其两顶尖之间的最大距离为 750 mm。床头箱的另一重要作用是将运动传给进给箱，并可改变进给方向。

2. 进给箱

进给箱又称走刀箱，它是进给运动的变速机构。进给箱固定在床头箱下部的床身前侧面。变换进给箱外面的手柄位置可将床头箱内主轴传递下来的运动转换为进给箱输出光杠或丝杠的旋转并获得不同的转速，可以改变进给量的大小或车削螺纹时得到不同的螺距。其纵向进给量为 0.06～0.83 mm/r，横向进给量为 0.04～0.78 mm/r。可车削 17 种公制螺纹（螺距为 0.5～9 mm）和 32 种英制螺纹（每英寸 2～38 牙）。

3. 变速箱

变速箱安装在车床前床脚的内腔中，并由电动机（4.5 kW，1 440 r/min）通过联轴器直接驱动变速箱中的齿轮传动轴。变速箱外设有两个长的手柄，分别用于移动传动轴上的双联滑移齿轮和三联滑移齿轮，可获得 6 种转速，通过皮带传动至床头箱。

4. 溜板箱

溜板箱又称拖板箱，是进给运动的操纵机构。合上开合螺母，可以将光杠或丝杠的旋转运动传至纵向齿轮齿条和横向进给丝杠的传动机构，从而实现车刀作进给运动。溜板箱上有三层滑板，当接通光杠时，可使床鞍带动中滑板、小滑板及刀架沿床身导轨作纵向移动，中滑板可带动小滑板及刀架沿床鞍上的导轨作横向移动。故刀架可作纵向或横向直线进给运动。当接通丝杠并闭合开合螺母时可车削螺纹。溜板箱内设有互锁机构，使光杠、丝杠两者不能同时使用。

5. 刀架

刀架用来装夹车刀，并可作纵向、横向及斜向运动。刀架是多层结构，它由以下几部分组成。

（1）大刀架。大刀架与溜板箱牢固相连，可沿床身导轨作纵向移动。

（2）中刀架。中刀架安装在大刀架顶面的横向导轨上，可作横向移动。

（3）转盘。转盘固定在中刀架上，松开紧固螺母后，可转动转盘，使它和床身导轨成一个所需要的角度，而后再拧紧螺母，用以加工圆锥面等。

（4）小刀架。小刀架装在转盘上面的燕尾槽内，可作短距离的进给移动。

（5）方刀架。方刀架固定在小刀架上，可同时装夹四把车刀。松开锁紧手柄，即可转动方刀架，把所需要的车刀更换到工作位置上。

6. 尾架

尾架用于安装后顶尖，以支持较长工件进行加工。也可以安装钻头、铰刀等刀具进行孔加工。偏移尾架可以车出长度较大的锥体。

尾架的结构由以下几部分组成。

（1）套筒。套筒左端有锥孔，用以安装顶尖或锥柄刀具。套筒在尾架体内的轴向位置可用手轮调节，并可用锁紧手柄固定。将套筒退至极右端位置时，即可卸出顶尖或刀具。

（2）尾架体。尾架体与底座相连，当松开固定螺钉，拧动螺杆，可使尾架体在底板上作微量横向移动，以便使前后顶尖对准中心或偏移一定距离车削长锥面。

（3）底板。底板直接安装于床身导轨上，用以支撑尾架体。

7. 床身

床身是车床的基础件，用来连接各主要部件并保证各部件在运动时正确的相对位置。在床身上有供溜板箱和尾架移动用的导轨。

8. 床脚

床脚是用来支撑和连接车床各零部件的基础构件，用地脚螺栓紧固在地基上。车床的变速箱与电机安装在前床脚内腔中，车床的电气控制系统安装在后床脚内腔中。

5.1.2　车床附件的使用

车削工件时，必须使工件准确定位及夹持牢固。由于各种工件的形状和大小不同，所以有各种不同的安装方法，使用的车床附件也不同。车床的附件主要有以下几种。

1. 三爪卡盘

三爪卡盘是车床最常用的附件。三爪卡盘上的三爪是同时动作的，可以达到自动定心兼夹紧的目的。三爪卡盘使用方便，但定心精度不高（爪遭磨损所致）。工件上同轴度要求较高的表面，应尽可能在一次装夹中车出。三爪卡盘传递的扭矩不大，故三爪卡盘适于夹持圆柱形、六角形等中小工件。当安装直径较大的工件时，可使用“反爪”，如图 5–3 所示。

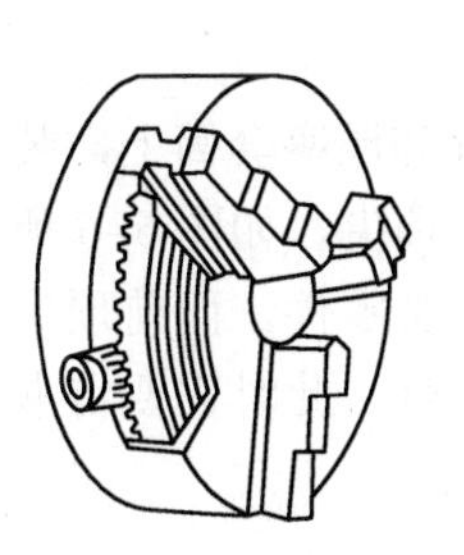

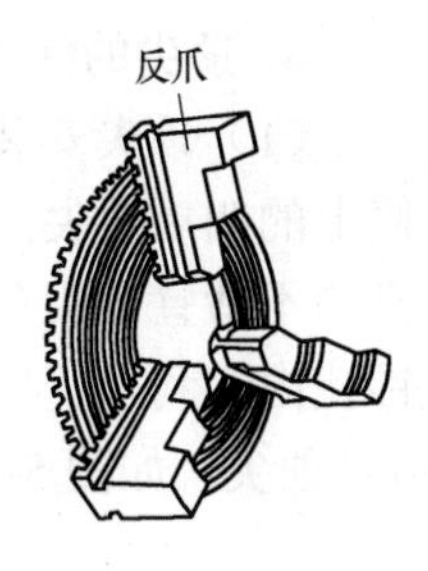

图 5–3　三爪卡盘

2. 工件在四爪卡盘上的安装

四爪卡盘也是车床常用的附件，四爪卡盘上的四个爪分别通过转动螺杆实现单动。用四爪卡盘装夹工件时，必须对工件加工部分的旋转轴线进行找正，使它与车床主轴的回转轴线一致，如图 5–4 所示。利用划针盘校正后，四爪卡盘的安装精度比三爪卡盘高，夹紧力大，适用于夹持较大的圆柱形工件或形状不规则的工件。

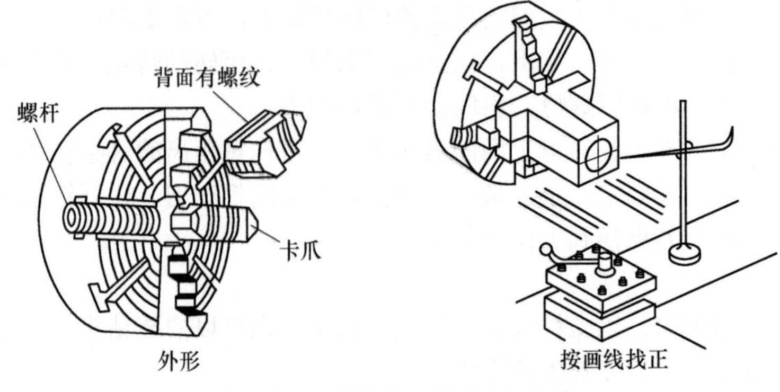

图 5–4　四爪卡盘装夹工件的方法

3. 工件在花盘上的安装

在车削形状不规则或形状复杂的工件时，三爪、四爪卡盘或顶尖都无法装夹，必须用花盘进行装夹，如图 5–5 所示。花盘工作面上有许多长短不等的径向导槽，使用时配以角铁、压块、螺栓、螺母、垫块和平衡铁等，可将工件装夹在盘面上。安装时，按工件的画线痕进行找正，同时要注意重心的平衡，以防止旋转时产生振动。

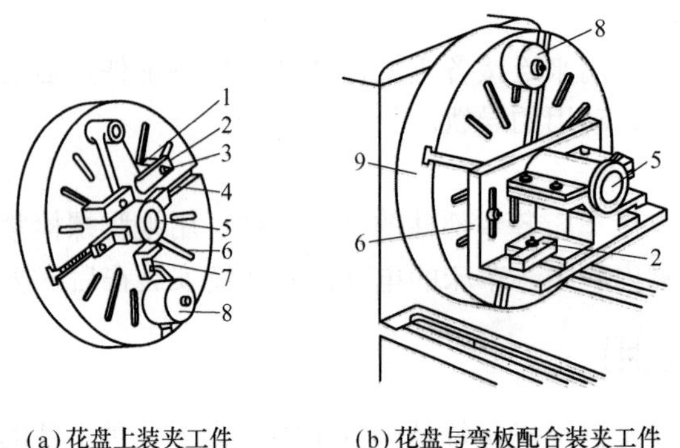

(a) 花盘上装夹工件　(b) 花盘与弯板配合装夹工件

图 5–5　花盘装夹工件

1—垫铁；2—压板；3—压板螺钉；4—T 形槽；5—工件；6—弯板；7—可调螺钉；8—配重铁；9—花盘

4. 顶尖的使用

（1）顶尖安装在主轴和尾座套筒上，装在主轴上的叫前顶尖，也叫死顶尖。装在尾座套筒上的叫后顶尖，也叫活顶尖，如图 5–6 所示。顶尖常用于加工较长的工件或同轴度要求较高的不适宜调头车削的轴类零件。而前顶尖又有两种形式：一种是将标准顶尖插入主轴前端锥孔内，利用莫氏锥度配合，此时需要将卡盘卸下；另一种是直接在卡盘上夹一段棒料车成 60° 顶尖，如图 5–7 所示。

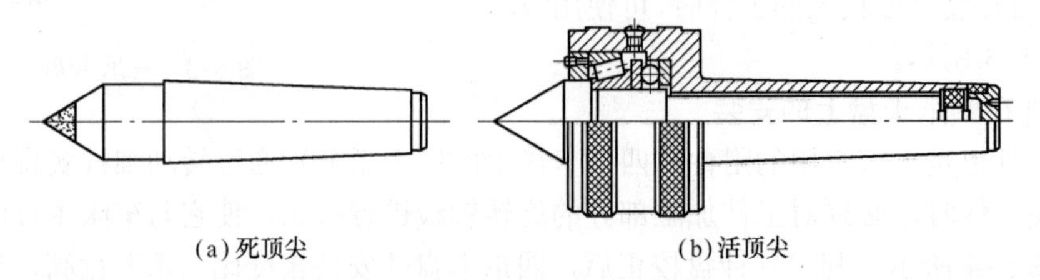

(a) 死顶尖　(b) 活顶尖

图 5–6　顶尖

使用顶尖时，必须先在轴的端面钻中心孔。其结构及尺寸于国家标准 GB/T 145—2001 中选取。中心孔用中心孔钻加工，中心孔钻安装在尾座套筒上。中心孔的结构和加工如图 5–8 所示。中心孔属于工艺孔，所以工程图中无须表达。

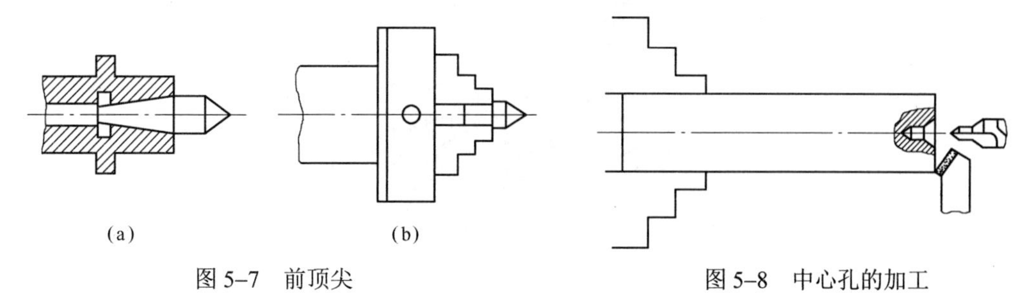

图 5–7　前顶尖　　　　图 5–8　中心孔的加工

（2）工件在两顶尖之间的安装。较长或加工工序较多的轴类工件，为保证工件同轴度要求，常采用两顶尖的装夹方法，如图 5–9 所示。工件支承在前后两顶尖间，由卡箍、拨盘带动旋转。

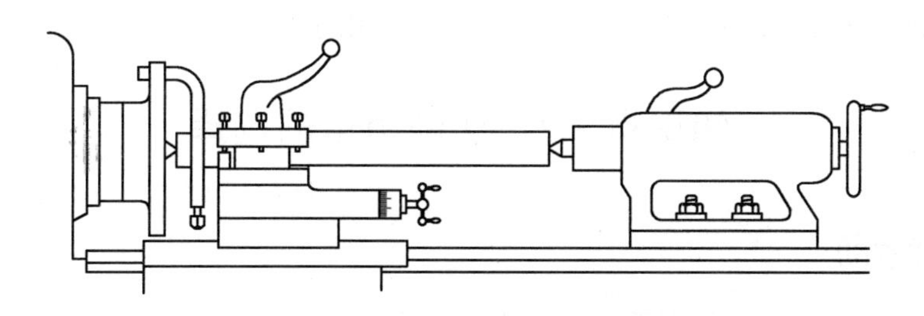

图 5–9　两顶尖安装工件

5. 中心架和跟刀架的使用

当车削长度为直径 20 倍以上的细长轴或端面带有深孔的细长工件时，由于工件本身的刚性很差，当受切削力的作用，往往容易产生弯曲变形和振动，容易把工件车成两头细中间粗的腰鼓形。这就需要附加辅助支撑，即中心架或跟刀架。

中心架主要用于加工有台阶或需要调头车削的细长轴，以及端面和内孔（钻中孔）。中心架固定在床身导轨上，车削前调整其三个爪与工件轻轻接触，并加上润滑油，如图 5–10 所示。对不适宜调头车削的细长轴，不能用中心架支撑，而要用跟刀架支撑进行车削，以增加工件的刚性，如图 5–11 所示。跟刀架固定在床鞍上，一般有两个支撑爪，它可以跟随车刀移动，

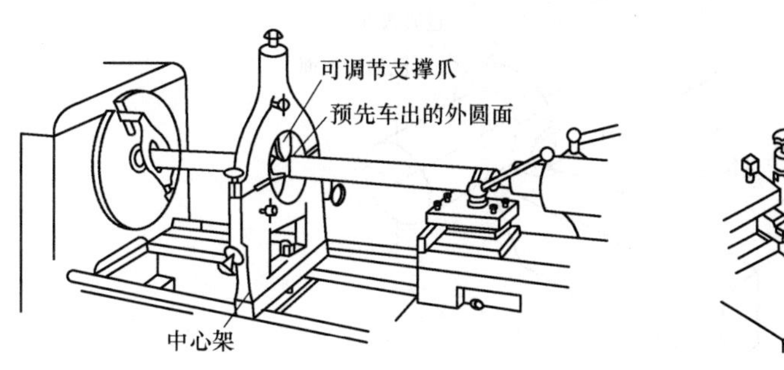

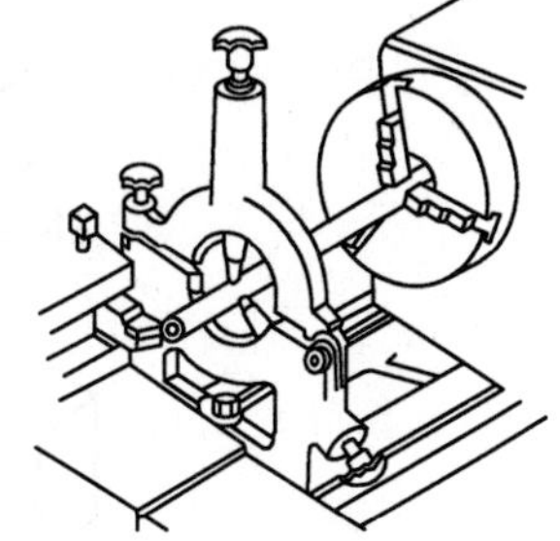

图 5–10　中心架的使用

抵消径向切削力，提高车削细长轴的形状精度和减小表面粗糙度值。

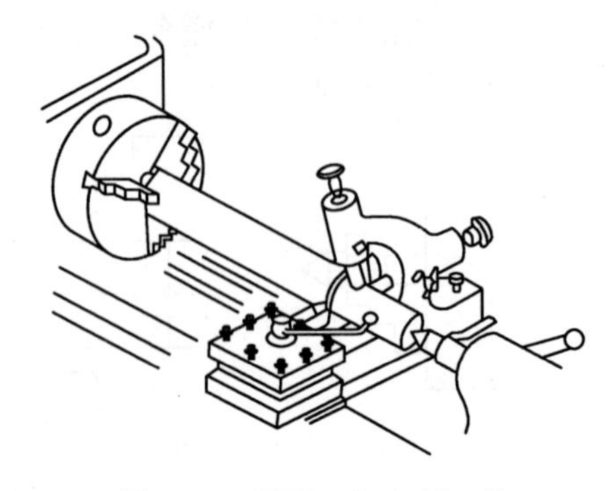

图 5–11　用跟刀架车削工件

对于长径比小于 3 的中小型工件，由于刚性较好，可用三爪卡盘或四爪卡盘直接装夹。长径比为 3～15 的实心轴，可采用双顶尖装夹方式。长径比大于 15 的实心轴，采用一夹一顶的装夹方式。

【教学建议】此时可组织学生讨论图 5–1 光轴车削的装夹方法。

知识点 5.2　切削用量的选择

5.2.1　切削运动

切削运动是为了形成工件表面所必需的刀具与工件之间的相对运动。切削运动分为主运动和进给运动。

主运动是切除工件多余金属所需要的最基本的运动，主运动速度快、消耗功率大，如车削运动的主轴旋转是主运动。

进给运动是使金属层连续投入切削，从而加工出完整表面的运动。如车削运动的溜板箱走刀运动。

切削过程中，工件上形成三个表面，如图 5–12 所示。

① 待加工表面——即将被切除的表面；

② 过渡表面——正在切削的表面；

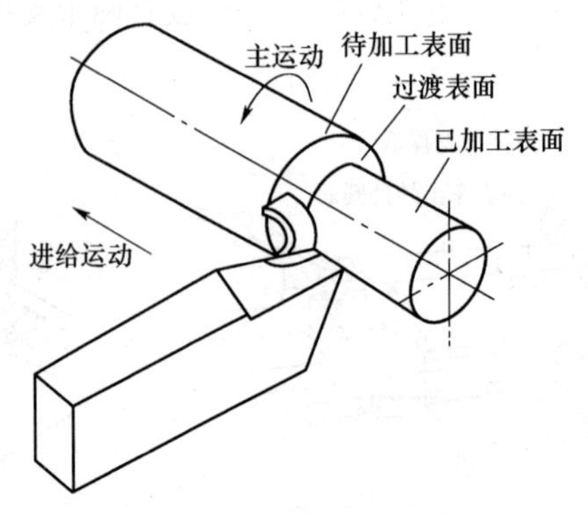

图 5–12　车削时形成的三个表面

③ 已加工表面——切除多余金属后形成的表面。

5.2.2 切削用量选择

切削用量包括切削速度、进给量和切削深度（背吃刀量），俗称切削三要素。它们是表示主运动和进给运动最基本的物理量，是切削加工前调整机床运动的依据，并对加工质量、生产率及加工成本有很大影响。

1. 切削速度

切削速度（v_c）是指在单位时间内，工件与刀具沿主运动方向的最大线速度。车削时是指车刀刀尖与工件接触点的相对速度，由主轴的转速和工件直径决定。

车削时的切削速度由下式计算：

$$v_c = \frac{\pi \cdot d \cdot n}{1\,000}$$

式中：v_c——切削速度，m/s 或 m/min；

d——工件待加工表面的最大直径，mm；

n——工件每分钟的转数，r/min。

由计算式可知切削速度与工件直径和转数的乘积成正比，故不能仅凭转数高就误认为是切削速度高。一般应根据 v_c 与 d 求出 n，然后再调整转速手柄的位置。

切削速度选用原则：粗车时，为提高生产率，在保证选取大的切削深度和进给量的情况下，一般选用中等或中等偏低的切削速度，如取 50～70 m/min（切削钢），或 40～60 m/min（切削铸铁）。精车时，为避免刀刃上出现积屑瘤破坏已加工表面质量，切削速度取较高（100 m/min 以上）或较低（6 m/min 以下）。但采用低速切削生产率低，只有在精车小直径的工件时采用。一般用硬质合金车刀高速精车时，切削速度为 100～200 m/min（切削钢）或 60～100 m/min（切削铸铁）。

2. 进给量

进给量 f 是指在主轴旋转一周，车刀与工件之间沿进给运动方向上的相对位移量，又称走刀量，其单位为 mm/r。即工件每旋转一周，车刀所移动的距离。

进给量 f 与表面粗糙度有极大关系，进给量 f 值越大，表面粗糙度越大；反之，表面粗糙度就越小。因此，粗加工时可选取适当大的进给量，一般取 0.15～0.4 mm/r。而精加工时，为使已加工表面的残留面积减少，则采用较小的进给量，有利于提高表面质量。精加工进给量一般取 0.05～0.2 mm/r。

3. 切削深度

车削时，切削深度（a_p）是指待加工表面与已加工表面之间的垂直距离，又称背吃刀量，单位为 mm，其计算式为：

$$a_p = \frac{d_w - d_m}{2}$$

式中：a_p——切削深度，mm；

d_w——工件待加工表面的直径，mm；

d_m——工件已加工表面的直径，mm。

粗加工应优先选用较大的切削深度，一般可取 2～4 mm。精加工选择较小的切削深度，对提高表面质量有利，但过小又使工件上原来凸凹不平的表面可能没有完全切除掉而达不到满意的效果，一般取 0.3～0.5 mm（高速精车）或 0.05～0.10 mm（低速精车）。

在实际工作中，切削用量的选用往往需要查找机械加工工艺手册。下面以硬质合金 YT15 为例，用查表方式来确定粗车、半精车、精车的进给量，再根据进给量确定切削速度。表 5–1 为进给量选择表。

表 5–1　硬质合金外圆车刀半精车的进给量

工件材料	表面粗糙度 Ra/μm	切削速度范围/（m/min）	刀尖圆弧半径 r		
			0.5	1.0	2.0
			进给量 f/（mm/r）		
铸铁、青铜、铝合金	6.3 3.2 1.6	不限	0.25～0.40 0.15～0.25 0.10～0.15	0.40～0.50 0.25～0.40 0.15～0.20	0.50～0.60 0.40～0.60 0.20～0.35
碳钢、合金钢	6.3	<50 >50	0.30～0.50 0.40～0.55	0.45～0.60 0.55～0.65	0.55～0.70 0.65～0.70
	3.2	<50 >50	0.18～0.25 0.25～0.30	0.25～0.30 0.30～0.35	0.30～0.40 0.35～0.50
	1.6	<50 50～100 >100	0.10 0.11～0.16 0.16～0.20	0.11～0.15 0.16～0.25 0.20～0.25	0.15～0.22 0.25～0.35 0.25～0.35

【**训练任务 5–1**】切削用量的选取。

为图 5–1 光轴的车削选择粗车、半精车、精车时的切削用量（填写表 5–2），并计算毛坯棒料的选用尺寸。

表 5–2　切削用量表

加工内容	切削用量		
	切削速度/（r/min）	背吃刀量/mm	进给量/（mm/r）
粗车			
半精车			
精车			

知识点 5.3　车刀的几何参数及材料

金属切削加工的质量还与刀具的几何参数和刀具材料有关。

5.3.1　车刀的几何参数

车刀是形状最简单的单刃刀具。其他各种复杂刀具都可以看作是车刀的组合和演变，有关车刀角度的定义，均适用于其他刀具。

1. 车刀的结构组成

车刀是由刀头（切削部分）和刀体（夹持部分）所组成。外圆车刀由三个刀面（前面、主后面、副后面），两条切削刃（主切削刃、副切削刃）和一个刀尖组成，即一点二线三面，如图 5–13 所示。分别表述如下。

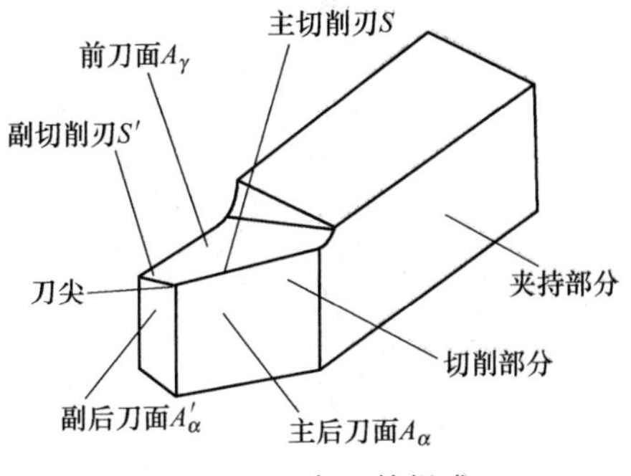

图 5–13　车刀的组成

前刀面：切削时，切屑流出所经过的表面。

主后刀面：切削时，与工件加工表面相对的表面。

副后刀面：切削时，与工件已加工表面相对的表面。

主切削刃：前刀面与主后刀面的交线。它可以是直线或曲线，担负着主要的切削工作。

副切削刃：前刀面与副后刀面的交线。一般只担负少量的切削工作。

刀尖：主切削刃与副切削刃的相交部分。为了强化刀尖，常磨成圆弧形或成一小段直线，称过渡刃，如图 5–14 所示。

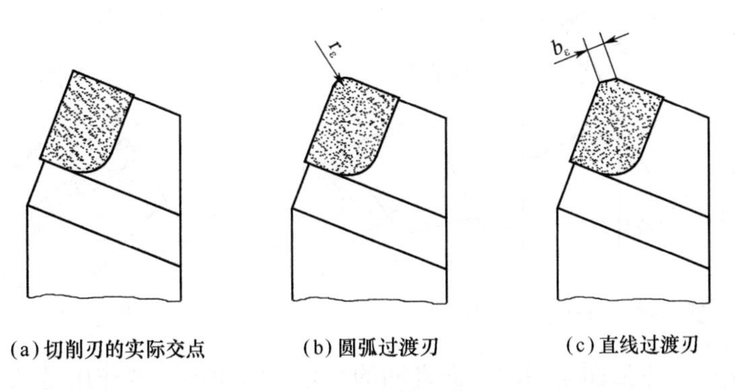

图 5–14　刀尖的形成

2. 车刀角度

车刀的主要角度有前角γ_0、后角α_0、主偏角κ_r、副偏角κ_r'和刃倾角λ_s。车刀的角度对加工质量和生产率等起着重要作用。在切削时，与工件加工表面相切的假想平面称为切削平面，与切削平面相垂直的假想平面称为基面，另外采用机械制图的假想剖面（主剖面），由这些假想的平面再与刀头上存在的三面二刃就可构成实际起作用的刀具角度（如图 5–15 与图 5–16 所示）。对车刀而言，基面呈水平面，并与车刀底面平行。切削平面、主剖面与基面是相互垂直的。

（1）前角γ_0——前面与基面之间的夹角。增大前角，可使主切削刃锋利，减小切削力和切削热。但前角过大，又会使刀刃较脆弱，易产生崩刃。前角有正与负的区分，如图 5–17 所示。

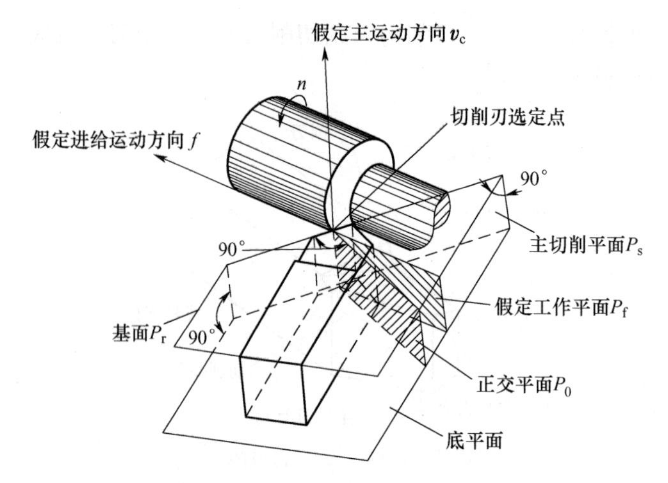

图 5–15 确定车刀角度的辅助平面

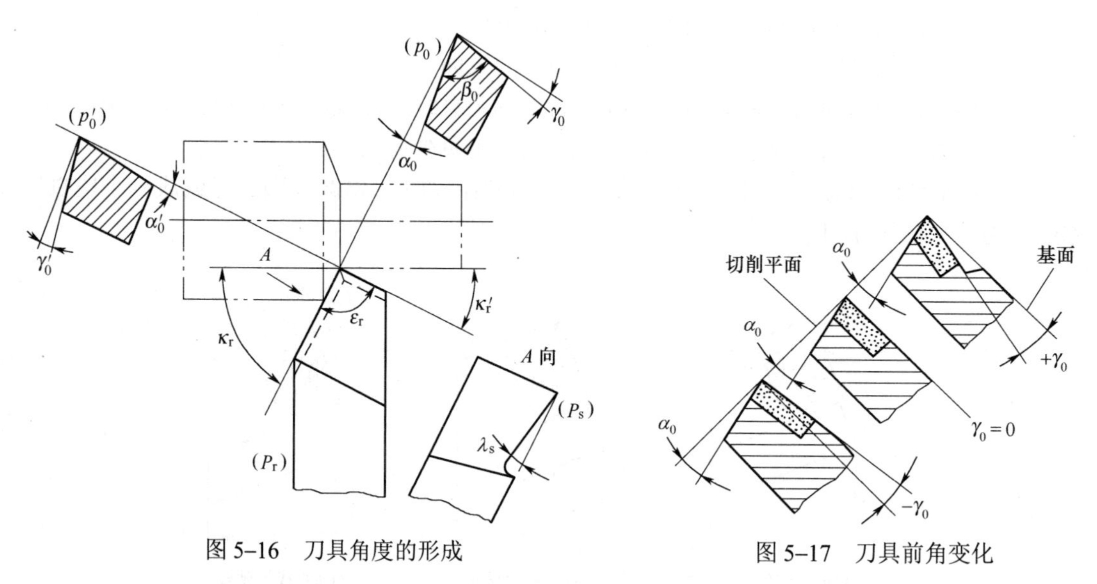

图 5–16 刀具角度的形成

图 5–17 刀具前角变化

（2）后角α_0——主后面与切削平面之间的夹角。后角的主要作用是减少刀具主后面与工件表面间的摩擦和主后面的磨损，并配合前角影响切削刃的锋利和强度。

（3）主偏角κ_r——主切削刃和假定进给方向在基面（P_r）上投影的夹角。

（4）副偏角κ_r'——副切削刃和假定进给的相反方向在基面P_r上投影的夹角。

3. 车刀几何参数的选择

（1）前角的选择。增大前角，可使刀刃锋利、切削力降低、切削温度低、刀具磨损小、表面加工质量高。但过大的前角会使刃口强度降低，容易造成刃口损坏。

用硬质合金车刀加工钢件（塑性材料等），一般选取γ_0=10°～20°，加工灰口铸铁（脆性材料等），一般选取γ_0=5°～15°。精加工时，可取较大的前角，粗加工应取较小的前角。工件材料的强度和硬度大时，前角取较小值，有时甚至取负值。车刀前角的选取可查有关机械加工工艺手册，如表 5–3 所示。

表 5–3　硬质合金车刀前角参考值

工件材料	前角 γ_0（°）	
	粗车	精车
低碳钢	18～20	20～25
45 钢（正火）	15～18	18～20
45 钢（调质）	10～15	13～18
45 钢、40Cr 锻件	10～15	5～10
灰铸铁 HT150、HT200	10～15	5～10
铝 1050A	30～35	35～40
奥氏体不锈钢	15～25	
40Cr（正火）	13～18	15～20
40Cr（调质）	10～15	13～18
铸造碳化钨	–15～–10	

（2）后角的选择。后角可以减少主后刀面与工件之间的摩擦，并影响刃口的强度和锋利程度。一般后角可取 α_0=6°～8°。

（3）主偏角的选择。主偏角影响切削刃的工作长度、切深抗力、刀尖强度和散热条件。主偏角越小，则切削刃工作长度越长，散热条件越好，但切深抗力越大。车刀常用的主偏角有 45°、60°、75°、90° 几种。工件粗大、刚性好时，可取较小值。车细长轴时，为了减少径向力而引起工件弯曲变形，宜选取较大值。

（4）副偏角的选择。副偏角的主要作用是减少副切削刃与工件已加工表面的摩擦，减少刀具磨损和防止切削时产生振动。减小副偏角可减小切削残留面积，降低已加工表面的粗糙度值，如图 5–18 所示。副偏角一般选取 5°～15°，精车时可取 5°～10°，粗车时取 10°～15°。

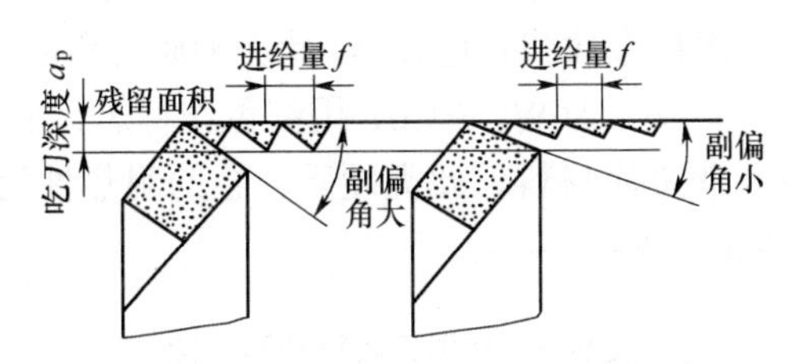

图 5–18　副偏角与残留面积的关系

【训练任务 5–2】为图 5–1 光轴的车削分别选择粗车、半精车、精车刀具几何参数（填写表 5–4）。

表 5–4　刀具几何参数选择

加工内容	几何参数/（°）			
	前角	后角	主偏角	副偏角
粗车				
半精车				
精车				

5.3.2 刀具材料

车刀为什么能切削钢，原因之一是车刀的硬度比钢大得多。

1. 刀具材料应具备的性能

（1）高硬度和好的耐磨性。刀具材料的硬度必须高于被加工材料的硬度才能切下金属。一般刀具材料的硬度应在 60 HRC 以上。刀具材料越硬，其耐磨性就越好。

（2）足够的强度与冲击韧度。强度是指在切削力的作用下，刀具不至于发生刀刃崩碎与刀杆折断所具备的能力。冲击韧度是指刀具材料在有冲击或间断切削的工作条件下，保证不崩刃的能力。

（3）高的耐热性。耐热性又称红硬性，是衡量刀具材料性能的主要指标，它综合反映了刀具材料在高温下仍能保持高硬度、耐磨性、强度、抗氧化、抗黏结和抗扩散的能力。

（4）良好的工艺性和经济性。

2. 常用刀具材料

目前，车刀广泛应用硬质合金刀具材料，在某些情况下也应用高速钢刀具材料。

（1）高速钢。高速钢是一种高合金钢，俗称白钢。其强度、冲击韧度、工艺性很好，是制造复杂形状刀具的主要材料。如成形车刀、麻花钻头、铣刀、齿轮刀具等。高速钢的耐热性不高，约在 640 ℃其硬度下降，因此，不能进行高速切削，其转速一般控制在 1 000 r/min 以下。

（2）硬质合金。以耐热性和耐磨性好的碳化物——钴为黏结剂，采用粉末冶金的方法压制成各种形状的刀片，然后用铜钎焊的方法焊在刀头上作为切削刀具的材料。硬质合金的耐磨性和硬度比高速钢高得多，但塑性和冲击韧度不及高速钢。

硬质合金分为以下三类。

① 钨钴钛类硬质合金。主要成分为 WC＋TiC＋Co，用蓝色作标志。主要用于加工长切屑的黑色金属，如钢类等塑性材料。此类硬质合金的耐热性为 900 ℃。

② 钨钛钽类硬质合金。主要成分为 WC＋TiC＋TaC（NbC）＋Co，用黄色作标志，又称通用硬质合金。主要用于加工黑色金属和有色金属。此类硬质合金的耐热性为 1 000～1 100 ℃。

③ 钨钴类硬质合金。主要成分为 WC＋Co，用红色作标志，主要用于加工短切屑的黑色金属（如铸铁）、有色金属和非金属材料。此类硬质合金的耐热性为 800 ℃。

常用刀具材料及其性能见表 5–5。

表 5–5 常用刀具材料和性能

种类		常用牌号	主要性能	主要应用
碳素工具钢	含碳量较高的优质碳钢	T8A、T10A、T12A	淬火后硬度高（达 63～65 HRC）、价廉，但耐热性差（200 ℃以下）	制造小型、手动和低速切削工具，如手用锯条和锉刀等
合金工具钢	碳素工具钢中加入少量 Cr、Si、W、Mn 等元素	9SiCr 、CrWMn 、CrW5、GCr15	淬透性、耐热性（220～250 ℃）有所提高，热处理变形小	制造手用铰刀、圆板牙、丝锥、刮刀等
高速钢	含 Cr、W、V 等元素较多的合金工具钢	W18Cr4V W6Mo5Cr4V2	耐热性高（540～650 ℃），耐磨性也有所提高，强度、韧度和工艺性都较好	广泛用于制造较为复杂的各种刀具，如麻花钻、铣刀、拉刀和齿轮刀具等，也可用于制作车刀、刨刀等简单刀具

续表

种类			常用牌号	主要性能	主要应用
硬质合金	钨钴类(由WC和Co组成)	以高硬度、高熔点的金属碳化物（WC、TiC等）作基体，以Co等为黏结剂的粉末冶金制品	YG3、YG6、YG8（数字表示含钴量的百分数）（相当于ISO标准的K类）	其相对塑韧性好，但切削塑性材料时耐磨性差，Co含量少，相对较脆、较耐磨	适用于加工铸铁、青铜等脆性材料
	钨钴钛类（由WC、TiC和Co组成）		YT5、YT15、YT30（数字表示TiC含量的百分数）（相当于ISO标准的P类）	其耐热性、耐磨性均优于YG类钢，但韧性较差。TiC含量愈多，则耐热性、耐磨性愈高，韧性愈小	适用于加工一般钢件
	钨钛钽（铌）（由WC、TiC、TaC或NbC和Co组成）		YW1、YW2（相当于ISO标准的M类）	兼有YG、YT类钢的大部分优良性能，被称为通用合金，但价高	既可加工铸铁，也可加工钢，适合耐热钢、高锰钢和不锈钢的加工

3. 新型刀具材料简介

随着高速切削技术的发展，机床的切削速度越来越快，如高速铣转速可达20 000r/min以上，这就对刀具的红硬性、耐磨性、强度和韧性提出更高的要求。随着高硬度、高强度、高韧性、高耐热性等难加工材料的不断增多，要求刀具材料也要不断改进与创新，因而新材料的引入和原有材料的改进是刀具改革的根本方向。这些领域现在比较成熟和应用广泛的刀具材料是人造金刚石和立方氮化硼（CBN）。

知识点5.4 实操训练指导

5.4.1 车刀安装

车削前必须把选好的车刀正确安装在方刀架上，车刀安装得好坏，与操作是否顺利及加工质量都有很大关系。安装车刀时应注意以下几点（见图5–19）。

（1）车刀刀尖应与工件轴线等高。如果车刀装得太高，则车刀的主后面会与工件产生强烈的摩擦。如果装得太低，切削就不顺利，甚至工件会被抬起来，使工件从卡盘上掉下来，或把车刀折断。为了使车刀对准工件轴线，可按床尾架顶尖的高低进行调整。

（2）车刀不能伸出太长。如车刀伸出太长，容易发生振动，使工件表面粗糙，甚至会把车刀折断。但也不宜伸出太短，太短会使车削不方便，容易发生刀架与卡盘碰撞。一般车刀伸出长度不超过刀杆高度的1.5倍。

（3）车刀安装在刀架上时，不可能刚好对准工件轴线，一般会低些，可用一些厚薄不同的垫片来调整车刀的高低。垫片必须平整，其宽度应与刀杆一致，长度应与刀杆被夹持部分一致，同时应尽可能用少数厚垫片来代替多数薄垫片。

（4）车刀刀杆应与车床主轴轴线垂直。

（5）车刀位置装正后，应交替拧紧刀架螺钉。

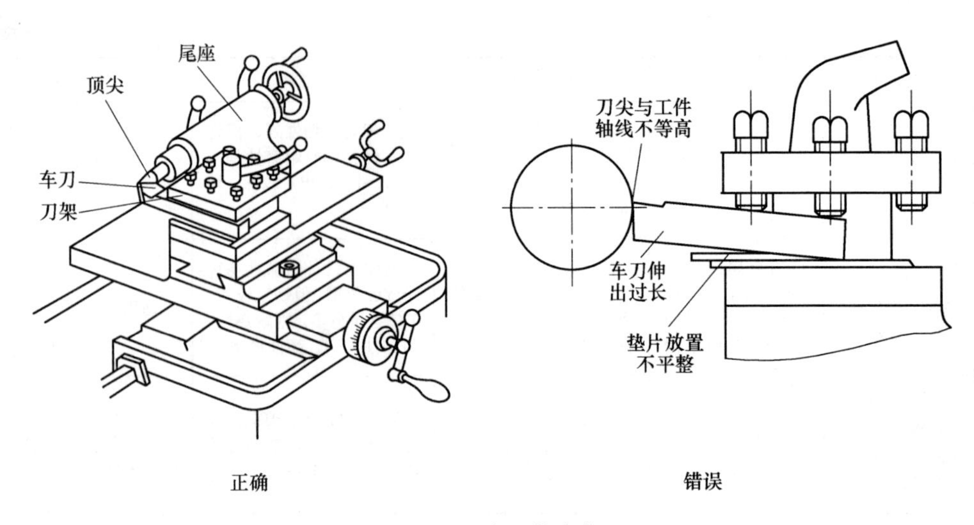

图 5-19 车刀的安装

5.4.2 试切的方法与步骤

工件在车床上安装以后，要根据工件的加工余量决定走刀次数和每次走刀的切深。半精车和精车时，为了保证工件加工的尺寸精度，必须准确确定切削深度。由于刻度盘和丝杆都有误差，只靠刻度盘来进刀往往不能满足半精车和精车的要求，这就需要采用试切的方法，试切的方法与步骤如下（见图 5-20）：

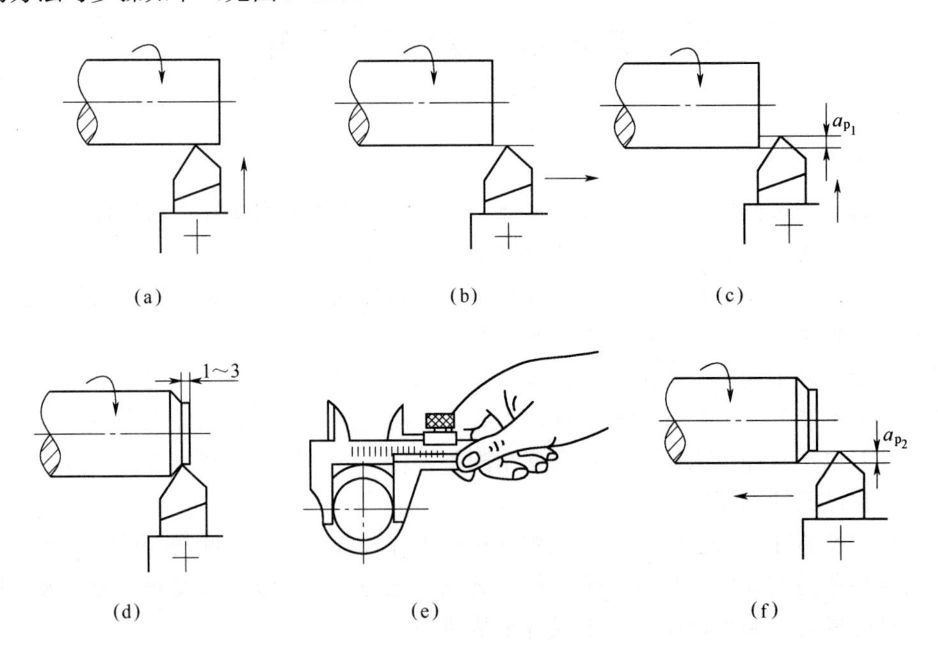

图 5-20 试切的步骤

（1）开车对刀，使车刀与工件表面轻微接触；

（2）向右退出车刀；

（3）横向进刀 a_{p_1}；

（4）切削纵向长度 1～3 mm；

（5）退出车刀，进行度量；

（6）如果尺寸不到，再进刀 a_{p_2}。

以上是试切的一个循环，如果尺寸还大，则进刀仍按以上的循环进行试切；如果尺寸合格了，就按确定下来的切削深度将整个表面加工完毕。

5.4.3　粗车和精车

在车床上加工一个零件，往往要经过几次车削步骤才能完成。为了提高生产效率，保证加工质量，生产中把车削加工分为粗车和精车。如果零件精度要求高，需要磨削时，车削又可分为粗车和半精车。

粗车的目的是尽快地从工件上切去大部分加工余量，使工件接近最后的形状和尺寸。粗车要给精车留有合适的加工余量，而精度和表面粗糙度等技术要求都较低。实践证明，加大切深不仅使生产率提高，而且对车刀的耐用度影响又不大。因此，粗车时要优先选用较大的切削深度，其次根据可能，还可以适当加大进给量，最后选用中等偏低的切削速度。

精车的目的是要保证零件的尺寸精度和表面粗糙度等技术要求，精车的尺寸精度可达 IT8～IT7，表面粗糙度数值 *Ra* 达 1.6～0.8 μm。其尺寸精度主要是依靠准确的度量、准确的进给量并用试切方法来保证的。因此，操作时要细心认真。

精车时保证表面粗糙度要求的主要措施是，选用高的切削速度、较小的切深及较小的进给量，表面粗糙度可在现场用比对样块进行比对测量。

知识点 5.5　职业素养训导

5.5.1　“7S”活动

“7S”活动起源于日本，并在日本企业中广泛推行。“7S”活动的对象是现场的“环境”，它对生产现场环境全局进行综合考虑，并制订切实可行的计划与措施，从而达到规范化管理。“7S”活动的核心和精髓是素养，因此，开展“7S”活动以提高职业者职业素养为目的，从而达到生产效益的提升。

“7S”是整理（seiri）、整顿（seiton）、清扫（seiso）、清洁（seikeetsu）、素养（shitsuke）、安全（safety）和速度/节约（speed/saving）这 7 个词的缩写。因为这 7 个词日语的罗马拼音和英语中的第一个字母都是“S”，所以简称为“7S”，开展以整理、整顿、清扫、清洁、素养、安全和节约为内容的活动，称为“7S”活动。

（1）整理。把要与不要的人、事、物分开，再将不需要的人、事、物加以处理，这是开始改善生产现场的第一步。其要点是对生产现场的现实摆放和停滞的各种物品进行分类，区分什么是现场需要的，什么是现场不需要的；其次，对于现场不需要的物品，如用剩的材料，多余的半成品，切下的料头、切屑、垃圾、废品，多余的工具，报废的设备，工人的个人生活用品等，要坚决清理出生产现场，这项工作的重点在于坚决把现场不需要的东西清理掉。对于车间里各个工位或设备的前后，通道左右，厂房上下，工具箱内外，以及车间的各个死角，都要彻底搜寻和清理，达到现场无不用之物。坚决做好这一步，是树立好作风的开始。日本有的公司提出口号：效率和安全始于整理！

整理的目的是：增加作业面积，物流畅通，防止误用等。

（2）整顿。把需要的人、事、物加以定量、定位。通过前一步整理后，对生产现场需要留下的物品进行科学合理的布置和摆放，以便用最快的速度取得所需之物，在最有效的规章、制度和最简捷的流程下完成作业。

整顿的目的是使工作场所整洁明了，一目了然，减少取放物品的时间，提高工作效率，保持井井有条的工作秩序区。

（3）清扫。把工作场所打扫干净，设备异常时马上修理，使之恢复正常。生产现场在生产过程中会产生灰尘、油污、铁屑、垃圾等，从而使现场变脏。脏的现场会使设备精度降低，故障多发，影响产品质量，使安全事故防不胜防；脏的现场更会影响人们的工作情绪，使人不愿久留。因此，必须通过清扫活动来清除那些脏物，创建一个明快、舒畅的工作环境。

清扫的目的是使员工保持良好的工作情绪，并保证稳定产品的品质，最终达到企业生产零故障和零损耗。

（4）清洁。整理、整顿、清扫之后要认真维护，使现场保持完美和最佳状态。清洁，是对前三项活动的坚持与深入，从而消除发生安全事故的根源，创造一个良好的工作环境，使职工能愉快地工作。

清洁的目的是使整理、整顿和清扫工作成为一种惯例和制度，是标准化的基础，也是一个企业形成企业文化的开始。

（5）素养。素养即教养，努力提高人员的素养，养成严格遵守规章制度的习惯和作风，这是“7S”活动的核心。没有人员素质的提高，各项活动就不能顺利开展，开展了也坚持不了。所以，抓“7S”活动，要始终着眼于提高人的素质。通过素养的养成，让员工成为一个遵守规章制度，并具有良好工作素养习惯的人。

（6）安全。清除隐患，排除险情，预防事故的发生。

安全的目的是保障员工的人身安全，保证生产的连续、安全、正常地进行，同时减少因安全事故而带来的经济损失。

（7）节约。就是对时间、空间、能源等方面合理利用，以发挥它们的最大效能，从而创造一个高效率的、物尽其用的工作场所。

实施时应该秉持三个观念：① 能用的东西尽可能利用；② 以自己就是主人的心态对待企业的资源；③ 切勿随意丢弃，丢弃前要思考其剩余使用价值。

5.5.2　车工安全守则

（1）工作前须穿好工作服（或军训服），扣扎好袖口，衬衫要扎入裤内。上衣的扣子扣好，有长发的人员必须戴好工作帽，并将头发纳入帽内。严禁戴手套操作车床。

（2）工作前要认真察看机床有无异常，在规定的加油部位加注润滑油。在检查无误时启动机床试运转，再查看油窗是否有油液喷出，油路是否通畅，试运转时间一般为 2～5 min，夏季可短些，冬季宜长些。

（3）工件、刀具和使用中的夹具必须夹持牢固，但也不得超载夹持，以防损坏其他机件。工件在三爪卡盘上安装好后，要将卡盘安全防护罩盖上。

（4）主轴变速必须停车，严禁在运转中变速。变速手柄必须到位，以防松动脱位。

（5）操作中必须精力集中，要注意纵、横行程的极限位置，机床在走刀运行中不得擅离机床或东张西望和其他人员闲谈。不允许坐在凳子上操作，不得委托他人看管机床。

（6）机床运行时，不得用手摸转动的工件，不得用棉纱等物擦拭工件或用量具测量工件。

（7）工作时，不得将身体和手脚依靠或放在机床上，不要站在切屑飞出的方向，不要将头部靠近工件，以免受伤。

（8）清除切屑必须用铁钩和毛刷，严禁用手清除或用嘴吹除。

（9）中途停车，在惯性运转中的工件不得用手强行刹车。

（10）在实习中统一安排的休息时间里，不准私自开动机床，也不得随意开动其他机床和扳动机床手柄，不得随便动他人已调整好的工件、夹具和量具。

（11）工作结束，应切断电源。

（12）下班前，必须认真清扫机床，在各外露导轨面上加注防锈油，并把大刀架、尾座移至床尾。

（13）打扫工作场地，将切屑倒入规定地点。

（14）认真清理所用的工、夹、刀、量具，整齐有序地摆入工具箱柜中，以防丢失。

【引导项目 1】编写图 5–1 所示的光轴加工工艺过程，并在车床上加工光轴。

考核要求及评分标准如下：

（1）能正确确定棒料毛坯的尺寸（20 分）；

（2）能正确装夹工件（20 分）；

（3）能正确选用切削用量（20 分）；

（4）能正确操作车床（20 分）；

（5）自觉遵守劳动纪律和《车工安全守则》，自觉做到“7S”（20 分）。

注：答案可参考本书附录 A。

【引导项目 2】阶梯轴的加工。

如图 5–21 所示为一阶梯轴，材料为 45 钢，尺寸精度和表面要求如图中所示。

任务：

（1）根据尺寸精度和表面粗糙度要求确定加工方法；

（2）进行基准分析并确定加工过程的装夹方法；

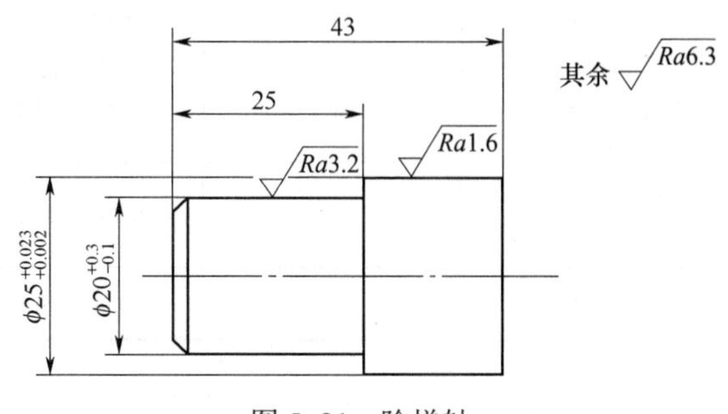

图 5–21　阶梯轴

（3）确定毛坯尺寸；

（4）写出加工工艺过程并编制加工工艺过程卡；

（5）实操加工该轴。

教师提问引导：

（1）该轴的尺寸ϕ25 的尺寸精度是几级，结合表面粗糙度要求，应选用什么加工方法？

（2）该轴的尺寸ϕ20 的尺寸精度是几级，结合表面粗糙度要求，应选用什么加工方法？

（3）加工时采用何种装夹方式？

（4）两个外圆面加工次序如何安排？

【教学建议】利用网络资源观看车削阶梯轴视频，让学生带着以上的问题观看，观看过程中可进行讲解。

知识点 5.6　表面加工方案的选择

在选择加工方法时，常常选用经济的加工方法来达到尺寸精度和表面粗糙度。表面尺寸精度和表面粗糙度要求是选择加工方法的主要依据。

外圆面加工的方法很多，根据所能达到的精度和表面粗糙度，分为粗车、半精车、精车、磨削、精磨和光整加工。表 5–6 为外圆尺寸精度、表面粗糙度所对应的加工方案。

当外圆表面要求较高，尺寸精度要求达到 IT5 级以上或表面粗糙度 *Ra* 小于 0.2 μm时，需要进行光整加工或超精加工，在以后的有关章节会详细讲解。

表 5–6　外圆柱面加工方案（摘自机械加工手册）

序号	加工方法	经济精度（公差等级）	表面粗糙度 *Ra*/μm	使用范围
1	粗车	IT11～13	10～25	适用于淬火钢以外的各种金属
2	粗车→半精车	IT9～10	2.5～6.3	
3	粗车→半精车→精车	IT7～8	0.8～1.6	
4	粗车→半精车→精车→滚压（或抛光）	IT7～8	0.025～0.02	
5	粗车→半精车→磨削	IT7～8	0.4～0.8	主要用于淬火钢，也可用于未淬火钢，但不宜加工有色金属
6	粗车→半精车→粗磨→精磨	IT6～7	0.1～0.4	
7	粗车→半精车→粗磨→精磨→超精加工	IT5	0.012～0.1	
8	粗车→半精车→精车→精细车（金刚车）	IT6～7	0.025～0.4	主要用于有色金属的高精度加工
9	粗车→半精车→粗磨→精磨→超精磨（或镜面磨）	IT5	0.006～0.025	极高精度外圆加工
10	粗车→半精车→粗磨→精磨→研磨	IT5	0.006～0.1	

【教学建议】此处可安排学生根据表 5–6 讨论两个外圆的加工方法。

知识点 5.7　基准与定位基准的选择

5.7.1　基准

零件是由若干表面组成，各表面之间有一定的尺寸和相互位置要求。基准就是零件上用来确定其他点、线、面位置的那些点、线、面。基准分为设计基准和工艺基准。而工艺基准又可分为定位基准、测量基准和装配基准。

1. 设计基准

在零件设计图上用来确定其他点、线、面的基准。如图 5–24 所示，轴线 *O—O* 是各外圆和内孔的设计基准，端面 *A* 是端面 *B*、端面 *C* 的设计基准。而从端面跳动和圆跳动两项位置精度要求来看，*D* 孔的轴线又是端面 *B* 和外圆 ϕ40h6 的设计基准。

2. 工艺基准

工艺基准是在零件加工及装配过程中使用的基准。按其用途又可分为以下几项。

（1）定位基准。定位基准是在加工中用作定位的基准。如用三爪卡夹持外圆进行车削，即外圆面是定位基准。用双顶尖装夹工件，即中心孔是定位基准。如图 5–22 所示，车端面 *C* 是以 *A* 面为轴向定位面，所以，*A* 面是车削 *C* 面时的定位基准。定位基准又可分为粗基准和精基准。用没有加工过的毛坯表面作定位基准，即为粗基准。如光轴加工过程中，车端面，钻中心孔时，三爪卡盘夹持棒料的毛坯面，棒料的毛坯面就是粗基准。用已经加工过的表面作定位基准，则称为精基准。

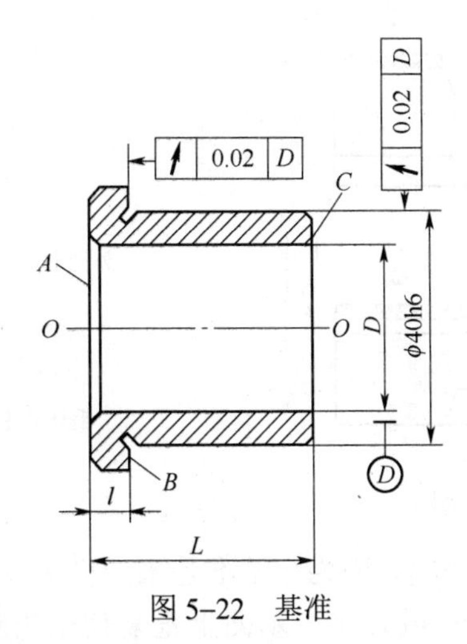

图 5–22　基准

（2）测量基准。测量基准是零件测量时所采用的基准。如图 5–22 所示，通过内孔装在芯棒上来测量ϕ40h6 外圆的径向圆跳动与端面 *B* 的端面跳动时，内孔 *D* 即为测量基准。

（3）装配基准。装配基准是装配时用来确定零件或部件在产品中的相对位置所采用的基准。如图 5–22 所示，其外圆ϕ40h6 及端面 *B* 即为钻套的装配基准。

选择工件上的哪些表面作为定位基准，是制定工艺规程的一个十分重要的问题。在选择定位基准时，主要考虑以下几个方面的要求。

① 保证加工面与不加工面之间的正确位置。

② 保证加工面和待加工面之间的正确位置，使得待加工面加工时余量均匀。

③ 提高加工面和定位基准之间的位置精度（包括其相关尺寸的精度）。

④ 装夹方便、定位可靠、夹具结构简单。

5.7.2 定位基准的选择

1. 粗基准的选择

粗基准是第一道工序定位基准的选择。粗基准选择得好坏对后续各加工表面余量的分配，以及保证不加工表面与加工表面间的尺寸、相互位置都有很大影响。具体选择可参照下列原则。

（1）余量均匀原则。对于一些重要表面，要求其加工余量均匀一致，则可以以它作为粗基准。如图 5–23 所示的机床床身，导轨面最重要。为了保证导轨面的加工余量均匀，则先用导轨面作为粗基准，加工床脚。然后，再以粗加工后的床脚面为精基准加工导轨面，即可保证导轨面加工余量均匀。

（2）保证加工面与不加工面位置正确的原则。工件上有一些不加工的表面，它们与加工面之间也要求有一个正确的位置关系，这些位置关系有时并不直接标注在图样上，但不注意它们，将会影响到零件的美观甚至零件的使用性能。这时，可用不加工表面作为粗基准，就能保证不加工面与加工面之间的正确位置，如图 5–24 所示。

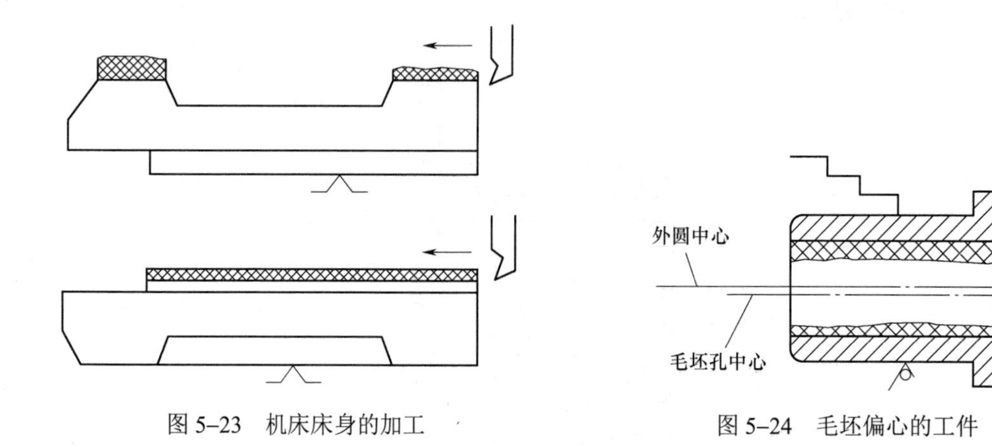

图 5–23 机床床身的加工　　图 5–24 毛坯偏心的工件

（3）粗基准一般只能使用一次。因为粗基准是未经机械加工的毛坯表面，其精度和表面粗糙度都较差，如果在某一个（或几个）基面上重复使用粗基准，则不能保证两次装夹下工件与机床、刀具的相对位置一致，因而使得两次装夹下加工出来的表面之间位置精度降低。例如，实际工作中不能夹持毛坯棒料的一段，将另一端的外圆一次车削到要求的尺寸精度。

（4）粗基准应平整光洁、定位可靠。粗基准虽然是毛坯表面，但应当尽量平整、光洁、无飞边。一般不选毛坯分型面或分模面所在的表面为粗基准。

（5）有多个相关表面需要加工的情况，应采用加工余量最小的表面作为粗基准。这样可保证该表面的余量小而均匀，从而有效避免了余量不够甚至出现黑斑的情况。

2. 精基准的选择

精基准的选择应考虑如何保证各加工表面的相互位置关系和装夹可靠方便，一般应遵循以下原则。

（1）基准重合原则。在选择定位基准时，应尽量选用加工表面的设计基准作为定位基准，称为基准重合原则。用设计基准作定位基准，可以避免因基准不重合而产生的定位误差，主要用于保证被加工表面的位置精度。如图 5–22 所示，以 *A* 面为定位基准车端面 *C*，即以端面 *C* 的设计基准为定位基准，符合基准重合原则。又如，在磨削ϕ40h6 外圆时，为保证该外圆面的圆跳动，将零件通过内孔装在芯棒上进行装夹，也符合基准重合原则。总之，在选择定位基准时，总是首先考虑是否可以用该加工面的设计基准来作定位基准。

（2）基准统一原则。基准统一原则是指若干被加工表面尽量选用同一组基准来加工，用于保证各被加工表面位置关系，即一次装夹加工尽量多的表面，这样可以减少因基准转换而带来的装夹误差。例如，轴类零件常用中心孔作为统一的定位基准来加工各外圆表面，这样可保证各外圆表面之间较高的同轴度。

（3）互为基准的原则。对于相互位置精度及自身的尺寸与形状精度都要求很高的一对表面，可采用互为基准反复多次进行精加工，以达到较高的相互位置精度。

（4）自为基准的原则。在精加工或光整加工中，要求加工余量小而均匀，则加工时就可以选择加工表面本身作为基准（即自为基准），而该表面与其他表面之间的位置精度则由先行工序保证。

（5）便于装夹原则。除了上述讨论的原则方法以外，还应该考虑，按以上所选的定位基准必须在机床或夹具上可以准确可靠安装，以及保证足够的装夹刚度，使工件变形尽量小。同时使装夹表面尽量靠近加工面，以减少切削力产生的力矩。

【教学建议】此处可重放以上阶梯轴加工视频，在老师引导下讨论阶梯轴加工过程中的定位基准及转换问题。

知识点 5.8　工艺路线拟定

工艺路线是工艺规程的主线，内容包括表面加工方法的选择、各表面的加工顺序、加工阶段与工序的划分等工作，是制定工艺规程中最实质性的工作。

5.8.1　表面加工方法的选择

可根据以下原则进行加工方法的选择。

（1）应按各种加工方法的经济加工精度进行选择。所谓经济加工精度，是指在正常生产条件下（指设备、工装、工人技术等都无特殊要求）所能获得的加工精度。

（2）应根据工件材料特性选择合适的加工方法。要充分注意到不同加工方法的适用场合。例如，有色金属加工应采用切削加工而不宜用磨削，而淬火钢工件则应采用磨削加工。

（3）加工方法必须与生产类型相协调。

（4）加工方法要与本厂生产条件相协调。所选择的加工方法必须以本厂现有设备、工艺为基础，既要考虑充分利用现有设备，又要考虑不断革新改造，挖掘企业潜力，提高企业的生产工艺水平。

5.8.2 加工顺序的安排

1. 划分加工阶段

根据尺寸精度和表面粗糙度要求，一般要求将其分为以下 4 个加工阶段。

（1）粗加工阶段。大部分切削余量在这一阶段完成。由于通常这一阶段不作为表面加工的终结工序，因此加工质量不是主要因素，而主要考虑生产效率，即在尽量短的时间内完成大部分的切削余量。

（2）半精加工阶段。通常在热处理前进行，主要是为一些重要表面的精加工做准备，以及作为次要表面的终结加工工序（如钻孔、攻丝，铣键槽等）。对于一些重要表面，应保证留有一定的精加工余量，并保证一定的加工精度。

（3）精加工阶段。全面达到图纸设计要求。

（4）光整加工阶段。对精度要求在 IT6 级以上，表面粗糙度 *Ra* 小于 0.2 μm 的表面，需要安排光整加工。光整加工以提高尺寸精度、降低表面粗糙度为主，而几何形状精度和位置精度应依靠前道工序保证。

划分加工阶段主要出于以下几方面的考虑。

（1）保证加工质量，提高生产效率。粗加工阶段切削余量大，可采用较大的切削用量，以提高生产率，但由此而产生的大切削力和切削热及所需的大夹紧力会使工件产生较大内应力和变形，不可能获得高的加工精度。而通过半精加工和精加工阶段，逐步减小切削用量、切削力和切削热，减少变形，提高加工精度，从而达到图纸要求。同时，在各个加工阶段的时间间隔可以产生自然时效效果，有利于工件内应力的消除，便于在最后工序中予以修正。

（2）合理使用机床设备。划分加工阶段后，可在不同阶段使用不同类型的机床，充分发挥各种设备的使用效率。例如，在粗加工阶段，可以采用高效率大功率的低精度机床设备，以提高生产率为主要目的。而在精加工阶段，则采用高精度机床，以保证加工精度为首要任务，并有利于保证精密机床的使用寿命。

（3）便于安排热处理工序。在各个加工阶段之间，可根据上一阶段的加工特点及下一阶段的加工要求，合理安排热处理工序。例如，在主轴粗加工后进行时效处理，消除内应力。在半精加工后，进行淬火处理，达到表面物理机械性能的要求。在精加工后，进行冰冷处理及低温回火，保证工件的低温特性，最后再进行光整加工。

（4）能及时发现毛坯缺陷，避免浪费工时。由于粗加工阶段切削余量大，能尽早暴露致命缺陷，可以及时报废，以避免后续工序的浪费。

（5）保护重要表面。将精加工放在最后，减少了重要表面加工完成后的运输路线，避免受到损伤。

当然，上述加工阶段的划分不是绝对的，对一些特殊工件或特定加工条件，也有不划分加工阶段的。例如，一些特大型工件，若加工精度不高，则可一次装夹完成，避免了多次安装和运输带来的困难。

2. 切削加工顺序的安排

根据加工阶段的划分，切削加工顺序可参考以下原则安排。

（1）先粗后精。先安排粗加工，中间安排半精加工，最后安排精加工和光整加工。

（2）先主后次。先加工主要表面，后加工次要表面。

（3）基面先行。先加工出重要面的定位基准，通常在第一道工序中便加工出所需的精基准面。

（4）先面后孔原则。加工孔时，应先加工孔口平面，再加工孔。如先车端面，后钻中心孔。

5.8.3　机械加工工艺过程的基本概念

机械加工工艺过程是指改变原材料或毛坯的形状、尺寸及力学性能等，使之成为成品的过程。

机械加工工艺过程由工序、安装、工步、走刀等组成。

（1）工序。工序是指在一个工作地点或在一台机床上，对一个工件所连续完成的那部分工艺过程。“地点”是工序的主要因素。工序是工艺过程的基本单元，往往一个零件需要几个工序来完成。

（2）安装。工件在一次装夹后所完成的那部分工艺过程叫作安装。在一个工序中可以包括一次或数次安装。安装次数增多，就会降低加工精度，同时也会增加装卸工件的时间。在加工过程中，要尽可能减少安装次数。

（3）工步。工步是指在一个工序内的一次安装中，当加工表面、刀具、切削用量中的转速和进给量均不变所完成的那部分工艺过程。

【教学建议】此处应组织学生在老师指导下对图 5–21 阶梯轴的加工路线进行拟定，可参考附录 A 中相关答案。

知识点 5.9　机械加工的工艺规程和工艺文件

5.9.1　机械加工工艺规程

机械加工工艺规程（以下简称“工艺规程”）是规定零件机械加工工艺过程和操作方法的工艺文件。它是机械制造工厂零件切削加工的主要技术文件，其具体作用如下。

（1）工艺规程是指导生产的主要技术文件，是产品零件加工制造的依据。对于大批量生产的工厂，由于生产组织严密，分工细致，要求工艺规程比较详细，便于组织和指挥生产。对于单件或小批量生产的工厂，工艺规程可以相对简单些。但无论生产规模大小，都必须有工艺规程作为依据，否则生产调度、技术准备、关键技术研究、器材配置等都无法安排，容易使生产陷入混乱。按照工艺规程进行生产，便于保证产品质量，获得较高的生产效率和经济效益。同时，工艺规程也是处理生产问题的依据。例如，遇到产品质量问题，可按工艺规程来明确各生产单位的责任，以便进一步采取措施，保证产品质量。

（2）工艺规程是生产组织和管理工作的基本依据。首先，有了工艺规程，在新产品投入生产之前，就可以进行有关生产前的技术准备工作。例如，为零件的加工准备机床，设计专用的工装夹具与量具等。其次，工厂的设计和调度部门根据工艺规程安排各零件的投料时间和数量，调整设备负荷。各工作地按工时定额有节奏地进行生产等，使整个企业的各科室、车间、工段和工作地紧密配合，保证均衡地完成生产计划。

（3）工艺规程是新建或改（扩）建工厂或车间的基本资料。在新建或改（扩）建工厂或车间时，只有依据工艺规程才能确定生产所需要的机床和其他设备的种类、数量和规格，以及车间的面积，机床的布局，生产工人的工种、技术等级及数量等辅助部门的相关工作安排。

但是，工艺规程并不是固定不变的，它是生产工人和技术人员在生产过程中实践的总结，可以根据生产实际情况进行修改，使其不断改进和完善，但必须按严格的审批手续进行。

5.9.2 工艺规程制定的原则

工艺规程制定的原则是优质、高产、低成本，即在保证产品质量的前提下，争取最好的经济效益。在制定工艺规程时应注意以下问题。

（1）技术上的先进性。在制定工艺规程时，要了解国内外本行业的工艺技术发展水平，通过必要的工艺试验，积极采用先进的工艺和工艺装备。

（2）经济上的合理性。在一定的生产条件下，可能会出现几种能保证零件技术要求的工艺方案，此时应通过核算或相互对比，选择经济上最合理的方案，使产品的能源、材料消耗和生产成本最低。

（3）有良好的劳动条件。在制定工艺规程时，要注意保证工人操作时有良好、安全的劳动条件。因此，在工艺方案上要注意采用机械化或自动化措施，以减轻工人繁重的体力劳动。

5.9.3 制定工艺规程时的原始资料

制定工艺规程时的原始资料主要有以下几项。

（1）产品图样及技术条件。如产品的装配图及零件图。

（2）产品的工艺方案。如产品验收质量标准、毛坯资料等。

（3）产品零部件工艺路线表或车间分工明细表，以了解产品及企业的管理情况。

（4）产品的生产纲领（年产量），以便确定生产类型。

（5）本企业的生产条件。为了制定切实可行的工艺规程，一定要了解和熟悉本企业的生产条件。如毛坯的生产能力、工人的技术水平、专用设备与工艺装备的制造能力及企业现有设备状况等。

（6）有关工艺标准。如各种工艺手册和图表，还应熟悉本企业的各种企业标准和行业标准。

（7）有关设备和工艺装备及资料。对于本工艺规程选用的设备和工艺装备应有深入的了解，如规格、性能、新旧程度和现有精度等。

（8）国内外同类产品的有关工艺资料。

工艺规程的制定，要经常研究国内外有关工艺资料，积极引进适用的先进工艺技术，不断提高工艺水平，以获得最大的经济效益。

5.9.4 制定工艺规程的步骤

制定工艺规程的步骤如下。

（1）计算零件的生产纲领、确定生产类型。

（2）分析产品装配图样和零件图样。主要包括零件的加工工艺性、装配工艺性、主要加工表面及技术要求，了解零件在产品中的功用。

（3）确定毛坯的类型、结构形状、制造方法等。

（4）拟定工艺路线。包括选择定位基准，确定各表面的加工方法，划分加工阶段，确定工序的集中和分散程度，合理安排加工顺序等。

（5）确定各工序的加工余量，计算工序尺寸及公差。

（6）选择设备及工艺装备。

（7）确定切削用量及计算时间定额。

（8）填写工艺文件。

5.9.5　工艺文件格式

将工艺文件的内容填入一定格式的卡片，即成为生产准备和施工依据的工艺文件。常用的工艺文件的格式有以下几种。

1. 机械加工工艺过程卡

这种卡片以工序为单位，简要地列出整个零件加工所经过的工艺路线（包括毛坯制造、机械加工和热处理等）。它是制定其他工艺文件的基础，也是生产准备、编排作业计划和组织生产的依据。在这种卡片中，由于各工序的说明不够具体，故一般不直接指导工人操作，而多用于生产管理方面，如生产准备，生产计划，工时计算等。但在单件小批生产中，由于通常不编制其他较详细的工艺文件，往往就以这种卡片指导生产。工艺过程卡如表 5–7 所示。

表 5–7　工艺过程卡片

<table>
<tr><td rowspan="4">厂名</td><td rowspan="4">工艺过程卡</td><td colspan="2">产品名称及型号</td><td></td><td colspan="2">零件名称</td><td></td><td colspan="2">零件图号</td><td></td><td></td></tr>
<tr><td rowspan="3">材料</td><td>名称</td><td>※</td><td rowspan="2">毛坯</td><td>种类</td><td>※</td><td rowspan="2">零件质量/kg</td><td>毛重</td><td></td><td>第　页</td></tr>
<tr><td>牌号</td><td>※</td><td>尺寸</td><td>※</td><td>净重</td><td></td><td>共　页</td></tr>
<tr><td>性能</td><td></td><td colspan="2">每料件数</td><td></td><td>每台件数</td><td></td><td>每批件数</td><td></td></tr>
<tr><td rowspan="2">工序号</td><td colspan="3" rowspan="2">工序内容※</td><td rowspan="2">加工车间</td><td rowspan="2">设备名称及编号</td><td colspan="3">工艺装备名称及编号</td><td rowspan="2">工人技术等级</td><td colspan="2">时间额定/min</td></tr>
<tr><td>夹具</td><td>刀具</td><td>量具</td><td>单件</td><td>准备–终结</td></tr>
<tr><td>1</td><td colspan="3">车端面，钻中心孔</td><td></td><td></td><td></td><td></td><td></td><td></td><td></td><td></td></tr>
<tr><td>2</td><td colspan="3">粗车ϕ25h6 外圆</td><td></td><td></td><td></td><td></td><td></td><td></td><td></td><td></td></tr>
<tr><td></td><td colspan="3"></td><td></td><td></td><td></td><td></td><td></td><td></td><td></td><td></td></tr>
<tr><td></td><td colspan="3"></td><td></td><td></td><td></td><td></td><td></td><td></td><td></td><td></td></tr>
<tr><td></td><td colspan="3"></td><td></td><td></td><td></td><td></td><td></td><td></td><td></td><td></td></tr>
<tr><td></td><td colspan="3"></td><td></td><td></td><td></td><td></td><td></td><td></td><td></td><td></td></tr>
<tr><td></td><td colspan="3"></td><td></td><td></td><td></td><td></td><td></td><td></td><td></td><td></td></tr>
<tr><td></td><td colspan="3"></td><td></td><td></td><td></td><td></td><td></td><td></td><td></td><td></td></tr>
<tr><td></td><td colspan="3"></td><td></td><td></td><td></td><td></td><td></td><td></td><td></td><td></td></tr>
<tr><td></td><td colspan="3"></td><td></td><td></td><td></td><td></td><td></td><td></td><td></td><td></td></tr>
</table>

续表

工序号	工序内容※	加工车间	设备名称及编号	工艺装备名称及编号			工人技术等级	时间额定/min	
				夹具	刀具	量具		单件	准备–终结
更改内容									
编制		校核		审核			批准		

2. 机械加工工艺卡片

机械加工工艺卡片是以工序为单位，详细地说明整个工艺过程的一种工艺文件。它是用来指导工人生产和帮助车间管理人员及技术人员掌握整个零件加工过程的一种主要技术文件，是广泛用于成批生产的零件和重要零件的小批生产中。机械加工工艺卡片内容包括零件的材料、质量、毛坯种类、工序号、工序名称、工序内容、工艺参数、操作要求及采用的设备和工艺装备等。机械加工工艺卡片用于机床加工，它以工序为单位详细说明加工过程、加工方法、加工参数、工序尺寸要求等，用于指导工人进行生产。机械加工工艺卡片应与工艺过程卡相对应。机械加工工艺卡片如表 5–8 所示。

表 5–8　机械加工工艺卡片

厂名	工艺过程卡	产品名称及型号			零件名称			零件图号			
		材料	名称	※	毛坯	种类	※	零件质量/kg	毛重		第　页
			牌号	※		尺寸	※		净重		共　页
			性能		每料件数			每台件数		每批件数	

工序号	工序内容	同时加工零件数	设备名称及编号	切削用量			工人技术等级	时间额定/min	
				切削深度/mm	切削速度/（m·min^{-1}）	进给量/（mm·r^{-1}）		单件	准备–终结
1	夹住一段，车端面，钻中心孔；调头，夹另一端，车端面，保证长度 90，钻中心孔								
2	粗车ϕ25h6 外圆至ϕ27								
更改内容									
编制		校核		审核			批准		

3. 机械加工工序卡片

机械加工工序卡片是根据机械加工工艺卡片每一道工序制定的。它更详细地说明整个零件各个工序的要求，是用来具体指导工人操作的工艺文件。在这种卡片上应有工序简图，说明该工序每一工步的内容、工艺参数、操作要求、所用的设备及工艺装备。一般用于大批大量生产的零件。

在企业实际生产中，机械加工工艺卡片和机械加工工序卡片较常用到。工艺文件一旦批准，必须严格执行，不能随意更改。如需要更改，则按一定的程序进行申请、确认、批准，然后才可以执行。

【引导项目 2 训练】拟定图 5–21 阶梯轴的加工工艺路线，编写工艺过程卡。

考核要求及评分标准：

（1）能正确确定毛坯尺寸（10 分）；

（2）能正确拟定加工工艺路线（30 分）；

（3）能正确编写工艺过程卡（30 分）；

（4）能正确操作机床（20 分）；

（5）自觉遵守劳动纪律和《车工安全技术守则》，自觉做到“7S”（10 分）。

注：答案可参考附录 A。

【引导项目 3】复杂阶梯轴的加工。

如图 5–25 所示为一阶梯轴，材料为 45 钢，尺寸精度和表面要求如图所示。

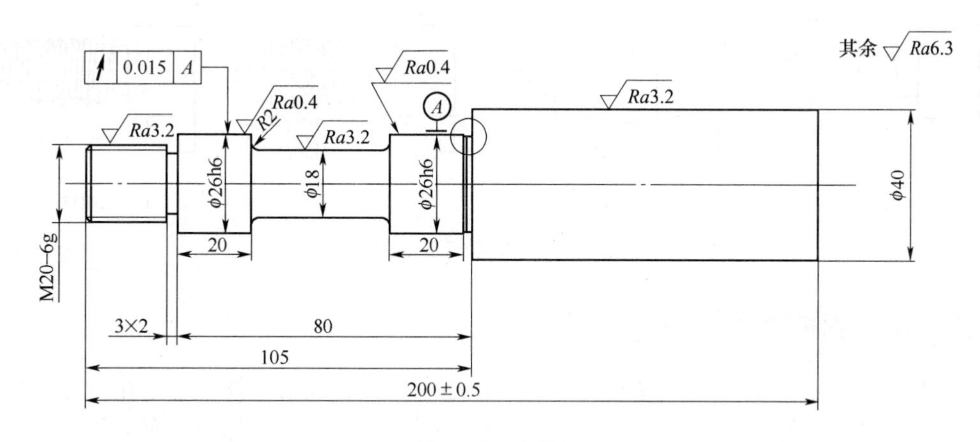

图 5–25　阶梯轴

任务：

（1）根据尺寸精度和表面粗糙度要求确定加工方法；

（2）确定各加工表面的车削方法；

（3）设计工艺路线并写出加工工艺过程；

（4）确定毛坯尺寸。

知识点 5.10 车 削 工 艺

5.10.1 车床的加工范围

车床主要用来加工各种回转表面，如内、外圆柱面，内、外圆锥面，端面，内、外沟槽，内、外螺纹，内、外成形表面，丝杆、钻孔、扩孔、铰孔、镗孔、攻丝、套丝、滚花等。如图 5–26 所示。

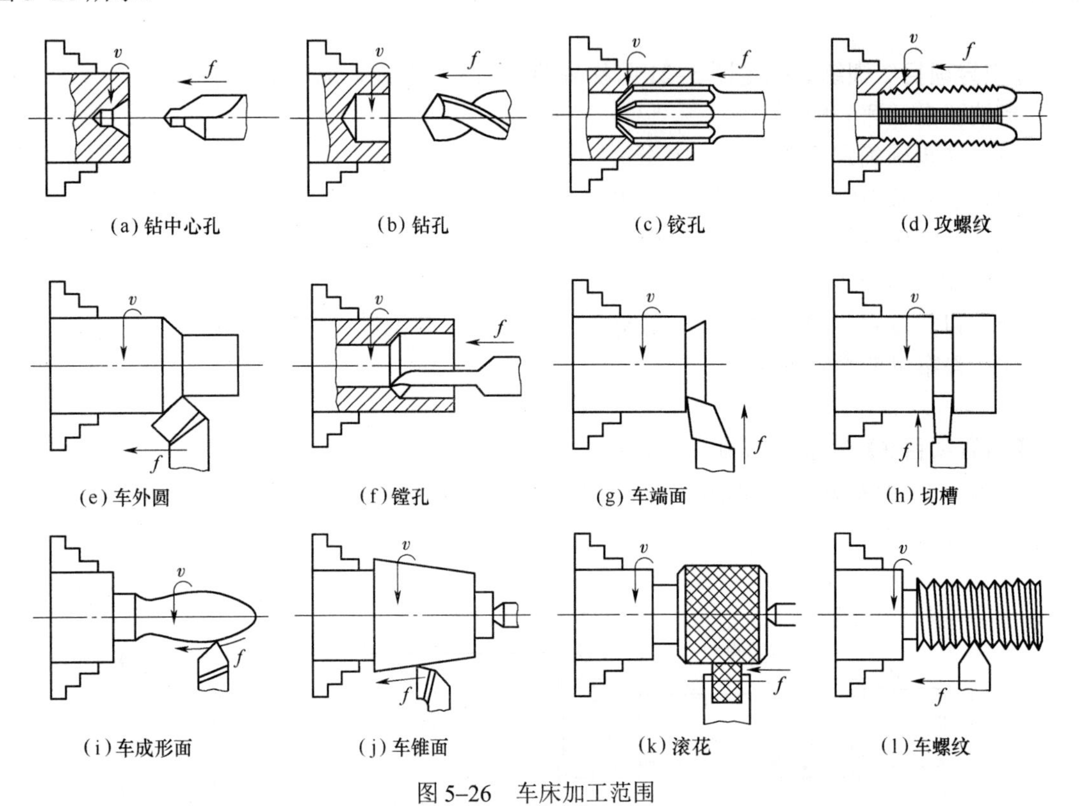

图 5–26 车床加工范围

5.10.2 车刀的种类和用途

在车床上所使用的刀具主要是车刀。此外，还有钻头、铰刀、丝锥和滚花刀等。在车削过程中，由于零件的形状、大小和加工要求不同，采用的车刀也不相同。车刀的种类很多，用途各异，现介绍几种常用车刀（见图 5–27）。

1. 外圆车刀

外圆车刀又称尖刀，主要用于车削外圆、平面和倒角。外圆车刀一般有三种形状。

（1）直头车刀。主偏角与副偏角基本对称，一般在 45° 左右，前角可在 5° ～30° 选用，后角一般为 6° ～12° 。

（2）45° 弯头车刀。主要用于车削不带台阶的光轴，它可以车外圆、端面和倒角，使用比较方便，刀头和刀尖部分强度高。

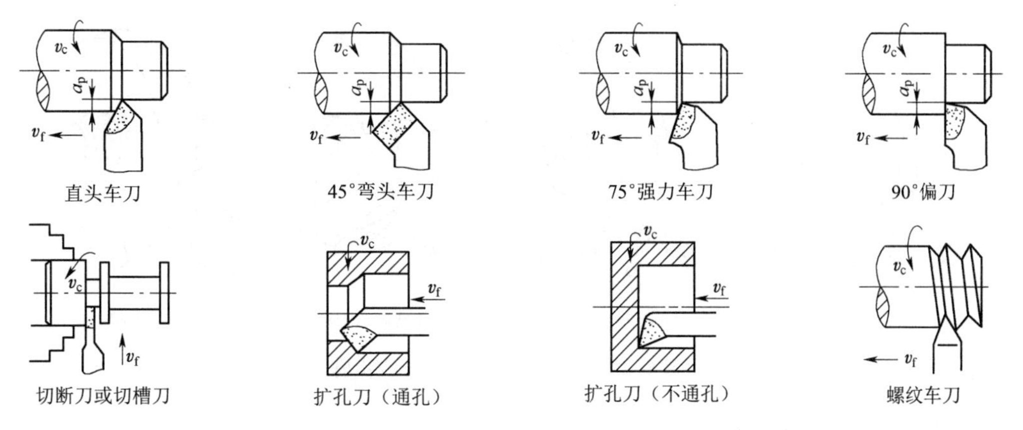

图5–27 常用车刀的种类和用途

（3）75°强力车刀。主偏角为75°，适用于粗车加工余量大、表面粗糙、有硬皮或形状不规则的零件。刀头强度高，能承受较大的冲击力，耐用度高。

2. 偏刀

偏刀的主偏角为90°，用来车削工件的端面和台阶，有时也用来车外圆，特别是用来车削细长工件的外圆，可以避免把工件顶弯。偏刀分为左偏刀和右偏刀两种，常用的是右偏刀，它的刀刃向左。

3. 切断刀或切槽刀

切断刀的刀头较长，其刀刃亦较狭长，这样可以减少工件材料消耗和切断时能切到轴类零件的中心。切断刀的刀头长度必须大于工件的半径。切槽刀与切断刀基本相似，其形状及尺寸应与槽的形状和尺寸一致。

4. 扩孔刀

扩孔刀又称镗孔刀，用来加工内孔。它可以分为通孔刀和不通孔刀两种。通孔刀的主偏角小于90°，一般在45°～75°，副偏角为20°～45°，扩孔刀的后角应比外圆车刀稍大，一般为10°～20°。不通孔刀的主偏角应大于90°，刀尖在刀杆的最前端，为了使内孔底面车平，刀尖与刀杆外端距离应小于内孔的半径。

5. 螺纹车刀

螺纹按牙形有三角形、方形和梯形等，相应使用三角形螺纹车刀、方形螺纹车刀和梯形螺纹车刀等。采用三角形螺纹车刀车削公制螺纹时，其刀尖角必须为60°，前角取0°。

5.10.3 车刀的刃磨

无论硬质合金车刀或高速钢车刀，在使用之前都要根据切削条件所选择的切削角度进行刃磨。一把用钝了的车刀，为恢复原有的几何形状和角度，也必须重新刃磨。

1. 磨刀步骤（见图5–28）

（1）磨前刀面。把前角和刃倾角磨正确。

（2）磨主后刀面。把主偏角和主后角磨正确。

（3）磨副后刀面。把副偏角和副后角磨正确。

（4）磨刀尖圆弧。圆弧半径为0.5～2 mm。

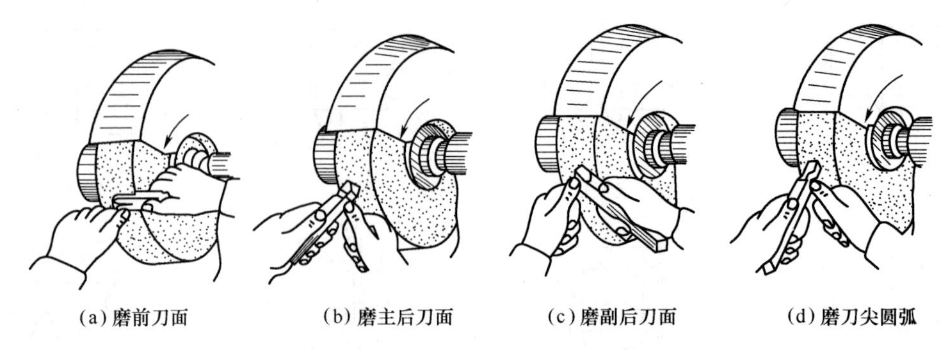
(a) 磨前刀面　(b) 磨主后刀面　(c) 磨副后刀面　(d) 磨刀尖圆弧

图 5–28　刃磨外圆车刀的一般步骤

（5）研磨刀刃。

车刀在砂轮上磨好以后，再用油石（涂机油）研磨车刀的前面及后面，使刀刃锐利和光洁，这样可延长车刀的使用寿命。车刀用钝程度不大时，也可用油石在刀架上修磨。硬质合金车刀可用碳化硅油石修磨。

2. 磨刀注意事项

（1）磨刀时，人应站在砂轮的侧前方，双手握稳车刀，用力要均匀。

（2）刃磨时，将车刀左右移动着磨，否则会使砂轮产生凹槽。

（3）磨硬质合金车刀时，不可把刀头放入水中，以免刀片突然受冷收缩而碎裂。磨高速钢车刀时，要经常冷却，以免失去硬度。

【教学建议】引导学生为图 5–25 阶梯轴加工的粗车、半精车、车端面、切槽选择刀具类型。

5.10.4　基本车削工艺

1. 外圆车削

外圆车削是最常见的车削工艺。外圆车削常见的方法有以下几种（见图 5–29）。

（1）用直头车刀车外圆。这种车刀强度较好，常用于粗车外圆。

（2）用 45° 弯头车刀车外圆。适用车削不带台阶的光滑轴。

（3）用主偏角为 90° 的偏刀车外圆。适于加工细长工件的外圆。

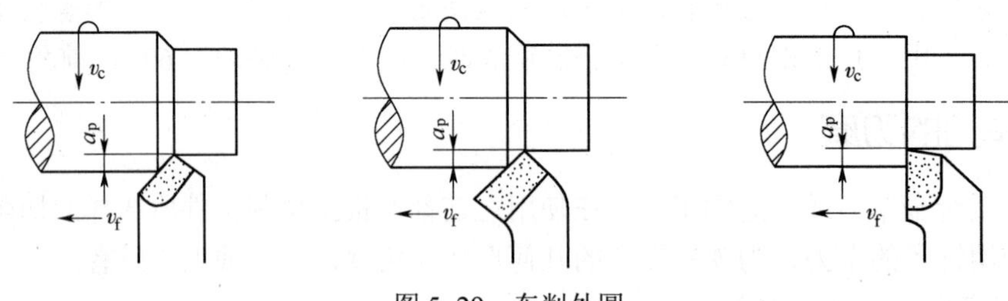

图 5–29　车削外圆

2. 车端面

车端面常用的刀具有偏刀和弯头车刀两种。

（1）用右偏刀车端面（见图 5–30（a））。用此右偏刀车端面时，如果是由外向里进刀，则是利用副刀刃进行切削，故切削不顺利，表面也车不细致，车刀嵌在中间，使切削力向里，车刀容易扎入工件而形成凹面。用左偏刀由外向中心车端面（见图 5–30（b）），主切削刃切削，切削条件有所改善。用右偏刀由中心向外车削端面时（见图 5–30（c）），则利用主切削刃在进行切削，所以切削顺利，也不易产生凹面。

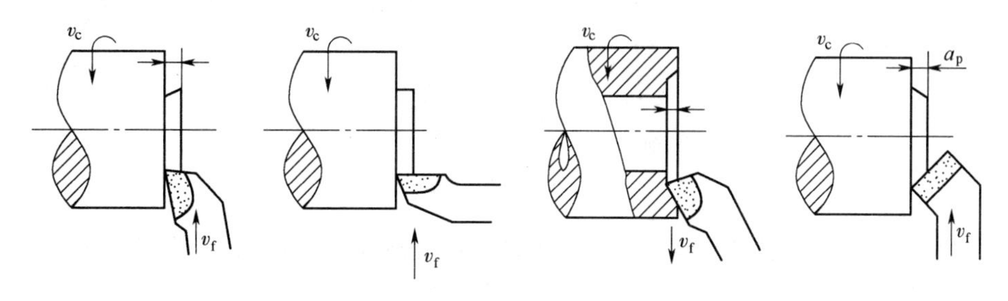

(a) 右偏刀车端面　(b) 左偏刀车端面　(c) 右偏刀由中心向外车端面　(d) 弯头车刀车端面

图 5–30　车削端面

（2）用弯头车刀车端面（见图 5–30（d）），由于是以主切削刃进行切削，所以切削顺利。如果提高转速，也可车出粗糙度值较低的表面。弯头车刀的刀尖角等于 90°，刀尖强度要比偏刀大，不仅用于车端面，还可车外圆和倒角等。

3. 车台阶

（1）低台阶车削方法。较低的台阶面可用偏刀在车外圆时一次走刀同时车出，车刀的主切削刃要垂直于工件的轴线（见图 5–31（a）），可用角尺对刀或以车好的端面来对刀（见图 5–31（b）），使主切削刃和端面贴平。

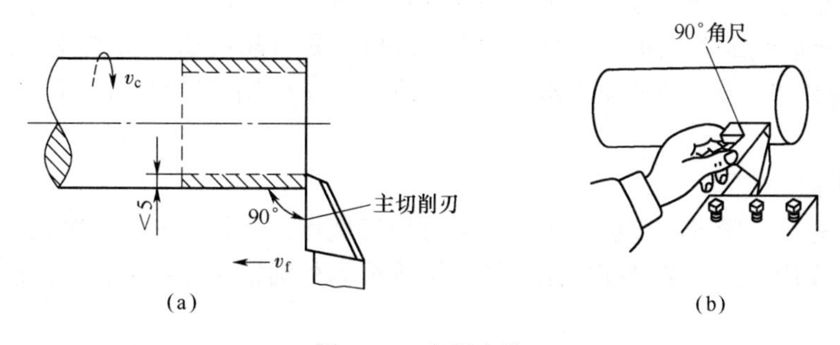

(a)　(b)

图 5–31　车低台阶

（2）高台阶车削方法。车削高于 5 mm 台阶的工件，因肩部过宽，车削时会引起振动。因此，高台阶工件可先用外圆车刀把台阶车成大致形状，然后将偏刀的主切削刃装成与工件端面有 5° 左右的间隙，分层进行切削（见图 5–32），但最后一刀必须用横走刀完成，否则会使车出的台阶偏斜。

为使台阶长度符合要求，可用刀尖预先刻出线痕，以此作为加工界限。

4. 切断和车外沟槽

在车削加工中，经常需要把太长的原材料切成一段一段的毛坯，然后再进行加工，也有一些工件在车好以后，再从原材料上切下来，这种加工方法叫切断。

为了车螺纹或磨削时退刀的需要，工件靠近螺纹或台阶处须车出各种不同的沟槽。

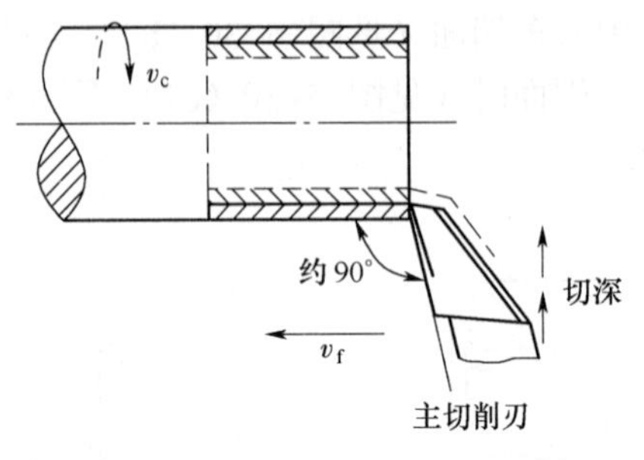

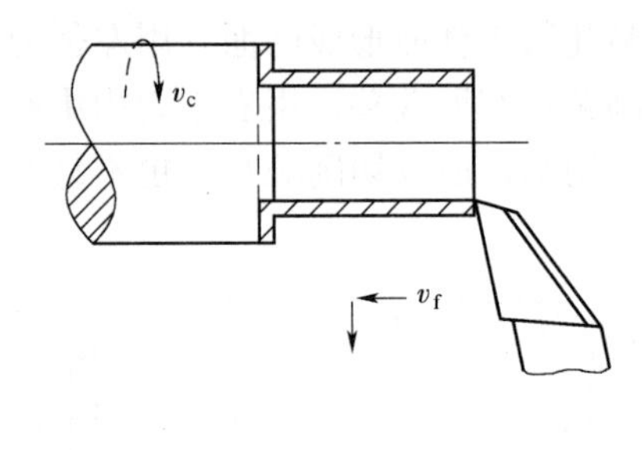

图 5–32　车高台阶

（1）切断刀的安装。刀尖必须与工件轴线等高，否则不仅不能把工件切下来，而且很容易使切断刀折断，如图 5–33 所示。切断刀和切槽刀必须与工件轴线垂直，否则车刀的副切削刃与工件两侧面产生摩擦，如图 5–34 所示。切断刀的底平面必须平直，否则会引起副后角的变化，在切断时切断刀的某一副后刀面会与工件强烈摩擦。

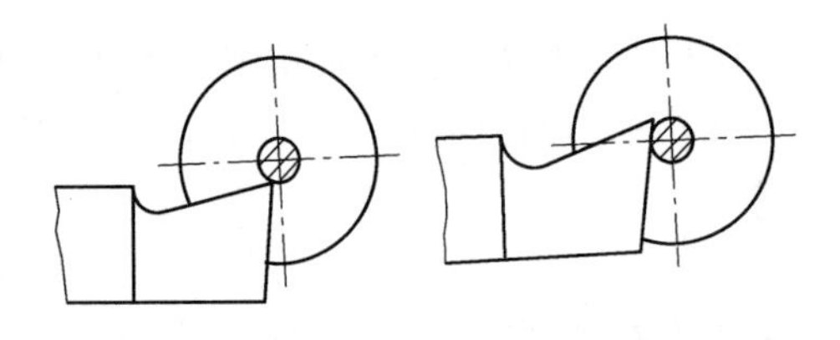

(a) 刀尖过低易被压断　　(b) 刀尖过高不易切削

图 5–33　切断刀尖须与工件中心同高

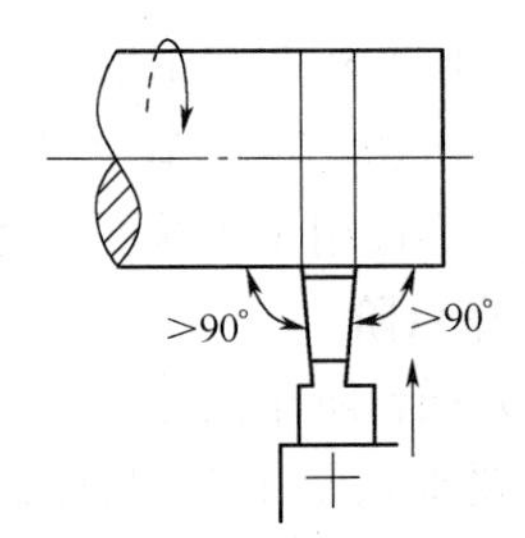

图 5–34　切槽刀的正确位置

（2）切断的方法。切断直径小于主轴孔的棒料时，可把棒料插在主轴孔中，并用卡盘夹住，切断刀离卡盘的距离应小于工件的直径，否则容易引起振动或将工件抬起而损坏车刀。工件用双顶尖或“一夹一顶”（一端三爪卡盘夹住，一端用顶尖顶住）时，不可将工件完全切断。

5. 车圆锥面

圆锥面具有配合紧密、定位准确、装卸方便等优点，并且即使发生磨损，仍能保持精密的定心和配合作用，因此圆锥面应用广泛。圆锥分为外圆锥（圆锥体）和内圆锥（圆锥孔）两种。

圆锥面的车削方法有多种，如转动小刀架（见图 5–35）、偏移尾座（见图 5–36）车圆锥面。此外还有靠模法和样板刀法等。现仅介绍转动小刀架车圆锥面的方法。

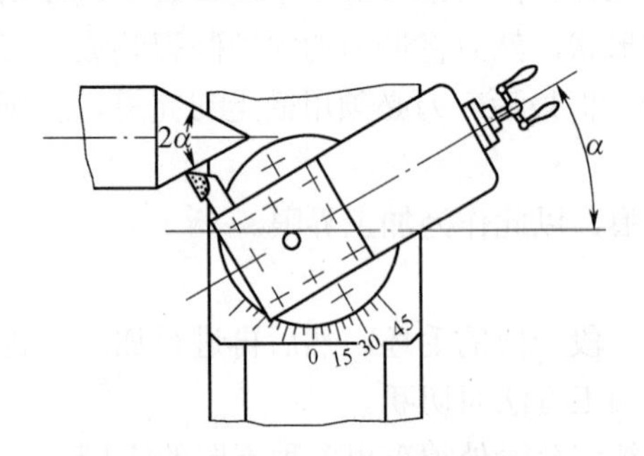

图 5–35　转动小刀架车锥面

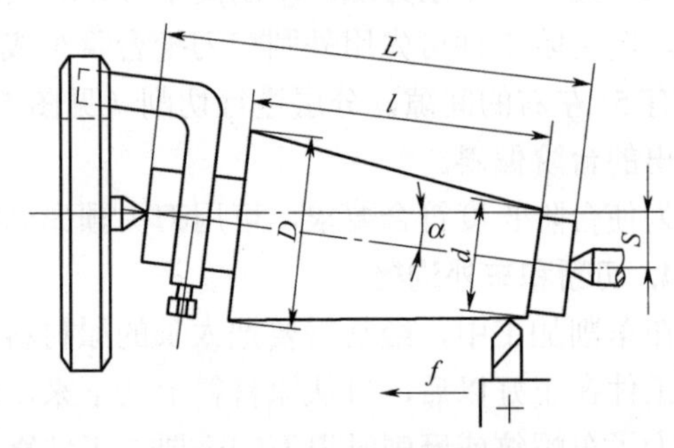

图 5–36　偏移尾座车圆锥面

车削长度较短和锥度较大的圆锥体和圆锥孔时，常采用转动小刀架的方法。这种方法操作简单，能保证一定的加工精度，所以应用广泛。车床上小刀架转动的角度就是斜角α。将小拖板转盘上的螺母松开，把转盘转至所需要的圆锥半角$\alpha/2$ 的刻线上，与基准零线对齐，然后固定转盘上的螺母。摇动小刀架手柄开始车削，使车刀沿着锥面母线移动，即可车出所需要的圆锥面。这种方法的优点是能车出整锥体和圆锥孔，能车角度很大的工件，但只能用手动进刀，劳动强度较大，表面粗糙度也难以控制，且由于受小刀架行程限制，因此只能加工锥面不长的工件。

6. 车螺纹

螺纹是零件结构的重要部分，车螺纹是车床的一项重要功能。在一般机械厂机修工作中，经常采用车削方法加工螺纹。

（1）螺纹车刀的角度和安装。螺纹车刀的刀尖角直接决定螺纹的牙形角（螺纹一个牙两侧之间的夹角，对公制螺纹其牙形角为 60°），它对保证螺纹精度有很大的关系。此外，螺纹车刀的前角对牙形角影响较大（见图 5–37），如果车刀的前角大于或小于零度时，所车出螺纹牙形角会大于车刀的刀尖角，前角越大，牙形角的误差也就越大。因此，精度要求较高的螺纹，常取前角为零度。粗车螺纹时为改善切削条件，可取正前角的螺纹车刀。

安装螺纹车刀时，应使刀尖与工件轴线等高，否则会影响螺纹的截面形状，并且刀尖的平分线要与工件轴线垂直。如果车刀装得左右歪斜，车出来的牙形就会偏左或偏右。为了使车刀安装正确，可采用样板对刀（见图 5–38）。

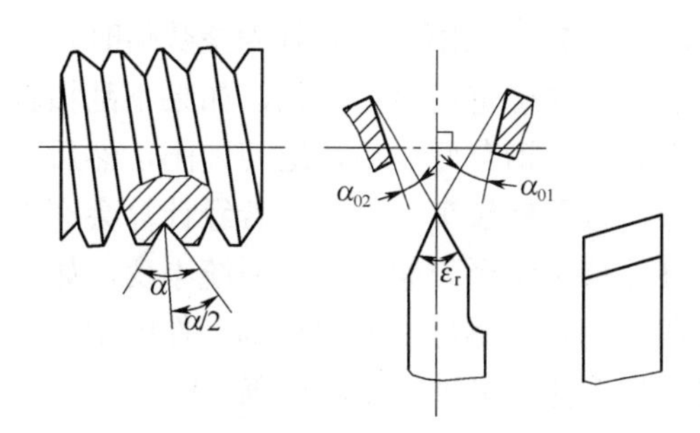

图 5–37　三角螺纹车刀

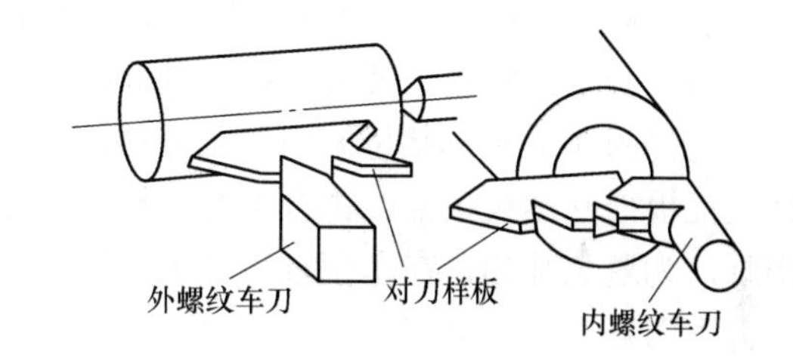

图 5–38　样板对刀

（2）螺纹的车削方法。车螺纹前要做好准备工作，首先，把工件的螺纹外圆直径按要求车好（比规定要求应小 0.1～0.2 mm），然后在螺纹的长度上车一条标记，作为退刀标记，最后将工件端面倒角，装夹好螺纹车刀。其次调整好车床，为了在车床上车出螺纹，必须使车刀在主轴每转一周得到一个等于螺距大小的纵向移动量，选用不同的配换齿轮或改变进给箱手柄位置，即可改变丝杆的转速，从而车出不同螺距的螺纹。一般车床都有完善的进给箱和挂轮箱，车削标准螺纹时，可以根据螺距，按车床的螺距指示牌中进给箱各操纵手柄应调整的位置进行调整。车床调整好后，选择较低的主轴转速开动车床，合上开合螺母，开正反车数次后，检查丝杆与开合螺母的工作状态是否正常，为使刀具移动较平稳，需消除车床各拖板间隙及丝杆螺母的间隙。车外螺纹具体操作步骤如下（见图 5–39）。

① 开车，使车刀与工件轻微接触，记下刻度盘读数，向右退出车刀（见图 5–39（a））。

② 合上开合螺母，在工件表面车出一条螺旋线，横向退出车刀，停车（见图 5–39（b））。

③ 开反车使车刀退到工件右端，停车，用钢直尺检查螺距是否正确（见图 5–39（c））。

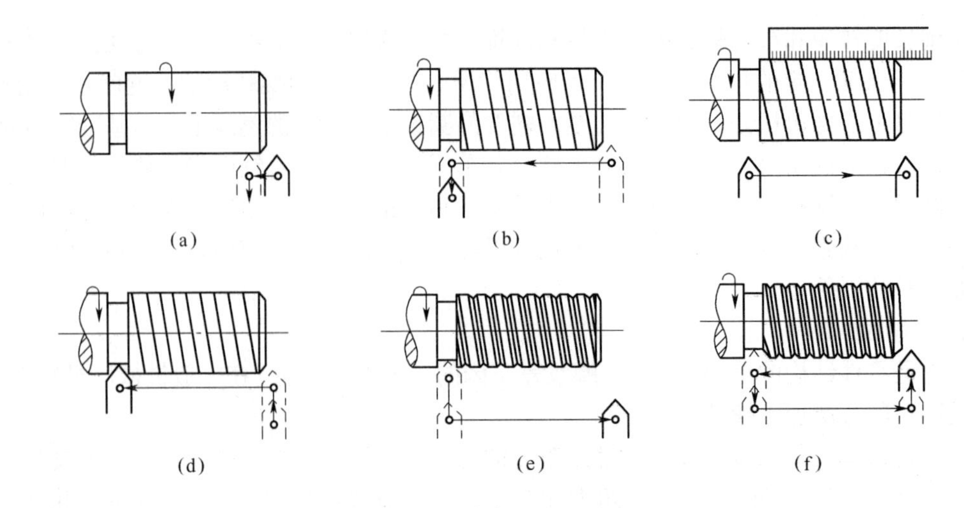

图 5–39　车外螺纹操作步骤

④ 利用刻度盘调整切削深度，开车切削（见图 5–39（d））。

⑤ 车刀将至行程终了时，应做好退刀停车准备，先快速退出车刀，开反车退回刀架（见图 5–39（e））。

⑥ 再次横向切入，继续切削，其切削过程的路线如图 5–39（f）所示。

在车削螺纹时，有时出现乱扣现象。所谓乱扣，就是在第二刀时不是在第一刀的螺纹槽内。为了避免乱扣，可用丝杆螺距除以工件螺距，即 *P/T*，若比值为 *N* 且为整数倍时，就不会乱扣。若不为整数，就会乱扣。因此，在加工前应首先确定是否会乱扣，如果不乱扣就可以采用提闸（提开合螺母）的加工方法，即在第一条螺纹槽车好以后，退刀提闸，然后用手将大拖板摇回螺纹头部，再合上开合螺母车第二刀，直至螺纹车好为止。若经计算会产生乱扣时，为避免乱扣，在车削过程和退刀时，应始终保持主轴至刀架的传动系统不变，如中途需拆下刀具刃磨，磨好后应重新对刀。对刀必须在合上开合螺母使刀架移到工件的中间停车进行。此时移动刀架使车刀切削刃与螺纹槽相吻合且工件与主轴的相对位置不能改变。

同样，用类似的方法可以加工梯形螺纹、丝杠和英制螺纹等。

【引导项目 3 训练】制订图 5–25 阶梯轴的加工工艺路线，并编写工艺过程卡。

考核标准：

（1）能正确选用刀具及车削方法（20 分）；

（2）能正确拟定加工工艺路线（40 分）；

（3）能正确编写机械加工工艺过程（40 分）。

【教学建议】可组织学生讨论两个ϕ26h6 轴颈之间ϕ18 外圆的车削方法及刀具使用，以及螺纹退刀槽、越程槽的作用及车削方法。

【核心项目 1】

如图 2 所示，为某组合钻床动力头主轴，用以传递动力和夹持钻头刀具，同时保证加工过程中的回转精度。图中ϕ26h6（两处）为轴承轴颈，用以保证主轴的回转精度，$\phi 16\pm0.05$

及锥面处用以安装刀具。

【任务】

（1）分析钻轴主要加工表面，包括尺寸精度、位置精度、表面粗糙度，确定加工方法；

（2）拟定加工工艺路线；

（3）编写该钻轴加工工艺过程并编制机械加工工艺过程卡（含热处理）。

知识点 5.11　轴类零件孔的加工

车床上除了可以进行外圆车削，还可以进行轴向同轴孔的加工。具体可以根据孔的结构、尺寸精度和表面粗糙度要求，用钻头、扩孔钻、铰刀和镗刀进行钻孔、扩孔、铰孔和镗孔工作。各种孔加工方法所能达到的经济尺寸精度和表面粗糙度如表 5–9 所示。

表 5–9　孔的加工方案（摘自机械加工手册）

序号	加工方法	经济精度（公差等级）	表面粗糙度 *Ra*/μm	使用范围
1	钻	IT11～IT13	10～25	加工孔径小于 15～20 mm 的未淬火钢及铸铁的实心毛坯或有色金属
2	钻→粗铰	IT8～IT10	1.6～6.3	
3	钻→铰	IT7～IT8	0.8～1.6	
4	钻→扩	IT10～IT9	3.2～6.3	加工孔径大于 20 mm、小于 30 mm 的未淬火钢及铸铁的实心毛坯或有色金属
5	钻→扩→铰	IT8～IT7	1.6～3.2	
6	粗镗	IT13～IT11	6.3～12.5	一般加工孔径大于 30 mm 的未淬火钢及铸铁的有孔毛坯或有色金属
7	粗镗→半精镗	IT10～IT9	1.6～3.2	
8	粗镗→半精镗→精镗	IT8～IT7	1.6	
9	粗镗→半精镗→磨孔	IT8～IT7	0.4～0.8	主要用于淬火钢和未淬火钢，不宜用于有色金属
10	粗镗→半精镗→粗磨→精磨	IT7～IT6	0.2～0.4	
11	粗镗→半精镗→精镗→精细镗	IT7～IT6	0.05～0.2	用于要求较高的有色金属
12	钻→扩→粗铰→精铰→珩磨 粗镗→半精镗→精镗→珩磨	IT6～IT7	0.025～0.2	用于孔的光整加工
13	以研磨代替上述方法中的珩磨	IT5～IT6	0.006～0.1	

5.11.1　钻孔、扩孔和铰孔

在实体材料上加工出孔的方法叫作钻孔。在车床上钻孔的方法是，把工件装夹在三爪卡盘上，钻头安装在尾架套筒锥孔内，钻孔前先车平端面。调整好尾架位置并紧固于床身上，然后开动车床，摇动尾架手柄使钻头慢慢进给，如图 5–40 所示。钻孔的精度较低，表面粗糙度值较大，多用于对孔的粗加工。钻孔可达到的公差等级为 IT11～IT13，表面粗糙度 *Ra* 为 12.5 μm 以上，用于实体材料无孔时孔的粗加工。钻孔时，钻头直径一般不超过 75 mm，钻较大的孔（大于ϕ30 mm）时，常采用两次钻削，即先钻较小（被加工孔径的 0.5～0.7 倍）的孔，第二次再用大直径钻头进行扩钻，以减小进给抗力。

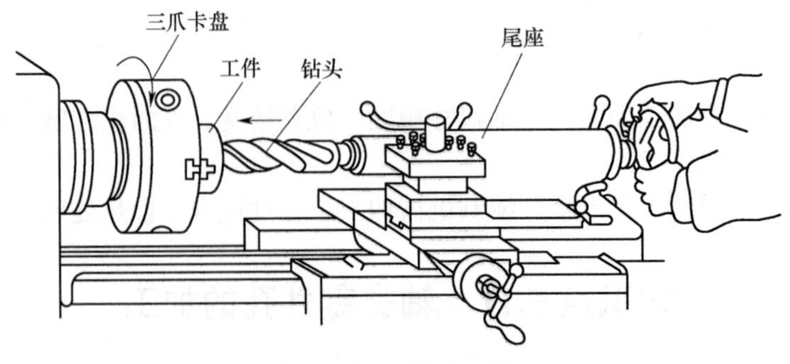

图 5–40　车床上钻孔

扩孔常用于铰孔前或磨孔前的预加工，属于半精加工，公差等级为 IT10～IT9，表面粗糙度 *Ra* 为 6.3～3.2 μm。扩孔的加工余量与孔径大小有关，扩孔余量（*D*–*d*）一般为（1/8）*D*，为 0.5～2 mm，安装方式与钻头在车床上的安装一致。而当孔径较小（小于 15～20 mm）时，钻孔后通常直接铰孔。

为了提高孔的精度和降低表面粗糙度，常用铰刀对钻孔或扩孔后的工件再进行精加工。铰孔可达到的公差等级为 IT8～IT7，表面粗糙度 *Ra* 为 1.6～0.8 μm。

扩孔可以纠正由于钻孔而产生的孔轴线位置精度，而铰孔只能提高孔的尺寸精度和降低表面粗糙度，不能提高孔的位置精度。在车床上加工直径较小（通常直径小于 30 mm）而尺寸精度和表面粗糙度较高的孔的加工方案通常为：钻→扩→铰。

5.11.2　镗孔

当孔径较大（直径大于 30 mm），或毛坯有铸出或锻出孔时，为进一步提高加工精度，通常采用镗孔。在车床上镗孔又叫车孔，使用内孔车刀。车床镗孔分为车通孔、不通孔和车内槽，因此，内孔车刀分为通孔车刀、不通孔车刀和内槽车刀三种，如图 5–41 所示。镗孔与车外圆一样，也可根据加工精度和表面粗糙度要求，分为粗镗、半精镗和精镗。其切削用量参数和达到的经济尺寸精度及表面粗糙度与外圆粗车、半精车、精车相对应。

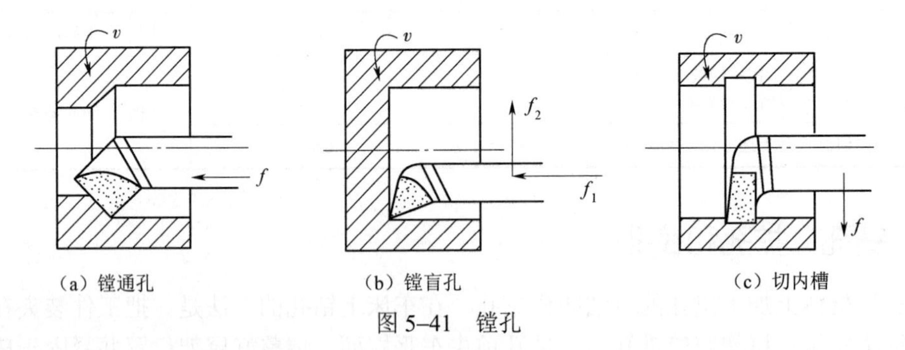

（a）镗通孔　（b）镗盲孔　（c）切内槽

图 5–41　镗孔

但在车床上镗孔要比车外圆困难，因镗杆直径比外圆车刀细得多，而且伸出很长，因此往往因刀杆刚性不足而引起振动，所以切深和进给量都要比车外圆时小些，切削速度也要小 10%～20%。镗不通孔时，由于排屑困难，所以进给量应更小些。

镗孔刀尽可能选择粗的刀杆，刀杆装在刀架上时伸出的长度只要略大于孔的深度即可，这样可减少因刀杆太细而引起的振动。装刀时，刀杆中心线必须与进给方向平行，刀尖应对准中心，精镗或镗小孔时可略为装高一些。

粗镗和精镗时，应采用试切法调整切削深度。为了防止因刀杆细长而让刀所造成的锥度。当孔径接近最后尺寸时，应用很小的切深重复镗削几次，消除锥度。另外，在镗孔时一定要注意，手柄转动方向与车外圆时相反。

【训练任务】为本核心项目各孔确定加工方案，并填写表 5–10。

表 5–10 刀具和切削用量表 单位：mm

孔	加工方案	刀具名称或型号尺寸	切削用量		
			切削深度	进给量	切削速度
2×ϕ10					
ϕ10±0.009					
ϕ20					
ϕ24					

注：课本未叙及的内容请查阅《机械加工手册》相关内容。

知识点 5.12 轴类零件的磨削

当轴类零件有较高的尺寸精度和表面粗糙度要求（通常尺寸精度高于 IT7 级，表面粗糙度 *Ra* 低于 0.8 μm），或淬火零件的终加工，就需要采用磨削加工方法。轴类零件的磨削分为外圆磨削和内孔磨削。

5.12.1 磨削机理

1. 磨削运动

磨削的切削运动有 4 个，分别为砂轮的旋转运动，砂轮的径向进给运动，砂轮的轴向进给运动和工件的旋转运动。如图 5–42 所示。

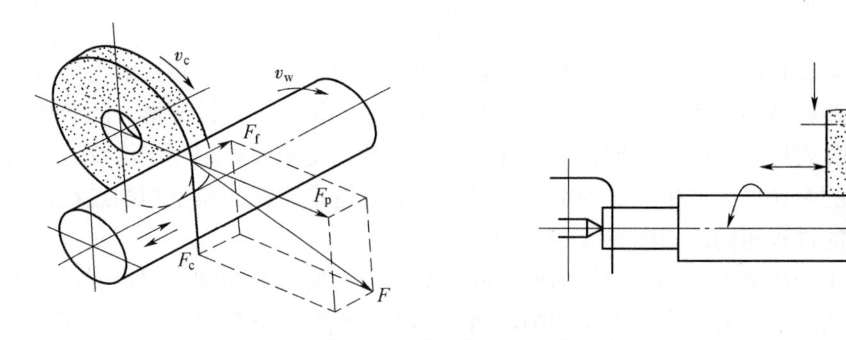

图 5–42 磨削的运动和切削力

（1）主运动。砂轮的旋转运动提供主要的切削力，所以是主运动。主运动速度是指砂轮外圆的线速度。

$$v_c = \frac{\pi dn}{1\,000} \quad (\text{m/s 或 m/min})$$

式中　d——砂轮直径，mm；

　　　n——砂轮转速，r/s 或 r/min。

（2）径向进给运动。径向进给运动是砂轮切入工件的运动。径向进给量是指工作台每双（单）行程内工件相对砂轮径向移动的距离。单位为 mm。

（3）轴向进给运动。轴向进给运动是工件相对砂轮的轴向运动。轴向进给量是指工件每转一周或工作台每双行程内工件相对砂轮的轴向移动距离，单位为 mm。

（4）工件的旋转运动。磨削时除了砂轮旋转外，工件本身也必须旋转。但切削力主要来自砂轮的旋转，这点与车削不一样。

2. 磨削过程

砂轮是由磨料烧结而成的，磨削时砂轮表面分布的很多磨料，相当于很多切削刃同时参与切削。磨削时各个磨粒表现出来的磨削作用有很大的不同，如图 5–43 所示。

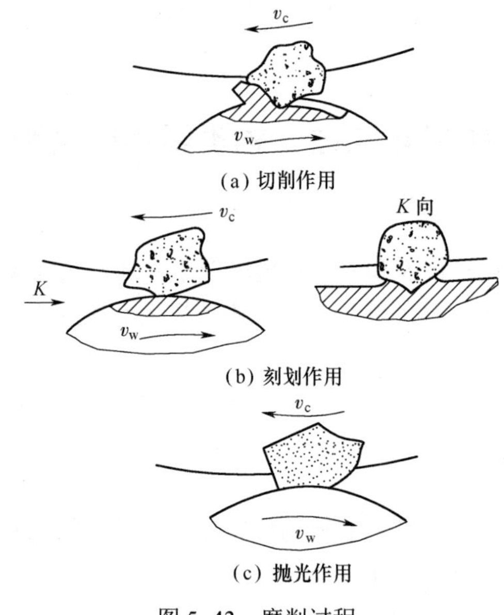

图 5–43　磨削过程

（1）砂轮上比较凸出的和比较锋利的磨粒起切削作用。磨粒在开始接触工件时，由于切入深度极小，磨粒棱尖圆弧的负前角很大，在工件表面上仅产生弹性变形。随着切入深度增大，磨粒与工件表层之间的压力加大，工件表层产生塑性变形并被刻划出沟纹。当切深进一步加大，被切的金属层才产生明显的滑移而形成切屑。这是磨粒的典型切削过程，其本质与刀具切削金属的过程相同，如图 5–43（a）所示。

（2）砂轮上凸出高度较小或较钝的磨粒起刻划作用。磨粒的切削作用很弱，与工件接触时由于切削层的厚度很薄，磨粒不是切削，而是在工件表面上刻划出细小的沟纹，工件材料被挤向磨粒的两旁而隆起，如图 5–43（b）所示。

（3）砂轮上磨钝的或比较凹下的磨粒既不切削也不刻划工件，而只是与工件表面产生滑擦，起摩擦抛光作用，如图 5–43（c）所示。

3. 磨削的工艺特点

（1）精度高、表面粗糙度值小。磨削所用的砂轮的表面有极多的、具有锋利切削刃的磨粒，而每个磨粒又有多个刀刃，磨削时能切下薄到几微米的磨屑。同时磨床比一般切削加工机床精度高，刚性及稳定性较好，并且具有控制小背吃刀量的微量进给机构，可以进行微量磨削，从而保证了精密加工的实现。磨削时，磨削速度高，如普通外圆磨削 v_c≈30～35 m/s，高速磨削 v_c＞50 m/s。一般磨削的尺寸公差等级为可达 IT7～IT6，表面粗糙度 *Ra* 为 0.2～0.8 μm；当采用小粒度砂轮磨削时，*Ra* 可达到 0.008～0.1 μm。

（2）砂轮有自锐作用。在磨削过程中，砂轮上磨钝了的磨粒会自动脱落而露出新的锐利的磨粒，这就是砂轮的自锐作用。在实际生产中，有时就利用这一原理进行强力磨削，以提高磨削加工的生产率。

（3）磨削温度高。磨削时的切削速度快，磨粒又多为负前角，所以产生的切削热很大，同时砂轮本身传热性很差，因此磨削区产生瞬间高温，有时高达 800～1 000 ℃。如工艺方法和参数或冷却条件不理想，很容易烧伤工件表面。如对淬火钢进行磨削，会使淬火钢表面回火，硬度降低，也会在工件表面产生残余应力及微裂纹，降低零件的表面质量和使用寿命。

（4）适宜磨削高硬度材料。由于砂轮的磨粒具有很高的硬度、耐热性及一定的韧性，所以不仅能磨削钢、铸铁，还能磨削淬硬钢和硬质合金、宝石、玻璃等硬脆性材料。对于淬火钢的终加工，一般都选择磨削加工，这样不仅能达到所需的尺寸精度和表面质量，而且可以纠正由于淬火而产生的工件变形。但对于有色金属，如铜、铝等塑性较大，切屑易堵塞砂轮空隙，一般不宜采用磨削。

（5）背向力大。较大的背向力会使刚性差的工艺系统产生变形，影响加工精度。例如，用纵磨法磨削细长轴时，因有较大的背向力，工件易成鼓形。为此，需在最后进行多次光磨，逐步消除变形。

5.12.2　外圆磨削

外圆磨削是用砂轮的外圆周面来磨削工件的外圆表面。外圆的磨削方法主要有中心磨和无心磨。

1. 中心磨

当零件有较高的轴线位置精度要求，或有台阶不适用无心磨时，采用中心磨。中心磨在外圆磨床上进行，如图 5–44 所示为普通外圆磨床 M1432A。

对于在外圆磨床上磨削时，轴类工件常用顶尖安装，其方法与车削基本相同，盘套类工件则用心轴和顶尖安装。磨削方法有纵磨法和横磨法，如图 5–45 所示。

（1）纵磨法。当工件较长时，采用纵磨法，如图 5–45（a）所示。砂轮高速旋转为主运动，工件旋转并和磨床工作台一起往复直线运动分别为圆周进给运动和纵向进给运动。工件每转一周的纵向进给量为砂轮宽度的三分之二，致使磨痕互相重叠。当工件一次往复行程终了时，砂轮作周期性的横向进给（背吃刀量）。每次背吃刀量很小，磨削余量是在多次往复行程中切除的，并且能以光磨的次数来提高工件的尺寸精度和表面质量。此外，纵磨法具有较大的适应性，可以用一个砂轮加工不同长度的工件。但是，其生产率较低，故广泛适用于单件、小批生产及精磨，特别适用于细长轴的磨削。

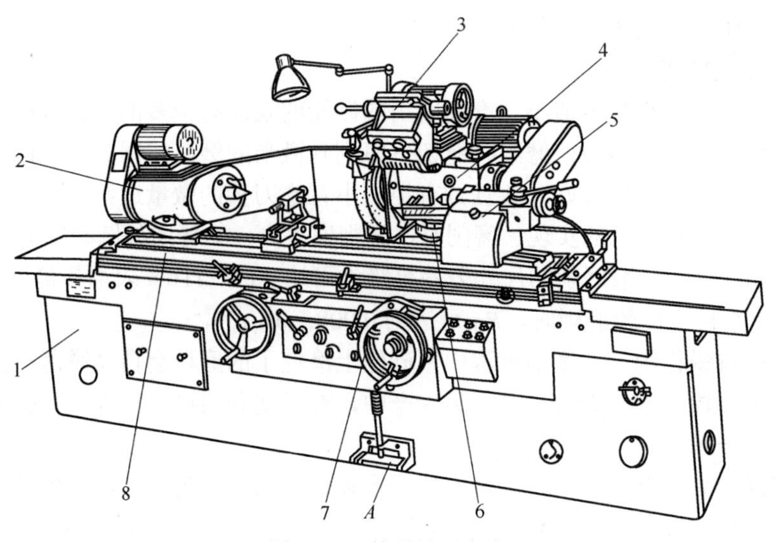

图 5–44 普通外圆磨床

1—床身；2—头架；3—内圆磨具；4—砂轮架；5—尾架；6—滑鞍；7—手轮；8—工作台

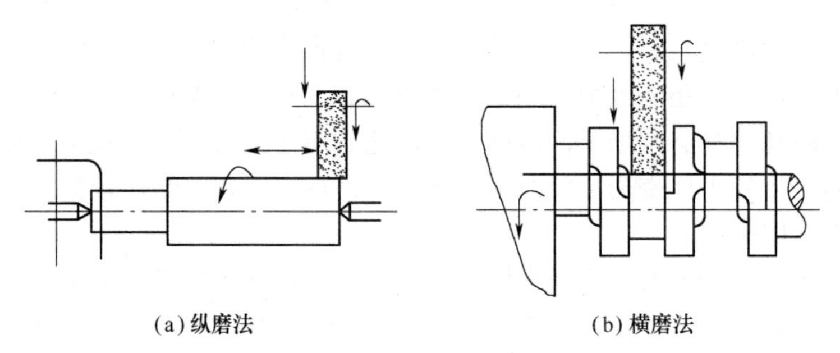

(a) 纵磨法　　(b) 横磨法

图 5–45 外圆磨削方法

（2）横磨法。如图 5–45（b）所示，又称切入法，工件不作纵向移动，而由砂轮以慢速作连续的横向进给，直至磨去全部磨削余量。横磨法生产率高，但砂轮的宽度一般比工件的长度大，工件与砂轮的接触面积大，发热量大，散热条件差，工件容易产生热变形和烧伤现象，必须予以足够压力的切削液来降低磨削温度。且因背向力大，工件易产生弯曲变形。由于无纵向进给运动，磨粒在工件表面的磨削痕迹较为明显，所以工件表面粗糙度 *Ra* 值较纵磨法大。横磨法一般用于大批大量生产中磨削刚性较好、长度较短的外圆及两端都有台阶的轴颈。若将砂轮修整为成形砂轮，可利用横磨法磨削成形面。

2. 无心磨

对于只要求尺寸精度和表面质量而轴线位置精度要求不高的光轴，可以采用无心磨削方法。如图 5–46 所示。磨削时工件放在两个砂轮之间，下方用托板托住，不用顶尖支撑，两个砂轮中，较小的一个是用橡胶结合剂做的，磨粒较粗，以 0.16～0.5 m/s 速度回转，此为导轮。另一个是用来磨削工件的砂轮，以 30～40 m/s 速度回转，称为磨削轮。导轮轴线相对于工件轴线倾斜一个角度 α（1°～5°），以使导轮与工件接触点的线速度 $v_{导}$ 分解为两个速度，一个是沿工件圆周切线方向的 $v_{工}$，另一个是沿工件轴线方向的 $v_{通}$，因此，工件一方面旋转作圆周进给，另一方面作轴向进给运动。工件从两个砂轮间通过后，即完成外圆磨削。为了使工件与导轮保持线接触，应当将导轮母线修整成双曲线形。

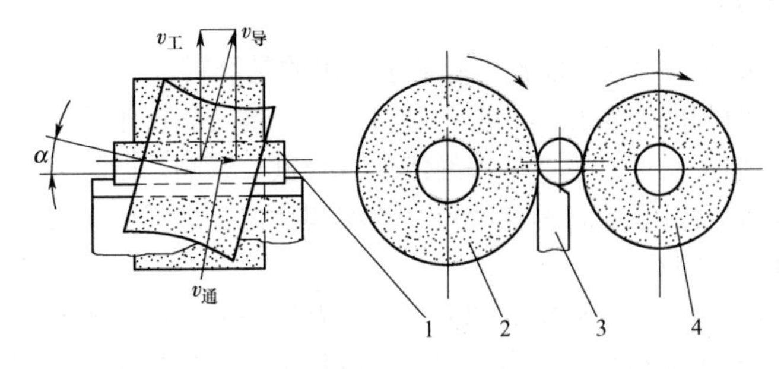

图 5–46 无心磨

1—工件；2—磨削轮；3—托板；4—导轮

无心外圆磨削生产率高，工件尺寸稳定，不需用夹具。无心磨只能提高尺寸精度和降低表面粗糙度，而不能提高位置精度。

5.12.3 内圆磨削

磨孔是孔的精加工方法之一，可达到的尺寸公差等级为IT7～IT6，表面粗糙度 *Ra* 为 0.8～0.4 μm。磨孔可以在内圆磨床或万能外圆磨床上进行。磨孔时，砂轮旋转为主运动，工件低速旋转为圆周进给运动（其方向与砂轮旋转方向相反），砂轮直线往返为轴向进给运动，切深运动为砂轮周期性的径向进给运动（见图 5–47）。

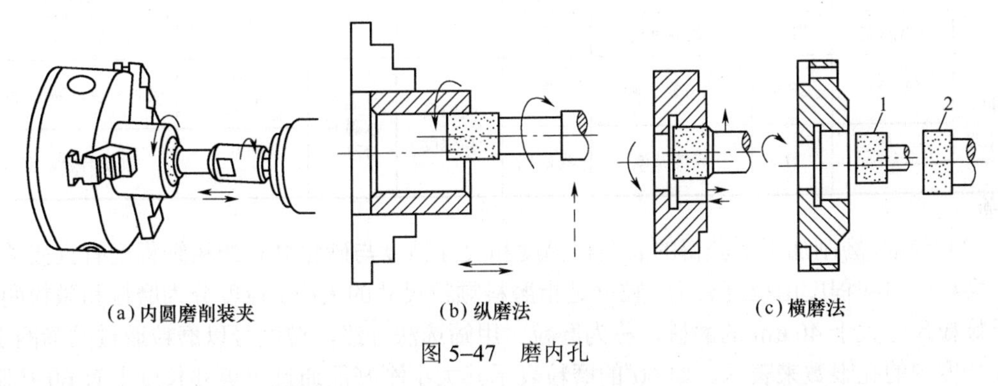

(a) 内圆磨削装夹 (b) 纵磨法 (c) 横磨法

图 5–47 磨内孔

磨孔的砂轮直径较小（为孔径的 0.5～0.9 倍），即使转速很高，其线速度也很难达到正常的磨削速度（>30 m/s），砂轮轴刚度差，不宜采用较大的进给量，再加上切削液不易注入磨削区，工件易发热变形，因此磨孔的质量和生产率均不如外圆磨削。

磨孔的工艺特点如下。

（1）可磨淬硬孔。

（2）不仅能保证孔本身的尺寸精度和表面质量，还可以提高孔轴线的直线度。

（3）同一个砂轮，可以磨削不同直径的孔。

（4）生产率比较孔低。

【教学建议】利用网络资源观看外圆磨削和内圆磨削视频，并提请学生留意外圆磨削和内圆磨削工件装夹定位方法，为核心项目 1 做准备。

5.12.4 砂轮的选择

砂轮是磨削加工的主要磨具，砂轮中起切削作用的是磨料。砂轮是在磨料中加入结合剂，经压坯、干燥和焙烧而制成的多孔体。由于磨料、结合剂及制造工艺不同，砂轮的特性差别很大，因此对磨削的加工质量、生产率和经济性有着重要影响。砂轮的型号主要是由磨料、磨料粒度、结合剂、硬度、组织、形状和尺寸等参数决定。选择砂轮时就是从这几个方面根据磨削要求选择砂轮型号的。

（1）磨料。磨料是砂轮的主要组成部分，它具有很高的硬度、耐磨性、耐热性和一定的韧性，以承受磨削时的切削热和切削力，同时还应具备锋利的尖角，以利磨削金属。常用磨料有三类，分别是刚玉类、碳化硅类和高硬度磨料类。选用砂轮时，要根据不同的工件材料正确选用砂轮磨料，如磨削淬火钢一般选择白刚玉砂轮。常用磨料的名称、代号、主要性能和用途如表 5–11 所示。

表 5–11 常用磨料性能及适用范围

磨料名称		代号	主要成分	颜色	力学性能	反应性	热稳定性	适用磨削范围
刚玉类	棕刚玉	A	$Al_2O_3$95% $TiO_2$2%～3%	褐色	韧性大 硬度大	稳定	2 100 ℃ 熔融	碳钢、合金钢、铸铁
	白刚玉	WA	Al_2O_3＞95%	白色				淬火钢、高速钢
碳化 硅类	黑碳化硅	C	SiC＞95%	黑		与铁有 反应	＞1 500 ℃ 氧化	铸铁、黄铜、 非金属材料
	绿碳化硅	GC	SiC＞99%	绿				硬质合金
高硬度 磨料类	氮化硼	CBN	六方氮化硼	黑	高硬度 高强度	高温与 水碱有 反应	＜1 300 ℃ 稳定	硬质合金、高速合金钢
	人造金刚石	D	碳结晶体	乳白色			＞700 ℃ 石墨化	硬质合金、宝石

（2）粒度。磨削加工所获得的表面粗糙度和尺寸精度与砂轮磨料的粗细程度有直接关系，砂轮磨料的粗细程度由粒度表示，粒度是指磨料颗粒尺寸的大小。粒度分为磨粒和微粉两类。对于颗粒尺寸大于 40 μm 的磨料，称为磨粒。用筛选法分级，粒度号以磨粒通过的筛网上每英寸长度内的孔眼数来表示。如 60#的磨粒表示其大小刚好能通过每英寸长度上有 60 孔眼的筛网。粒度号越小，则砂轮磨料越粗；粒度号越大，则砂轮磨料越细。

粗磨时以生产效率为主要目标，应选小的粒度号，一般为 36#～60#。精磨时以降低表面粗糙度值为主要目的，应选大的粒度号，一般为 80#～120#。砂轮磨料的粗细选择还应该考虑工件的材料性质，磨软金属时，多选用粗磨粒，磨削脆而硬的材料时，则选用较细的磨粒。

对于颗粒尺寸小于 40 μm 的磨料，称为微粉。用显微测量法分级，用 W 和后面的数字表示粒度号，W 后的数值代表微粉的实际尺寸。如 W20 表示微粉的实际尺寸为 20 μm。数值越小，则微粉颗粒越细。

（3）硬度。砂轮硬度是指砂轮工作时，磨粒在外力作用下脱落的难易程度。而不是指砂轮磨料本身的硬度。砂轮的硬度主要决定于结合剂性质、数量和砂轮的制造工艺。结合剂与磨粒粘固程度越高，砂轮硬度越高。砂轮硬，表示磨粒难以脱落，砂轮软，表示磨粒容易脱落。按照国家标准（GB/T 2484—2006），砂轮硬度用硬度代码表示，分别用 A、B、C、D、E、F、G、H、J、K、L、M、N、P、Q、R、S、T、Y 字母由软到硬来表示。其软硬程度表达如表 5–12 所示。

表 5–12　磨具硬度代码

磨具硬度	硬度由软→硬	
硬度代码	A、B、C、D、E、F、G、H、J、K、L、M、N、P、Q、R、S、T、Y	
硬度等级名称		代号
大级	小级	GB/T 2484—2006
超软	超软	D、E、F
软	软 1～3	G、H、J
中软	中软 1～2	K、L
中	中 1～2	M、N
中硬	中硬 1～3	P、Q、R
硬	硬 1～2	S、T
超硬	超硬	Y

砂轮硬度的选用原则是，工件材料硬，砂轮硬度应选用软一些，以便砂轮磨钝的磨粒及时脱落，露出锋利的新磨粒继续正常磨削；工件材料软，因易于磨削，磨粒不易磨钝，砂轮应选硬一些。但对于有色金属、橡胶、树脂等软材料磨削时，由于切屑容易堵塞砂轮，应选用较软砂轮。粗磨时，应选用较软砂轮，而精磨、成型磨削时，应选用硬一些的砂轮，以保持砂轮的必要形状精度。机械加工中常用砂轮硬度等级为 H 至 N（软 2～中 2）。

（4）结合剂。结合剂的作用是将磨料粘合成具有一定强度和各种形状及尺寸的砂轮。结合剂的特性很大程度上决定砂轮的强度、耐热性和耐用度。对磨削温度和表面质量有很大的影响。常用结合剂名称、代号、性能和适用范围如表 5–13 所示。

表 5–13　常用常用结合剂性能和适用范围

结合剂	代号	性　能	适　用　范　围
陶瓷	V	耐热、耐蚀、气孔率大，易保持廓形，弹性差	适用于各类磨削加工，最常用
树脂	B	强度较 V 高，弹性好，耐热性差	适用于高速磨削，切断、开槽
橡胶	R	强度较 B 高，更富有弹性，气孔率小，耐热差	适用于高速磨削，开槽及无心磨导轮
青铜	J	强度最高，导电性好，磨耗少，自锐性差	适用于金刚石砂轮

（5）组织。砂轮的组织是指磨料、结合剂和气孔三者的体积比例关系，用来表示砂轮的紧密或疏松的程度。用组织号来表示。组织号（N）用磨粒在磨具中占有的体积分数来表示。砂轮的组织号及适用范围如表 5–14 所示。

表 5–14　砂轮的组织号及适用范围

组织号	0	1	2	3	4	5	6	7	8	9	10	11	12	13	14
磨粒率/%	62	60	58	56	54	52	50	48	46	44	42	40	38	36	34

续表

疏松程度	紧　密	中　等	疏　松	大气孔
适用范围	重负荷、成型、精密磨削、间断自由磨削加工硬脆材料	外圆、内圆、无心磨及工具磨，淬火钢工件及刀具刃磨	粗磨及磨削韧性大、硬度低的工件，适合磨削薄壁、细长工件，或砂轮与工件接触面积大及平面磨削	有色金属及塑料、橡胶等非金属与热敏性大的合金

（6）砂轮形状。常用砂轮的形状、代号及用途如表 5–15 所示。

表 5–15　常用砂轮的形状、代号及用途

砂轮名称	代号	断面形状	主要用途
平行砂轮	1		外圆磨、内圆磨、无心磨、工具磨
薄片砂轮	41		切断及切槽
桶形砂轮	2		端磨平面
蝶形砂轮	11		刃磨刀具、磨导轨
杯形砂轮	6		磨平面、内圆、刃磨刀具
双斜边砂轮	4		磨齿轮及螺纹

（7）磨具标记。磨具标记的书写顺序是：形状代号、尺寸、磨料、粒度号、硬度、组织号、结合剂和允许的最高线速度。例如，砂轮的标记为

P	400×40×127	WA	60	L	5	V	35
↓	↓	↓	↓	↓	↓	↓	↓
平行砂轮	外径×厚度×孔径	磨料	粒度	硬度	组织号	结合剂	最高工作线速度（m/s）

砂轮选择的主要依据是被磨削材料的性质、要求达到的工件表面粗糙度和金属磨除率。

5.12.5　砂轮选择的原则

（1）磨削钢时，选用刚玉类砂轮；磨削硬铸铁、硬质合金和非铁金属时，选用碳化硅砂轮。

（2）磨削软材料时，选用硬砂轮；磨削硬材料时，选用软砂轮。

（3）磨削软而韧的材料时，选用粗磨料（如 36#～60#）；磨削硬而脆的材料时，选用细磨料（如 80#～120#）。

（4）磨削表面的粗糙度值要求较低时，选用细磨粒，金属磨除率要求高时，选用粗磨粒。

（5）要求加工表面质量好时，选用树脂或橡胶结合剂的砂轮，要求最大金属磨除率时，选用陶瓷结合剂砂轮。

5.12.6　磨削用量选择

磨削用量的选择对于磨削加工质量至关重要。磨削用量主要有砂轮速度、工件速度、纵向进给量和磨削深度。

1. 砂轮的速度 v_s 选择

砂轮速度越高，单位时间内参与切削的磨粒越多，所以，工件表面粗糙度值越低。但砂轮速度过高，须防止磨削颤振和工件表面烧伤。对于外圆磨削，通常普通陶瓷砂轮取 v_s=30～35 m/s，树脂结合剂砂轮 v_s＜50 m/s。

由于内圆磨削砂轮直径小，磨削速度较低，如表 5–16 所示。

表 5–16　内圆磨削砂轮速度选择

砂轮直径/mm	＜8	9～12	13～18	19～22	23～25	26～30	31～33	34～41	42～49	＞50
磨钢、铸铁时速度/（m/s）	10	14	18	20	21	23	24	26	27	30

2. 工件旋转速度 v_w 选择

工件旋转速度与砂轮速度有关，其速比 $q=v_s/v_w$ 对磨削加工质量和效率有很大的影响。通常取 q=60～150，内圆磨削取 q=40～80。选取原则如下。

（1）砂轮速度越高，工件速度越高，反之就越低。

（2）砂轮直径越小，则工件速度越低。

（3）砂轮硬度越高，选用高的工件速度，反之选低的。

（4）工件硬度越高，选用高的工件速度，反之选低的。

（5）工件直径大，选用高的工件速度，反之选低的。

（6）要降低表面粗糙度，要减小工件速度，选用大直径砂轮。

具体可根据工件材料、直径和加工精度按表 5–17～5–20 选用。

表 5–17　纵进给粗磨外圆工件速度

工件磨削表面直径/mm	20	30	50	80	120	200	300
工件速度/（m/min）	10～20	11～22	12～24	13～26	14～28	15～30	17～34

表 5–18　纵进给精磨外圆磨削用量

工件速度/（m/min）					
工件磨削表面直径/mm	加工材料		工件磨削表面直径/mm	加工材料	
	非淬火钢及铸铁	淬火钢及耐热钢		非淬火钢及铸铁	淬火钢及耐热钢
20	15～30	20～30	120	30～60	35～60
30	18～35	22～35	200	35～70	40～70
50	20～40	25～40	300	40～80	50～80
80	25～50	30～50			

表 5–19 粗磨内圆工件速度

工件磨削表面直径/mm	10	20	30	50	80	120	200
工件速度/（m/min）	10～20	10～20	12～24	15～30	18～36	20～40	23～46

表 5–20 精磨内圆工件速度

工件速度/（m/min）		
工件磨削表面直径/mm	工件材料	
	非淬火钢及铸铁	淬火钢及耐热钢
10	10～16	10～16
15	12～20	12～20
20	16～32	20～32
30	20～40	25～40
50	25～50	30～50
80	30～60	40～60
120	35～70	45～70
200	40～80	50～80
300	45～90	55～90
400	55～110	65～110

3. 纵向进给量 f_a 的选择

工件每转一周，相对砂轮在纵向进给方向所移动的距离，即纵向进给量。粗磨外圆进给量一般取 f_a=（0.5～0.8）b_s，b_s 为砂轮宽度。精磨外圆时根据表面粗糙度要求选择 f_a，表面粗糙度 Ra 要求为 0.8 μm 时，f_a=（0.5～0.6）b_s，表面粗糙度 Ra 要求为 0.4～0.2 μm 时，f_a=（0.2～0.4）b_s。

内圆磨削粗磨时，取 f_a=（0.5～0.8）b_s。精磨时，表面粗糙度 Ra 要求为 0.8 μm 时，f_a=（0.5～0.9）b_s，表面粗糙度 Ra 要求为 0.4 μm 时，取 f_a=（0.25～0.5）b_s。

4. 磨削深度 a_p

对于外圆纵磨，粗磨钢 a_p=0.02～0.05 mm，粗磨铸铁 a_p=0.08～0.15 mm。精磨钢 a_p=0.005～0.01 mm，精磨铸铁 a_p=0.02～0.05 mm。内圆磨削也可按此选择。

【训练任务】结合以上各工序砂轮的型号，为本项目各磨削加工选择磨削用量，并填入表 5–21。

表 5–21 磨削用量选择表

工序内容	砂轮转速 n/（r/min）	工件速度 v/（m/min）	纵向进给量	磨削深度/mm

【核心项目 1 训练】写出图 2 钻床主轴加工工艺过程，编写工艺过程卡。

考核要求及评分标准：

（1）能正确编写机械加工工艺过程（30 分）；

（2）机械加工工艺过程卡内容填写完整正确（20 分）；

（3）加工方法正确可行（25 分）；

（4）工件定位装夹正确（20 分）。

教师引领：

技术要求分析：

（1）工件的材料。由于钻床主轴是钻床上最重要的关键零件，需要传递机床动力扭矩，宜采用优质合金结构钢。钻轴必须有足够的强度和优良塑性与韧性，必须进行调质处理。综上原因，该主轴选择低淬透性调质钢 40Cr。

（2）毛坯选择。该主轴用以传递动力扭矩，为了满足力学性能要求，选用锻件毛坯。

（3）热处理安排。由于锻造毛坯比较难切削加工，所以在粗加工之前，锻造毛坯需要进行正火热处理。由于该主轴需要较高的强度、优良的综合力学性能，所以在适当加工阶段之前要进行调质热处理（淬火＋高温回火）。内孔$\phi 16\pm 0.009$ 和 60° 锥面需要安装刀具，为了提高耐磨性，需要对锥面进行局部淬火至 HRC50～53 硬度。

（4）精度分析。由于钻床主轴要求钻头刀具有较高的回转精度，所以，两个轴颈$\phi 26h6$（用于安装轴承处）有较高的尺寸精度（IT6 级）和较低的表面粗糙度（$Ra<0.4\ \mu m$）要求。同时还要求两轴颈与安装钻头的孔$\phi 16\pm 0.009$ 同轴，即两轴颈对孔$\phi 16\pm 0.009$ 有圆跳动精度要求。

（5）主要表面加工方案。主要表面是指零件中的重要表面，通常尺寸精度、形位精度或表面粗糙度要求较高。两个轴颈$\phi 26h6$ 即是主要表面，由外圆表面加工方案可知，它们的加工方案是，粗车—半精车—粗磨—精磨；另一个主要表面为内孔$\phi 16\pm 0.009$，尺寸精度为 IT7 级，表面粗糙度 $Ra<0.8\ \mu m$。由于要插装钻头，表面要求一定的硬度，需要进行淬火热处理，所以终加工应该是磨削，其加工方案为，钻—扩—磨削。60° 锥面也需要淬火，根据其表面粗糙度要求及定位基准要求，其终加工方法应该是精磨，其加工方案为：粗锪—半精锪—粗磨—精磨—研磨。

（6）定位基准分析。由于钻轴属于细长轴，所以车削或磨削外圆以中心孔为定位基准。但磨削时必须提高中心孔的精度和表面粗糙度。由于两轴颈$\phi 26h6$、孔$\phi 16\pm 0.009$ 有位置精度要求，而锥面刚好为 60°，可以用作中心孔定位。根据基准重合原则，两轴颈终磨应选择 60° 锥面和另一端研磨的中心孔为定位基准。如图 5–48 所示。另外，为保证两轴颈$\phi 26h6$ 对孔$\phi 16\pm 0.009$ 圆跳动精度要求，钻孔、扩孔时，选择$\phi 26h6$ 为定位基准，即从粗加工阶段、半精加工阶段就要注意基准重合原则。

（7）工艺路线制订（含热处理的安排）。根据该主轴主要表面的尺寸精度、位置精度和表面粗糙度的要求，将加工阶段划分为粗加工、半精加工和精加工三个加工阶段，次要表面加工和热处理工序穿插进行。

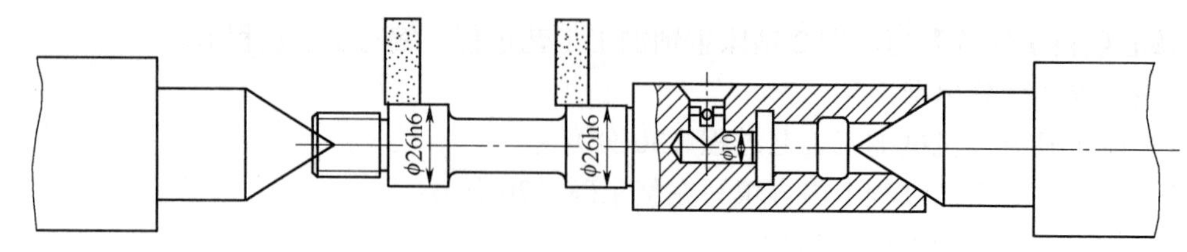

图 5–48 精磨外圆定位

（8）两轴颈φ26h6 间外圆φ18 的车削加工，需要先用车槽刀切开中间段，如图 5–49（a）所示。然后分别再用左切、右切车刀分两端加工，如图 5–49（b）所示。

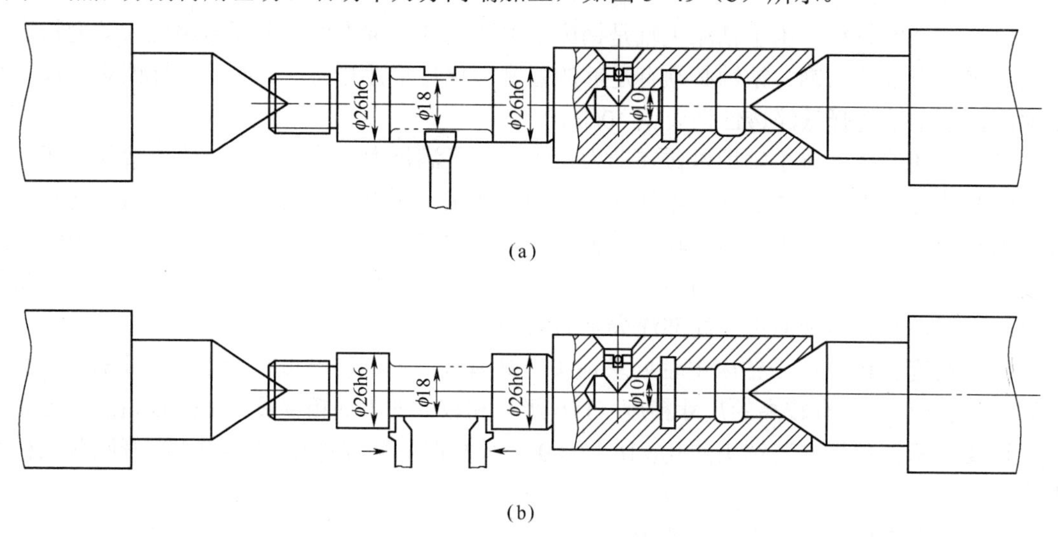

图 5–49 中间凹外圆的车削

注：答案可详细参见本书附录 A。

知识点 5.13 轴的光整加工

当轴的尺寸精度要求在 IT5 级及以上，表面粗糙度 *Ra* 在 0.1 μm 以下时，应该采用光整加工。光整加工的主要方法有研磨、珩磨、超精加工和抛光等。

5.13.1 研磨

1. 加工原理

研磨是用研磨工具和研磨剂，从工件上研去一层极薄表面层的精加工方法。把研磨剂放在研具与工件之间，在一定压力作用下研具与工件作复杂的相对运动，通过研磨剂的微量切削及化学作用，去除工件表面的微小余量，以提高尺寸精度、形状精度和降低表面粗糙度。

2. 研磨方法

图 5–50 所示为研磨外圆的工具。为使磨料能嵌入研具的内表面，研具的材料应软些，常用的是铸铁。研磨时先在工具表面涂上一层均匀的研磨剂，将该工具套在工件上，并调节好配合的松紧程度。工件安装在车床两顶尖间作低速旋转（20～30 m/min），手握研具在一定压力下沿工件轴向作往复直线运动，直至研磨合格为止。

研磨剂是很细的磨料（粒度为 W14～15）、研磨液和辅助材料的混合剂。

内孔研磨的研具为研磨棒。将套上工件的研磨棒安装在车床上，涂上研磨剂，调整研磨棒直径，使其对工件有适当的压力，即可进行研磨。

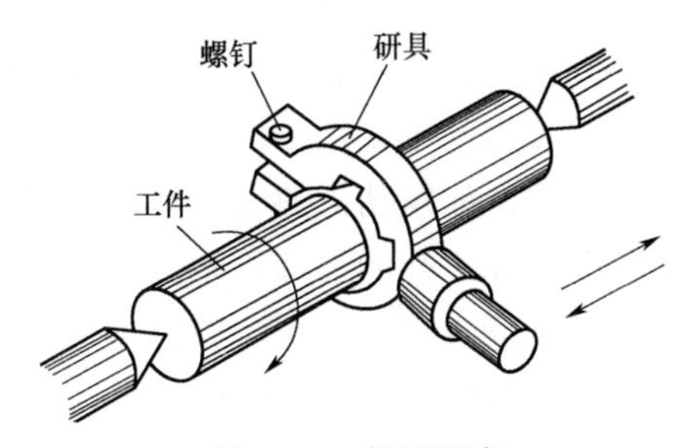

图 5–50　外圆研磨

3. 研磨的特点与应用

（1）研磨余量一般不超过 0.01～0.03 mm，研磨前的工件应进行精车或精磨。研磨可以获得 IT5 或更高的尺寸公差等级，表面粗糙度 *Ra* 为 0.1～0.008 μm。研磨可加工外圆面、孔、平面等。

（2）生产效率低，加工余量小。

（3）研磨剂易飞溅，污染环境。

在现代制造业中研磨应用很广，许多精密量块、量规、齿轮、钢球、喷油嘴、石英晶体、陶瓷元件、光学镜头及棱镜等零件均需研磨。

5.13.2　超精加工

超精加工是用细粒度磨料的油石对工件施加一定压力，并作往复振动和慢速纵向进给运动，以实现微量磨削的一种光整加工方法。

加工时，工件旋转（0.16～0.25 m/s），细粒度的油石以恒定的较低的压力（5～20 MPa）轻压于工件表面，在轴向进给（进给量为 0.1～0.15 mm/r）的同时，沿工件的轴向作高速而短幅的往复运动，对工件表面进行光整加工每秒钟往复的次数一般为 6～25 次，行程长度为 2～6 mm。如图 5–51 所示。

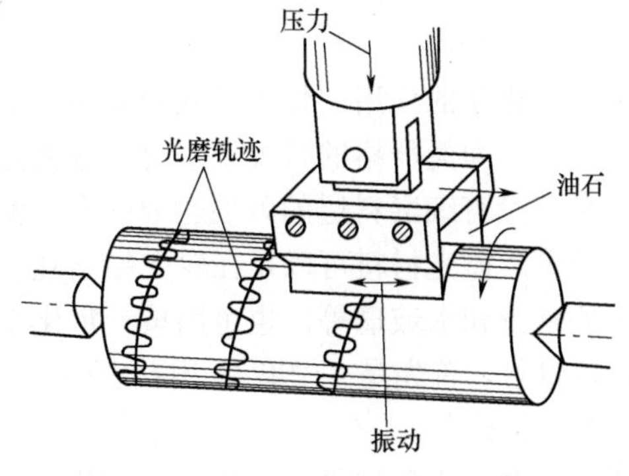

图 5–51　超精加工

超精加工的余量很小（0.005～0.02 mm），加工后表面粗糙度 *Ra* 为 0.1～0.008 μm，但不能提高工件的尺寸精度及几何形状精度，该精度必须由前一道工序保证。超级光磨只是切去工件表面的微小凸峰，加工时间很短，一般为 30～60 s，所以生产率很高。

5.13.3 珩磨孔

珩磨是磨削加工孔的一种特殊形式，属于光整加工。一般在磨削或精镗的基础上进行。珩磨加工范围比较广，特别是大批量生产中采用专用珩磨机珩磨更为经济合理，对于某些零件，珩磨已成为典型的光整加工方法，如发动机的气缸套、连杆孔和液压缸筒等。

珩磨是利用装有磨条的珩磨头来加工孔的，加工时工件视其大小可安装在机床的工作台或夹具中。具有若干个磨条的珩磨头插入加工孔中，由机床主轴带动旋转且作轴向往复运动（0.16～1.6 str/s）。磨条以一定的压力与孔壁接触，即可从工件表面切去极薄的一层金属。为得到较小的 *Ra*，切削轨迹应成均匀而不重复的交叉网纹，如图 5–52 所示。这种加工纹理有助于保留润滑油，显著提高内孔表面的耐磨性。

珩磨后孔的尺寸公差等级可达 IT6～IT5，表面粗糙度 *Ra* 为 0.2～0.025 μm，孔的形状精度亦相应提高。

珩孔工艺广泛用于发动机的气缸、液压装置的油缸筒及各种炮筒等的大批量生产中。

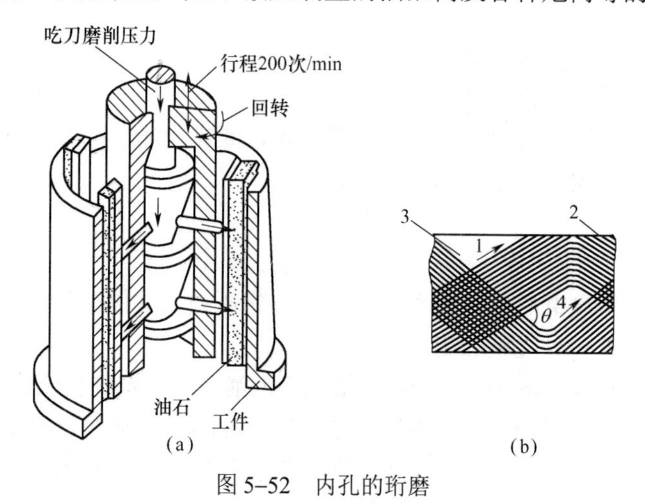

图 5–52 内孔的珩磨

5.13.4 抛光

抛光是利用机械、化学或电化学的作用，使工件获得光亮、平整表面的加工手段。当对零件表面只有较低粗糙度值要求，而无严格的精度要求时，抛光是较常用的光整加工手段。抛光所用的工具是在圆周上粘着涂有细磨料层的弹性轮或砂布，弹性轮材料用得最多的是毛毡轮，也可用帆布轮、棉花轮等。抛光材料可以是在轮上粘结几层磨料（氧化铬或氧化铁），粘结剂一般为动物皮胶、干酪素胶和水玻璃等，也可用按一定化学成分配制的抛光膏。

抛光一般可分为两个阶段进行，首先是“抛磨”，用粘有硬质磨料的弹性轮进行，然后是“光抛”，用含有软质磨料的弹性轮进行。

抛光剂中含有活性物质，故抛光不仅有机械作用，还有化学作用。在机械作用中除了用磨料切削外，还有使工件表面凸锋在力的作用下产生塑性流动而压光表面的作用。

项目 6　箱体类零件加工技术

【核心项目 2】

如图 2（b）所示，为某冲裁模具的凸模，模具寿命为 5 万件。为了保证与凹模的间隙，须保证刃口尺寸精度。为保证模具的定位精度，须保证 4 个导向孔的位置精度。

【任务】

（1）分析凸模的力学性能要求，选择凸模的材料；

（2）根据凸模的结构和使用力学性能要求，选择凸模的毛坯类型；

（3）拟定加工工艺路线；

（4）编制该凸模的加工工艺规程（填写工艺过程卡和加工工艺卡）。

【引导项目 1】方铁的加工。

如图 6–1 所示的方铁块，材料为 45 钢，坯料尺寸为 60×55×50。

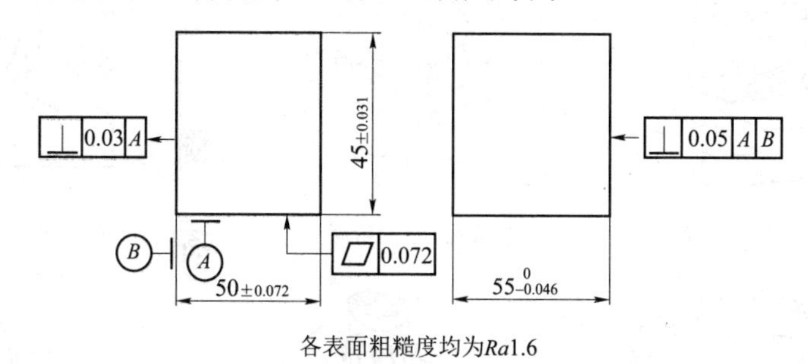

各表面粗糙度均为Ra1.6

图 6–1　方铁块

【任务】

（1）根据尺寸精度和表面粗糙度要求确定加工方法；

（2）确定方铁块的定位装夹方法；

（3）编写方铁块的加工工艺规程（填写工艺过程卡）。

教师提问：

（1）该方铁块长、宽、高的尺寸精度是几级？

（2）根据尺寸精度和表面粗糙度要求，应选用什么加工方法？

（3）该铁块各表面之间有什么位置精度要求，如何装夹（定位）来保证平面之间位置精度要求？

该方铁块为规则零件，以平面加工为主。材料为 45 钢，选定毛坯的尺寸为 60×55×50。长度尺寸 50 的尺寸精度为 IT7 级，表面粗糙度各面均为 Ra1.6 μm，宽度尺寸 55 的尺寸精度为 IT8 级，高度尺寸 45 的尺寸精度为 IT9 级，所以以上各面最终加工为精铣。平面加工方法的选择详见知识点 6.1。

在形状精度和平面之间的位置精度方面，*A* 面有平面度要求，*A* 面和 *B* 面之间有垂直度要求。宽度面对 *A* 面和 *B* 面有垂直度要求。

【教学建议】为增加学生对铣削感性的认知，可利用网络资源下载观看铣削加工—工件装夹相关视频进行观看。

知识点 6.1　铣削加工工艺

6.1.1　铣削的加工内容

铣削是以铣刀的旋转运动为主运动，工件随工作台作直线运动为进给运动的切削加工方法。通常工件可以随工作台作纵向、横向及垂直 3 个方向的进给运动。铣削是机械加工中平面加工和曲面加工的主要方法。铣削在铣床上进行，选用不同的铣床和铣刀，可以加工平面、斜面、垂直面、各种沟槽和成形面（如齿形），如图 6–2 所示。此外，在铣床上还可以进行孔的加工，如孔的钻、镗加工，如图 6–3 所示。

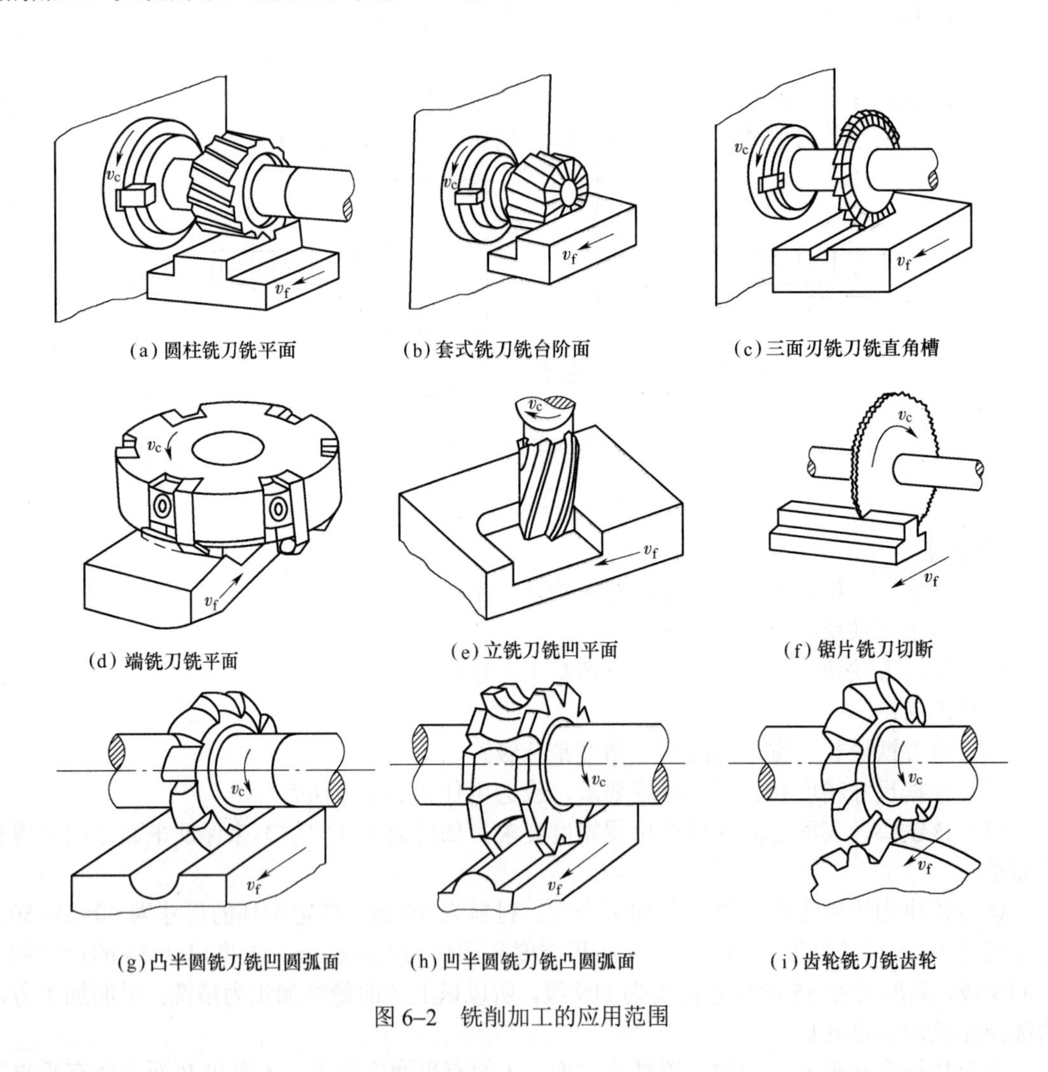

图 6–2　铣削加工的应用范围

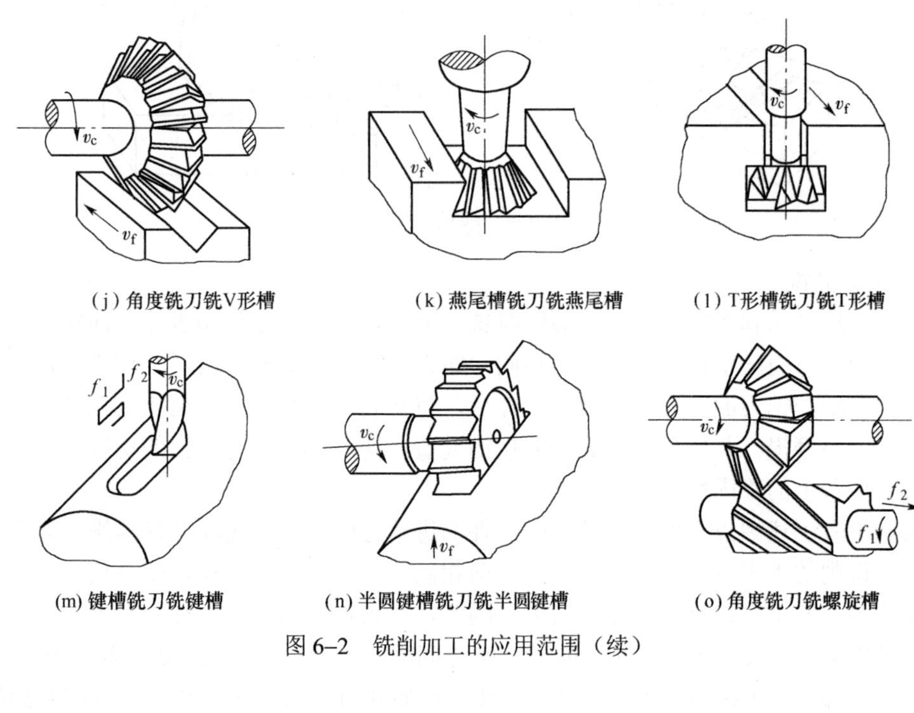

图 6–2 铣削加工的应用范围（续）

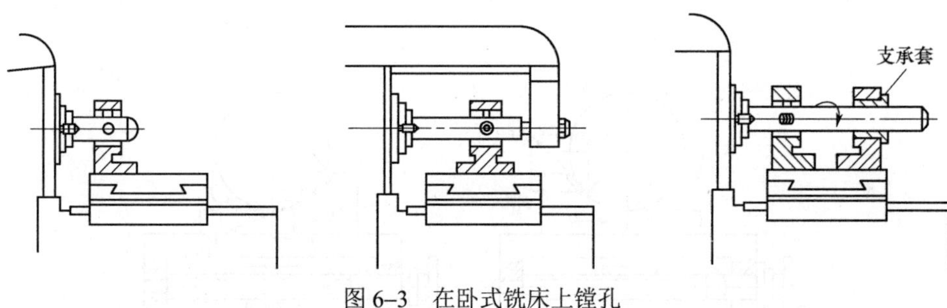

图 6–3 在卧式铣床上镗孔

铣削一般分为粗铣和精铣，加工精度一般为IT8～IT7，表面粗糙度一般为Ra3.2～1.6 μm。

6.1.2 铣削方式

1. 周铣和端铣

用分布在铣刀圆柱表面的刀齿进行铣削的方式叫作周铣，用铣刀端面上的刀齿进行铣削的方式叫作端铣（见图 6–4）。与周铣相比，端铣铣平面时较为有利，因为端铣刀的副切削刃对已加工表面有修光作用，能使粗糙度降低。周铣的工件表面通常有波纹状残留面积。另外，端铣时，参加切削刀齿数较多，切削力的变化程度较小，加工时振动较周铣小。端铣刀的主切削刃刚接触工件时，切屑厚度不等于零，使刀刃不易磨损。端铣刀的刀杆伸出较短，刚性好，刀杆不易变形，便于选用较大的切削用量。

由此可见，端铣法的加工质量较好，生产率较高。所以铣削平面大多采用端铣。但是，周铣对加工各种外形表面的适应性较广，而有些外形表面（如成形面等）则不宜采用端铣。

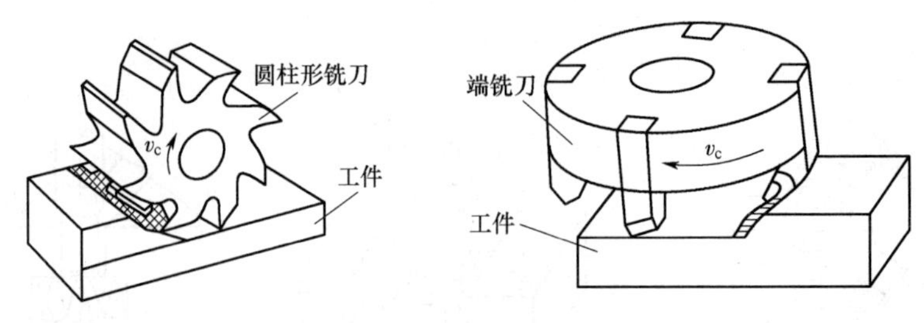

图 6–4　端铣和周铣

2. 逆铣和顺铣

周铣又有逆铣法和顺铣法之分。周铣时铣刀的旋转方向与工件的进给方向相反，即为逆铣，铣刀的旋转方向与工件的进给方向相同，即为顺铣，如图 6–5 所示。逆铣时，切屑的厚度从零开始渐增，铣刀的刀刃开始接触工件后，将在表面滑行一段距离才真正切入金属。这就使得刀刃容易磨损，并增加加工表面的粗糙度值。逆铣对工件有上抬的切削分力，影响工件安装在工作台上的稳固性。

顺铣则没有上述缺点。但是，顺铣时工件的进给会受工作台传动丝杠与螺母之间间隙的影响。因为铣削的水平分力与工件的进给方向相同，铣削力忽大忽小，就会使工作台窜动和进给量不均匀，甚至引起打刀或损坏机床。因此，必须在纵向进给丝杠处有消除间隙的装置才能采用顺铣。但一般铣床上没有消除丝杠螺母间隙的装置，只能采用逆铣法。另外，对铸、锻件表面的粗加工，顺铣因刀齿首先接触黑皮，将加剧刀具的磨损，此时，也是以逆铣为好。

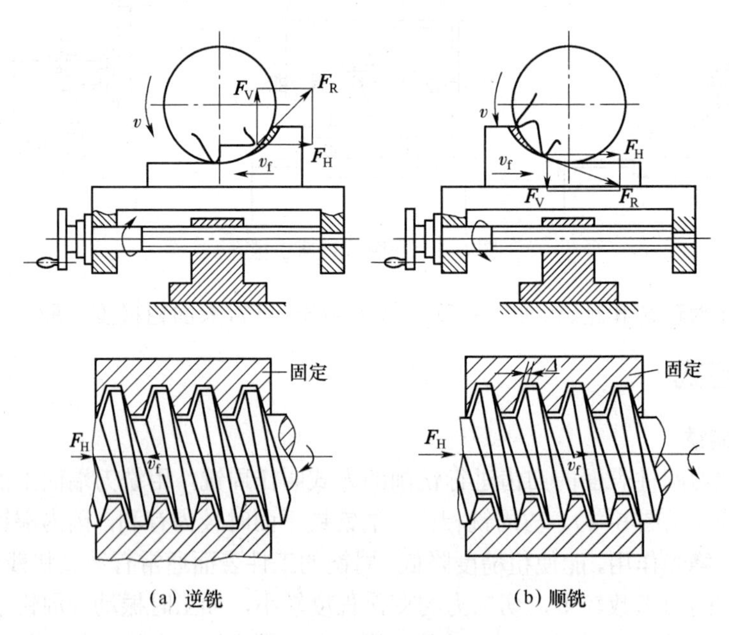

图 6–5　逆铣和顺铣

6.1.3　铣削切削用量的选择

与车削加工一样，铣削切削用量的选择直接与铣削加工质量有关。

1. 切削用量

铣削切削用量是指切削速度、进给量、铣削深度（背吃刀量）和铣削宽度。如图 6–6 所示。

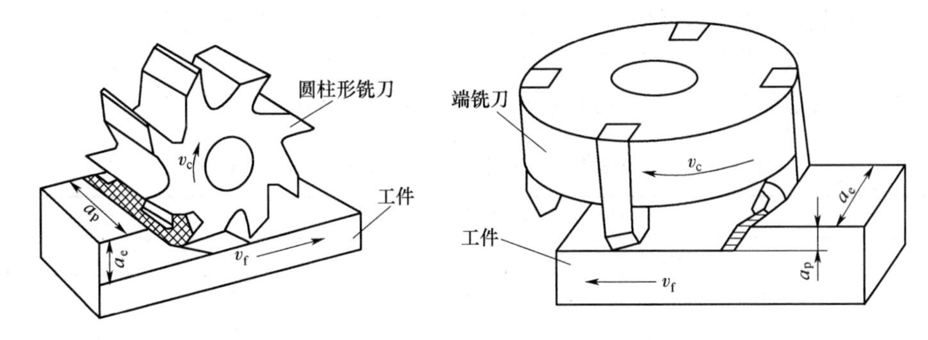

图 6–6　铣削

（1）切削速度 v_c。切削速度是铣刀最大直径处的线速度，可由下式计算

$$v_c = \frac{\pi dn}{1\,000}$$

式中　v_c——切削速度，m/min；

d——铣刀直径，mm；

n——铣刀每分钟转数，r/min。

（2）进给量 f。铣削时，工件在进给运动方向上相对刀具的移动量即为铣削时的进给量。由于铣刀为多刃刀具，所以有以下三种度量方法。

① 每齿进给量 f_Z（mm/Z）。指铣刀每转过一个刀齿时，工件沿进给方向移动的距离，其单位为 mm/Z。

② 每转进给量 f。指铣刀每转一周，工件沿进给方向移动的距离，其单位为 mm/r。

③ 每分钟进给量 v_f。又称进给速度，指工件每分钟沿进给方向移动的距离，其单位为 mm/min。上述三者的关系为

$$v_f = fn = f_Z Zn$$

式中　Z——铣刀齿数；

n——铣刀每分钟转速，r/min。

（3）铣削深度（又称背吃刀量）a_p。铣削深度为平行于铣刀轴线方向测量的切削层尺寸，单位为 mm。因周铣与端铣时相对于工件的方位不同，故铣削深度的标示也有所不同。

（4）铣削宽度 a_c。铣削宽度是垂直于铣刀轴线方向测量的切削层尺寸，单位为 mm。

2. 铣削切削用量的选择

铣削用量选择是否合理，直接关系到铣削加工质量和生产效率。铣削用量的选择顺序是：背吃刀量 a_p—每齿进给量 f_Z—每分钟进给量 v_f—切削速度 v_c。切削宽度一般尽量一次铣出。粗铣时工件加工余量大，加工精度和表面粗糙度要求不高，在铣刀耐用度及铣削力满足的情况下，为提高切削效率，应选用较大的铣削用量。而精铣时工件余量小，加工精度和表面粗糙度要求高，切削用量的选择主要考虑加工质量。

（1）切削深度选取。对于端铣加工，切削深度就是铣削深度 a_p，对于周铣，切削深度是

铣削宽度 a_c。粗铣时，应根据机床动力和工艺系统的刚性，尽量选用较大的切削深度。一般铣削钢料时，切削深度 a_p=3～5 mm，铣削铸铁时，切削深度 a_p=5～7 mm。表面粗糙度为 Ra6.3～3.2 μm 时，留铣削余量 0.5～1.0 mm 一次走刀完成。当工件表面粗糙度要求为 Ra1.6～0.8 μm 时，分粗铣、半精铣、精铣三步铣削，半精铣余量 1.5～2 mm，精铣余量 0.5 mm。

（2）进给量选取。粗铣按每齿进给量 f_Z 选取，主要考虑切削力和刀具容屑空间大小。半精铣和精铣按每转进给量 f 选取。可按表 6–1 和表 6–2 参考选取。

表 6–1　高速钢端铣刀、圆柱铣刀和圆盘铣刀铣削进给量

粗铣时每齿进给量 f_Z /（mm/Z）									
机床功率/kW	工艺系统刚度	粗齿和镶齿铣刀				细齿铣刀			
		端铣刀与圆盘铣刀		圆柱形铣刀		端铣刀与圆盘铣刀		圆柱形铣刀	
		钢	铸铁及铜合金	钢	铸铁及铜合金	钢	铸铁及铜合金	钢	铸铁及铜合金
＞10	大	0.2～0.3	0.3～0.35	0.25～0.35	0.35～0.5				
	中	0.15～0.25	0.25～0.40	0.20～0.30	0.30～0.40				
	小	0.10～0.15	0.20～0.25	0.15～0.20	0.25～0.30				
5～10	大	0.12～0.2	0.25～0.35	0.15～0.25	0.25～0.35	0.08～0.12	0.2～0.35	0.1～0.15	0.12～0.2
	中	0.08～0.15	0.20～0.30	0.12～0.20	0.20～0.30	0.06～0.10	0.15～0.30	0.06～0.10	0.10～0.15
	小	0.06～0.10	0.15～0.25	0.10～0.15	0.12～0.20	0.04～0.08	0.10～0.20	0.06～0.08	0.08～0.12
＜5	中	0.04～0.06	0.15～0.30	0.10～0.15	0.12～0.20	0.04～0.06	0.12～0.20	0.05～0.08	0.06～0.12
	小	0.04～0.06	0.10～0.20	0.06～0.10	0.10～0.15	0.04～0.06	0.08～0.15	0.03～0.06	0.05～0.10

半精铣时每转进给量 f/（mm/r）							
要求表面粗糙度 Ra/μm	镶齿端铣刀和圆盘铣刀	圆柱形铣刀					
		铣刀直径					
		40～80	100～125	160～250	40～80	100～125	160～250
		钢及铸钢			铸铁铜及铝合金		
6.3	1.2～2.7						
3.2	0.5～1.2	1.0～2.7	1.7～3.8	2.3～5.0	1.0～2.3	1.4～3.0	1.9～3.7
1.6	0.23～0.5	0.6～1.5	1.0～2.1	1.3～2.8	0.6～1.3	0.8～1.7	1.1～2.1

表 6–2　硬质合金端铣刀、圆柱铣刀和圆盘铣刀铣削进给量

机床功率/kW	钢		铸铁及铜合金	
	每齿进给量 f_Z/（mm/Z）			
	YT15	YT5	YG6	YG8
5～10	0.09～0.18	0.12～0.18	0.14～0.24	0.20～0.29
＞10	0.12～0.18	0.16～0.24	0.18～0.28	0.25～0.38

注：（1）表列数值用于圆柱铣刀铣削深度 $a_p \leqslant 30$ mm；当 $a_p > 30$ mm 时，进给量应少于 30%。
（2）用圆盘铣刀铣槽时，表列进给量应减少一半。
（3）用端铣刀铣削时，对称铣时进给量取小值；不对称铣时进给量取大值。主偏角大时取小值；主偏角小时取大值。
（4）铣削材料的强度或硬度大时，进给量取小值；反之取大值。
（5）上述进给量用于粗铣。精铣时铣刀每转进给量按下表选择。

要求达到的粗糙度 Ra/μm	3.2	1.6	0.8	0.4
每转进给量/（mm/r）	0.5～1.0	0.4～0.6	0.2～0.3	0.15

（3）铣削速度 v_c 选取。铣削速度越大，单位时间内参与切削的刀齿越多，所以加工质量越高，同时也提高了工作效率。因此在机床功率和系统刚性足够的情况下，总是尽可能采用高的铣削速度。同时，铣削速度选取还与刀具材料有关，譬如对于硬质合金铣刀可比普通高速钢铣刀选取高得多的铣削速度。所以，用硬质合金铣刀可以得到较高的加工质量。铣削速度可按表 6–3 参考选取。

表 6–3　铣削速度

工件材料	硬度 HBS	铣削速度/（m/min）	
		硬质合金铣刀	高速钢铣刀
低中碳钢	<220 225～290 300～425	60～150 55～115 35～75	20～40 15～35 10～15
高碳钢	<220 225～325 325～375 375～425	60～130 50～105 35～50 35～45	20～35 15～25 10～12 5～10
合金钢	<220 225～325 325～425	55～120 35～80 30～60	15～35 10～25 5～10
不锈钢		70～90	20～35
铸钢		45～75	15～25
工具钢	200～250	45～80	12～25
灰铸铁	100～140 150～225 230～290 300～320	110～115 60～110 45～90 20～30	25～35 15～20 10～18 5～10
可锻铸铁	110～160 160～200 200～240 240～280	100～200 80～120 70～110 40～60	40～50 25～35 15～25 10～20
铝镁合金	95～100	360～600	180～300
黄铜		180～300	60～90
青铜		180～300	30～50

知识点 6.2　铣床和铣刀

6.2.1　铣床

铣床种类很多，常用的有卧式铣床、立式铣床、龙门铣床和数控铣床及铣镗加工中心等。在一般工厂，卧式铣床和立式铣床应用最广，其中万能卧式铣床和立式铣床应用最多，特加以介绍。

1. 万能卧式铣床

卧式万能铣床简称万能铣床，如图 6–7 所示，是铣床中应用最广的一种。其主轴是水平的，与工作台面平行。下面以 X6132 铣床为例，介绍万能铣床型号及组成部分和作用。

万能铣床的型号：

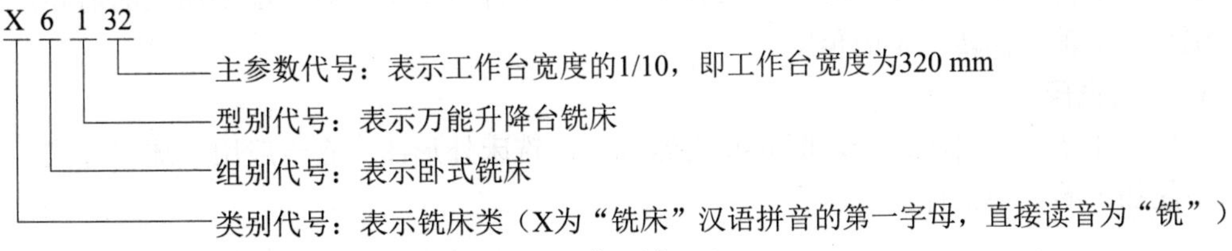
X 6 1 32
主参数代号：表示工作台宽度的1/10，即工作台宽度为320 mm
型别代号：表示万能升降台铣床
组别代号：表示卧式铣床
类别代号：表示铣床类（X为“铣床”汉语拼音的第一字母，直接读音为“铣”）

X6132 卧式万能铣床的主要组成部分及作用如下。

（1）床身。用来固定和支承铣床上所有的部件。电动机、主轴及主轴变速机构等安装在它的内部。

（2）横梁。它的上面安装吊架，用来支承刀杆外伸的一端，以加强刀杆的刚性。横梁可沿床身的水平导轨移动，以调整其伸出的长度。

（3）主轴。主轴是空心轴，前端有 7:24 的精密锥孔，其用途是安装铣刀刀杆并带动铣刀旋转。

（4）纵向工作台。在转台的导轨上作纵向移动，带动台面上的工件作纵向进给。

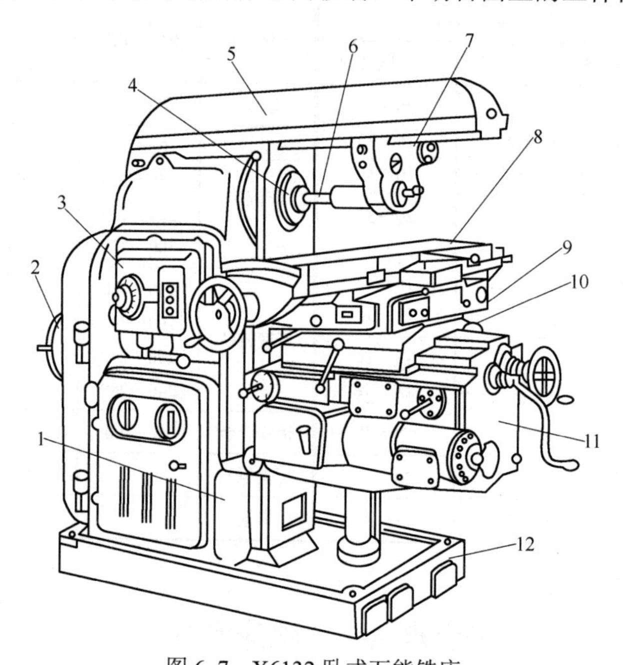

图 6–7　X6132 卧式万能铣床

1—床身；2—电动机；3—变速机构；4—主轴；5—横梁；6—刀杆；7—刀杆支架；
8—纵向工作台；9—转台；10—横向工作台；11—升降台；12—底座

（5）横向工作台。位于升降台上面的水平导轨上，带动纵向工件一起作横向进给。

（6）转台。作用是能将纵向工作台在水平面内扳转一定的角度，以便铣削螺旋槽。

（7）升降台。它可以使整个工作台沿床身的垂直导轨上下移动，以调整工作台面到铣刀的距离，并作垂直进给。

带有转台的卧铣，由于其工作台除了能作纵向、横向和垂直方向移动外，尚能在水平面内左右扳转 45°，因此称为万能卧式铣床。

2. 立式升降台铣床

立式升降台铣床，如图 6–8 所示。其主轴与工作台面垂直。有时根据加工的需要，可以将立铣头（主轴）偏转一定的角度。

3. 龙门铣床

龙门铣床属大型机床之一，图 6–9 为四轴龙门铣床外形图。它一般用来加工卧式、立式铣床不能加工的大型工件。

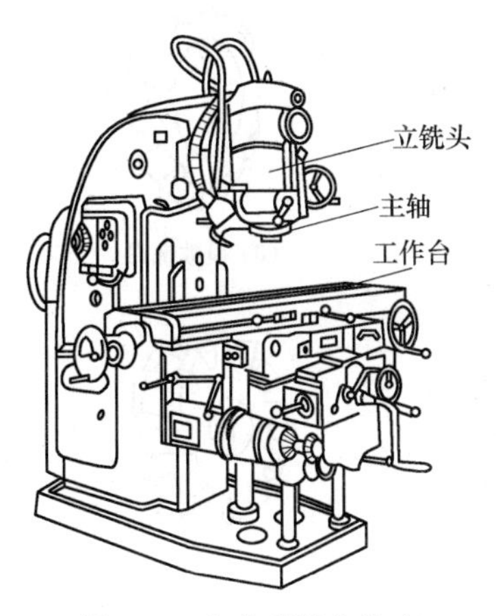

图 6–8　立式升降台铣床

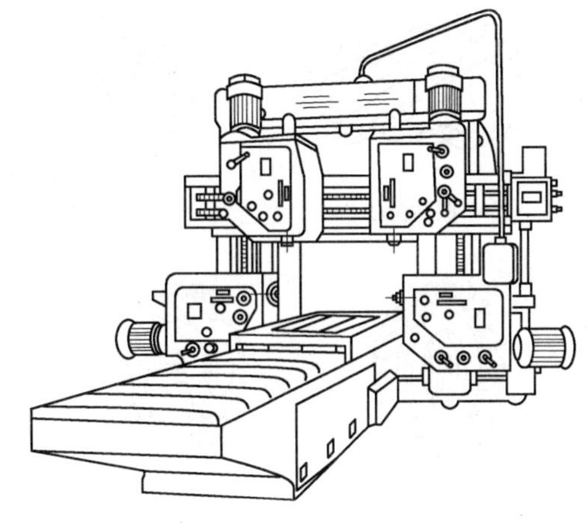
图 6–9　四轴龙门铣床外形

6.2.2　铣刀的选用和安装

1. 铣刀的种类

按铣刀结构和安装方法可分为带柄铣刀和带孔铣刀。

（1）带柄铣刀。带柄铣刀有直柄和锥柄之分。一般直径小于 20 mm 的较小铣刀做成直柄。直径较大的铣刀多做成锥柄，这种铣刀多用于立铣加工，如图 6–10 所示。

带柄铣刀有以下几种类型。

① 端铣刀。由于其刀齿分布在铣刀的端面和圆柱面上，故多用于立式升降台铣床上加工平面，也可用于卧式升降台铣床上加工平面。

② 立铣刀。有直柄和锥柄两种，适于铣削端面、斜面、沟槽和台阶面等。

③ 键槽铣刀和 T 形槽铣刀。它们是专门加工键槽和 T 形槽的。

④ 燕尾槽铣刀。专门用于铣燕尾槽。

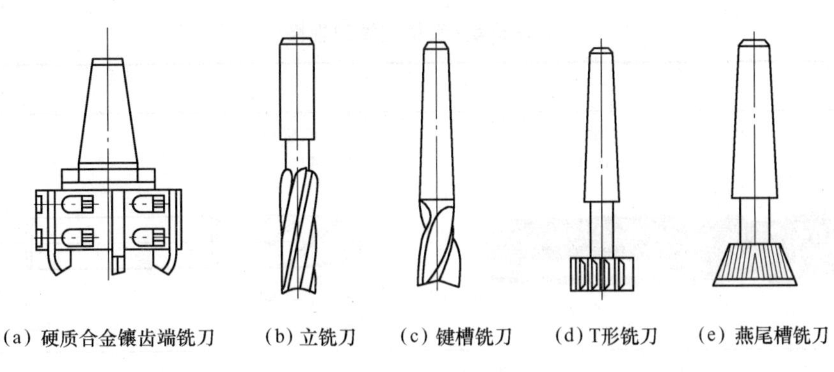

图 6–10　带柄铣刀

（2）带孔铣刀。带孔铣刀适用于卧式铣床加工，能加工各种表面，应用范围较广，如图 6–11 所示。

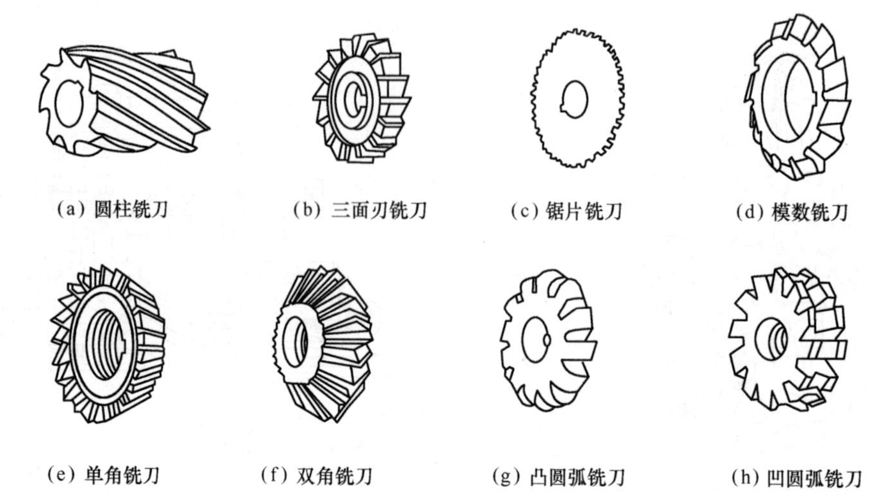
(a) 圆柱铣刀　(b) 三面刃铣刀　(c) 锯片铣刀　(d) 模数铣刀
(e) 单角铣刀　(f) 双角铣刀　(g) 凸圆弧铣刀　(h) 凹圆弧铣刀

图 6–11　带孔铣刀

带孔铣刀有以下几种类型。

① 圆柱铣刀。由于它仅在圆柱表面上有切削刃，故用于卧式铣床上加工平面。

② 三面刃铣刀和锯片铣刀。三面刃铣刀一般用于卧式铣床上加工直角槽，也可以加工台阶面和较窄的侧面等。锯片铣刀主要用于切断工件或铣削窄槽。

③ 模数铣刀。用来加工齿轮等。

2. 铣刀的规格

铣刀的选用是根据加工要求按规格选用的，铣刀的规格与尺寸已经标准化，选用时可查阅相关手册，也可根据制造厂商的标准系列选取。

铣刀分为粗齿铣刀和细齿铣刀。粗齿铣刀一般用于平面的粗铣加工，细齿铣刀一般用于平面的半精铣和精铣加工。

表 6–4～6–8 分别为国内某著名的刀具刃具厂提供的高速钢直柄立铣刀系列、卧式圆柱铣刀系列、锥柄立铣刀系列、直齿三面刃铣刀系列和端铣刀系列。

表 6–4　直柄立铣刀规格

粗齿直柄立铣刀　　单位：mm

标准形式	材料	螺旋角
GB/T 6117.1	HSS–E	42°

d	d_1	标准系列		长系列		齿数
		l	L	l	L	粗齿
3	4	8	40	12	44	3
4		11	43	19	51	

续表

d	d_1	标准系列		长系列		齿数
		l	L	l	L	粗齿
5	5	13	47	24	58	3
6	6		57		68	
7	8	16	60	30	74	
8		19	63	38	82	
9	10		69		88	
10		22	72	45	95	
11	12		79		102	
12		26	83	53	110	
14						
16	16	32	92	63	123	
18						
20	20	38	104	75	141	

细齿直柄立铣刀　　单位：mm

d	d_1	L	l	齿数
3	3	36	8	4
4	4	40	10	
5	5	45	12	
6	6	50	15	
8	8	55	18	
10	10	60	20	5
12	12	65	25	
14	14	70	30	
16	16	80	35	
18	18	90	40	6
20	20	100	45	

表 6–5 卧式圆柱铣刀规格表

标准形式	材料	螺旋角	单位：mm
GB/T 1115	HSS	42°	

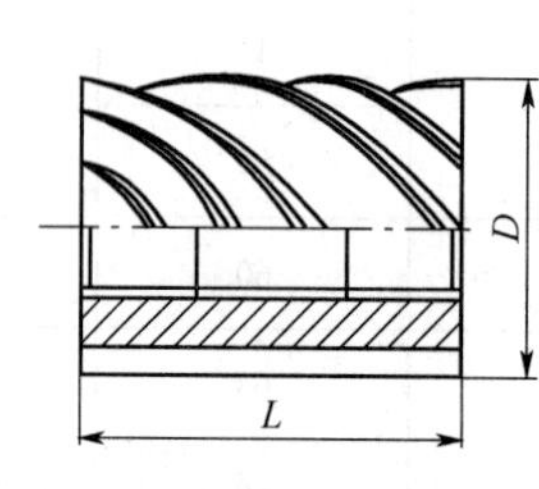

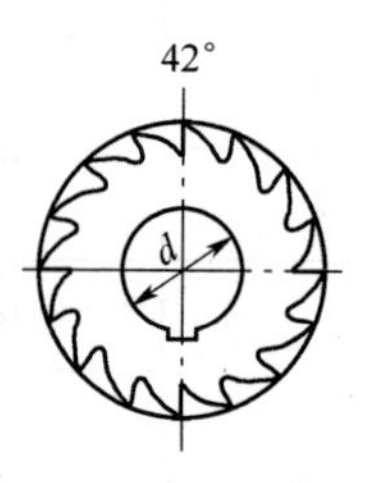

D	d	L	齿数	
			粗齿	细齿
50	22	50	6	12
		63		
		80		
63	27	50	8	14
		63		
		80		
		100		
80	32	63	10	16
		80		
		100		
		125		

表 6–6 锥柄立铣刀规格表

标准形式	材料	螺旋角	单位：mm
GB/T 6117.2	（14–25）HSS–E:（28–50）HSS	42°	

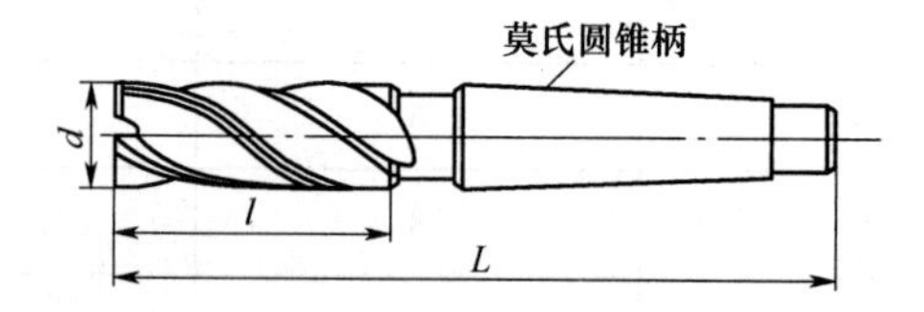

d	No.	标准系列		长系列		齿数	
		l	L	l	L	粗齿	细齿
14	2	26	111	53	138	3	5
16		32	117	63	148		6
18							
20		38	123	75	160		

续表

<table>
<tr><th rowspan="2">d</th><th rowspan="2">No.</th><th colspan="2">标准系列</th><th colspan="2">长系列</th><th colspan="2">齿数</th></tr>
<tr><th>l</th><th>L</th><th>l</th><th>L</th><th>粗齿</th><th>细齿</th></tr>
<tr><td>22</td><td rowspan="4">3</td><td>38</td><td>140</td><td>75</td><td>177</td><td rowspan="4">3</td><td rowspan="4">6</td></tr>
<tr><td>25</td><td rowspan="3">45</td><td rowspan="3">147</td><td rowspan="3">90</td><td rowspan="3">192</td></tr>
<tr><td>28</td></tr>
<tr><td rowspan="2">30</td></tr>
<tr><td rowspan="5">4</td><td rowspan="3">53</td><td rowspan="3">178</td><td rowspan="3">106</td><td rowspan="3">231</td><td rowspan="8">4</td><td rowspan="8">8</td></tr>
<tr><td>32</td></tr>
<tr><td>36</td></tr>
<tr><td>40</td><td rowspan="3">63</td><td rowspan="2">188</td><td rowspan="3">125</td><td rowspan="2">250</td></tr>
<tr><td rowspan="2">45</td></tr>
<tr><td>5</td><td>221</td><td>283</td></tr>
<tr><td rowspan="2">50</td><td>4</td><td rowspan="2">75</td><td>200</td><td rowspan="2">150</td><td>275</td></tr>
<tr><td>5</td><td>233</td><td>308</td></tr>
</table>

表 6–7　直齿三面刃铣刀规格表

标准形式	材料	单位：mm
GB/T 6119.1	HSS	

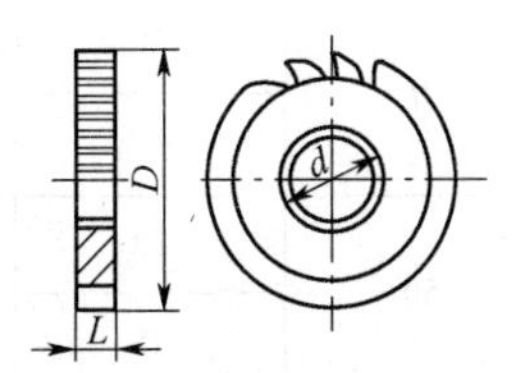

<table>
<tr><th>D</th><th>d</th><th>L</th><th>齿数</th></tr>
<tr><td rowspan="5">50</td><td rowspan="5">16</td><td>5</td><td rowspan="5">12</td></tr>
<tr><td>6</td></tr>
<tr><td>7</td></tr>
<tr><td>8</td></tr>
<tr><td>10</td></tr>
<tr><td rowspan="7">63</td><td rowspan="7">22</td><td>5</td><td rowspan="7">14</td></tr>
<tr><td>6</td></tr>
<tr><td>7</td></tr>
<tr><td>8</td></tr>
<tr><td>10</td></tr>
<tr><td>12</td></tr>
<tr><td>14</td></tr>
</table>

续表

D	d	L	齿数
80	27	5	16
		6	
		7	
		8	
		10	
		12	
		14	
		16	

表 6–8 端铣刀规格表 单位：mm

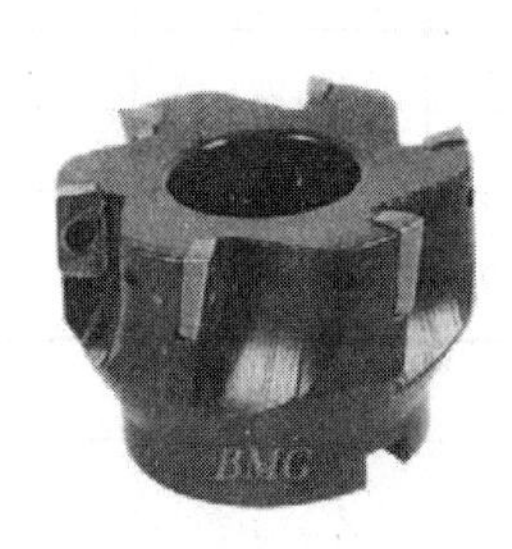

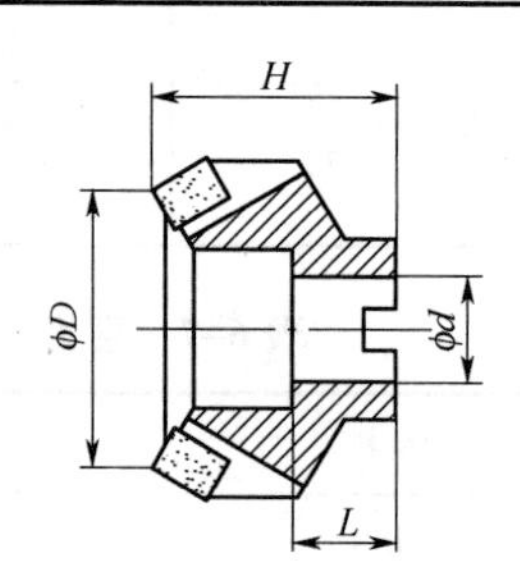

D	d	H	L		齿数		
			最小	最大	粗	中	细
80	27	50	22	30		5	
100	32		25	32	5	6	8
125	40	63	28	35	6	8	10
160					8	10	14

3. 铣刀的选用

（1）铣刀直径的确定。铣刀直径 d 是铣刀的重要参数，d 取大时，刀具齿数可增加，刀杆加粗、刚度大，刀体散热性好，耐用度高，生产效率可提高。但 d 过大会使切削扭矩增大，切入行程增长。铣刀直径 d 选择的原则是，在保证刀体刚度的前提下，采用较小直径。而立铣刀刚性差，可按加工情况尽可能选用较大的直径。

（2）铣刀齿数的确定。铣刀齿数根据加工类别和切削用量而定。高速钢圆柱铣刀、锯片铣刀和立铣刀按齿数多少分为粗齿和细齿两种。粗齿铣刀刀齿强度高、散热性好、重磨次数多、容屑量大，因此可以采用较大的切削用量。但工作平稳性差，适用于粗加工。细齿铣刀的特点相反，适用于半精加工和精加工。加工脆性材料也宜采用细齿铣刀。

对于硬质合金铣刀，粗齿适用于钢的粗铣，中齿适用于铣削断续表面的铸铁或钢的连续表面的粗铣或精铣，而细齿铣刀则适合于在机床功率足够的情况下对铸铁进行粗铣或精铣。

4. 铣刀的安装

（1）带孔铣刀的安装。带孔铣刀中的圆柱形、圆盘形铣刀，多用长刀杆安装，如图 6–12 所示。长刀杆一端有 7:24 锥度与铣床主轴孔配合，安装刀具的刀杆部分，按照刀孔的大小分几种型号，常用的有ϕ16、ϕ22、ϕ27、ϕ32 等。

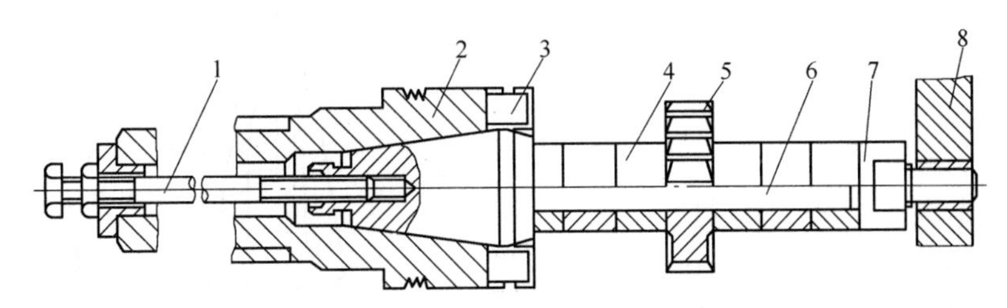

图 6–12　圆盘铣刀的安装

1—拉杆；2—铣床主轴；3—端面键；4—套筒；5—铣刀；6—刀杆；7—螺母；8—刀杆支架

用长刀杆安装带孔铣刀时要注意以下几点。

① 铣刀应尽可能地靠近主轴或吊架，以保证铣刀有足够的刚性。套筒的端面与铣刀的端面必须擦干净，以减小铣刀的端面跳动。拧紧刀杆的压紧螺母时，必须先装上吊架，以防刀杆受力弯曲。

② 斜齿圆柱铣刀所产生的轴向切削刀应指向主轴轴承，主轴转向与铣刀旋向的选择见表 6–9。

表 6–9　主轴转向与斜齿圆柱铣刀旋向的选择

情况	铣刀安装简图	螺旋线方向	主旋转方向	轴向力的方向	说明
1		左旋	逆时针方向旋转	向着主轴轴承	正确
2		左旋	顺时针方向旋转	离开主轴轴承	不正确

带孔铣刀中的端铣刀，多用短刀杆安装。如图 6–13 所示。

（2）带柄铣刀的安装。带柄铣刀的安装应注意以下几点。

① 锥柄铣刀的安装。根据铣刀锥柄的大小，选择合适的变锥套，将各配合表面擦净，然后用拉杆把铣刀及变锥套一起拉紧在主轴上，如图 6–14（a）所示。

② 直柄立铣刀的安装。这类铣刀多为小直径铣刀，一般不超过ϕ20 mm，多用弹簧夹头

进行安装，如图 6–14（b）所示。铣刀的柱柄插入弹簧套的孔中，用螺母压弹簧套的端面，使弹簧套的外锥面受压而孔径缩小，即可将铣刀抱紧。弹簧套上有 3 个开口，故受力时能收缩。弹簧套有多种孔径，以适应各种尺寸的铣刀。

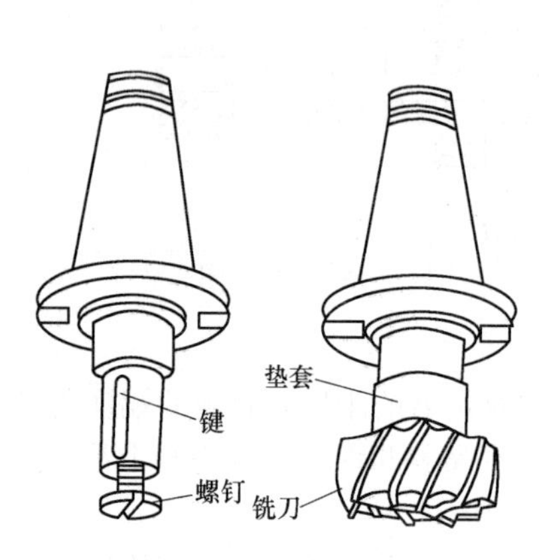

图 6–13　端铣刀的安装

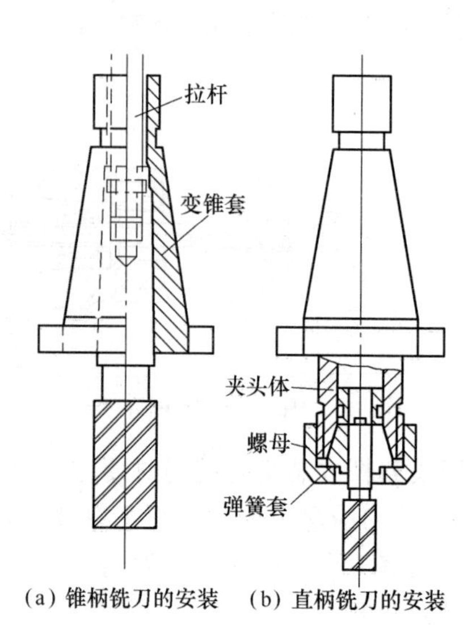

图 6–14　带柄铣刀的安装

知识点 6.3　铣床附件的使用

铣床的主要附件有分度头、机用平口虎钳、万能铣头和回转工作台。

6.3.1　分度头

分度头是万能铣床上的重要附件。在铣削加工中，常会遇到铣六方、齿轮、花键和刻线等工作。这时，就需要利用分度头分度。

1. 分度头的作用

（1）分度头能使工件实现绕自身的轴线周期地转动一定的角度（即进行分度）。

（2）利用分度头主轴上的卡盘夹持工件，使被加工工件的轴线相对于铣床工作台在向上 90° 和向下 10° 的范围内倾斜成需要的角度，以加工各种位置的沟槽、平面等（如铣圆锥齿轮）。

（3）与工作台纵向进给运动配合，通过配换挂轮，能使工件连续转动，以加工螺旋沟槽、斜齿轮等。

万能分度头由于具有广泛的用途，在单件小批量生产中应用较多。

2. 分度头的结构

分度头的主轴是空心的，两端均为锥孔，前锥孔可装入顶尖（莫氏 4 号），后锥孔可装入心轴，以便在差动分度时挂轮，把主轴的运动传给侧轴，可带动分度盘旋转。主轴前端外部有螺纹，用来安装三爪卡盘，如图 6–15 所示。

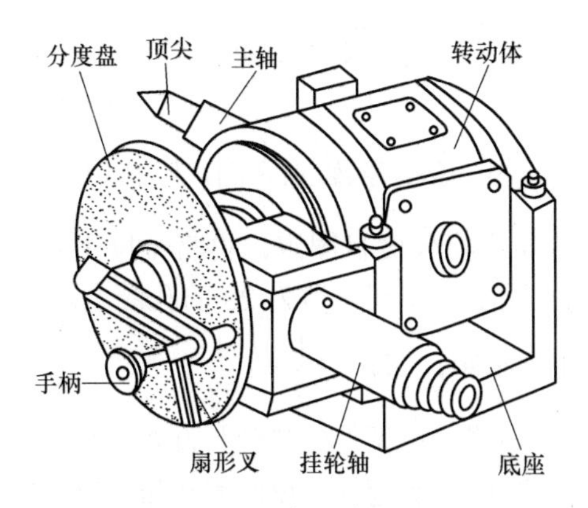

图 6–15　万能分度头外形

松开壳体上部的两个螺钉，主轴可以随回转体在壳体的环形导轨内转动，因此主轴除安装成水平外，还能扳成倾斜位置。当主轴调整到所需的位置上后，应拧紧螺钉。主轴倾斜的角度可以从刻度上看出。

在壳体下面，固定有两个定位块，以便与铣床工作台面的 T 形槽相配合，用来保证主轴轴线准确地平行于工作台的纵向进给方向。手柄用于紧固或松开主轴，分度时松开，分度后紧固，以防在铣削时主轴松动。另一手柄是控制蜗杆的手柄，它可以使蜗杆和涡轮连接或脱开（即分度头内部的传动切断或结合），在切断传动时，可用手转动分度的主轴。涡轮与蜗杆之间的间隙可用螺母调整。

3. 分度方法

分度头内部的传动系统如图 6–16（a）所示，可转动分度手柄，通过传动机构（传动比 1:1 的一对齿轮，1:40 的涡轮、蜗杆），使分度头主轴带动工件转动一定角度。手柄转一圈，主轴带动工件转（1/40）圈。

如果要将工件的圆周等分为 Z 等份，则每次分度工件应转过（1/Z）圈。设每次分度手柄的转数为 n，则手柄转数 n 与工件等分数 Z 之间有如下关系：

$$1:40=\frac{1}{Z}:n$$

$$n=\frac{40}{Z}$$

分度头分度的方法有直接分度法、简单分度法、角度分度法和差动分度法等。这里仅介绍常用的简单分度法。例如，铣齿数 Z = 35 的齿轮，需对齿轮毛坯的圆周做 35 等分，每一次分度时，手柄转数为

$$n=\frac{40}{Z}=\frac{40}{35}=1\frac{1}{7}\ （圈）$$

分度时，如果求出的手柄转数不是整数，可利用分度盘上的等分孔距来确定。分度盘如图 6–16（b）所示，一般备有两块分度盘。分度盘的两面各钻有不通的许多圈孔，各圈孔数均不相等，然而同一孔圈上的孔距是相等的。

分度头第一块分度盘正面各圈孔数依次为 24、25、28、30、34、37；反面各圈孔数依次为 38、39、41、42、43。

第二块分度盘正面各圈孔数依次为 46、47、49、51、53、54；反面各圈孔数依次为 57、58、59、62、66。

按上例计算结果，即每分一齿，手柄需转过$1\frac{1}{7}$圈，其中（1/7）圈需通过分度盘（见图 6–16（b））来控制。用简单分度法需先将分度盘固定。再将分度手柄上的定位销调整到孔数为 7 的倍数（如 28、42、49）的孔圈上，如在孔数为 28 的孔圈上。此时分度手柄转过 1 整圈后，再沿孔数为 28 的孔圈转过 4 个孔距，即$n=1\frac{1}{7}=1\frac{4}{28}$。

为了确保手柄转过的孔距数可靠，可调整分度盘上的扇形条 1、2 间的夹角（见图 6–16（b）），使之正好等于分子的孔距数，这样依次进行分度时就可准确无误。

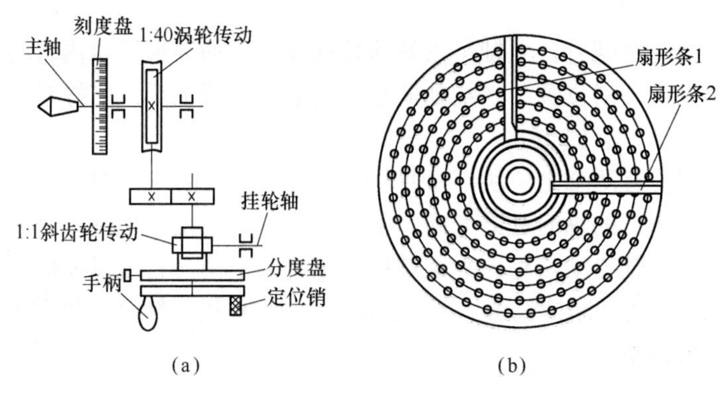

图 6–16　分度头的传动

6.3.2　机用平口虎钳

机用平口虎钳有非回转式和回转式两种，两者结构基本相同，但回转式平口虎钳底座设有转盘，可绕其轴线在 360° 范围内任意扳转，平口虎钳外形如图 6–17 所示。

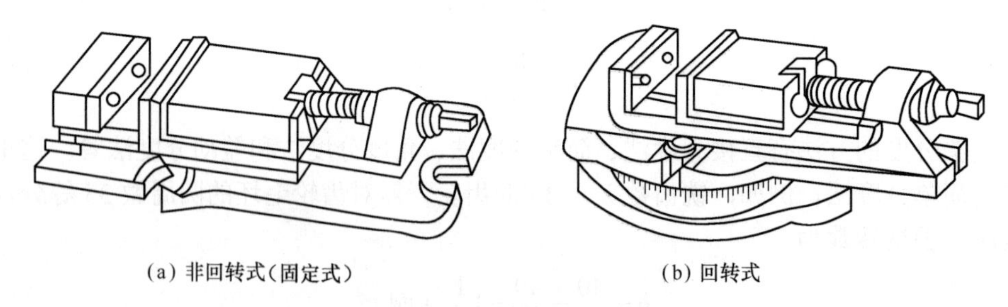

图 6–17　机用平口虎钳

机用平口虎钳的固定钳口本身精度及其相对于底座底面的位置精度均较高。底座下面带有两个定位键，用以在铣床工作台 T 形槽定位和连接，以保持固定钳口与工作台纵向进给方向垂直或平行。当加工工件精度要求较高时，安装平口虎钳要用百分表对固定钳口进行校正。

机床用平口虎钳适用于以平面定位和夹紧的中小型工件。按钳口宽度不同，常用的机床用平口虎钳有 100、125、136、160、200、250 mm 6 种规格。

6.3.3　万能铣头

在卧式铣床上装上万能铣头，不仅能完成各种立铣的工作，而且还可以根据铣削的需要，把铣头主轴扳成任意角度。如图 6–18 所示。

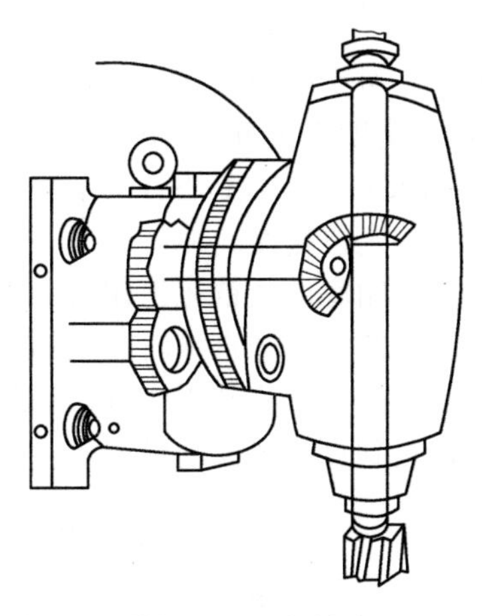

图 6–18　万能铣头

万能铣头的底座用螺栓固定在铣床的垂直导轨上。铣床主轴的运动通过铣头内的两对锥齿轮传到铣头主轴上。铣头的壳体可绕铣床主轴轴线偏转任意角度。铣头主轴的壳体还能在铣头壳体上偏转任意角度。因此，铣头主轴就能在空间偏转成所需要的任意角度。

6.3.4　回转工作台

回转工作台又称圆转台（见图 6–19），分手动进给和机动进给两种。以手动进给式应用较多。按工作台直径不同，回转工作台有 200、250、320、400、500 mm 等规格。直径大于 250 mm 的均为机动进给式。机动式回转工作台的结构与手动式基本相同，主要差别在于其传动轴可通过万向联轴器与铣床传动装置连接，实现机动回转进给，离合器手柄可改变圆工作台的回转方向和停止圆工作台的机动进给。

回转工作台主要用于中小型工件的分度和回转曲面的加工，如铣削工件上的圆弧形周边、圆弧形槽、多边形工件和有分度要求的槽或孔等。

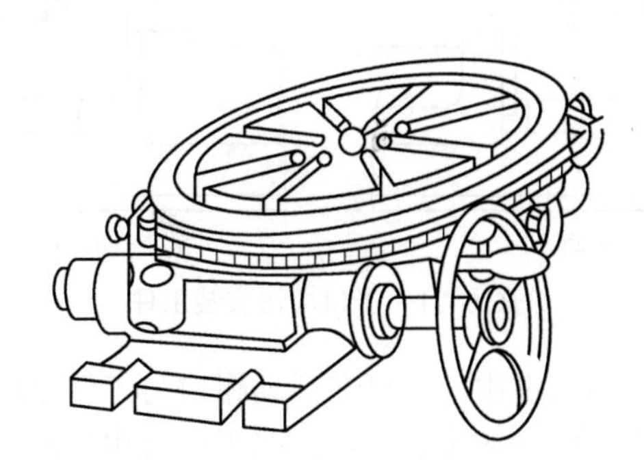

图 6–19　回转工作台

知识点 6.4　工 件 安 装

6.4.1　用机用平口虎钳装夹工件

机用平口虎钳是一种通用夹具。对于中小尺寸、形状规则的工件通常采用机用平口虎钳装夹。平口虎钳尺寸规格是以其钳口宽度来区分的。X62W 型铣床配用的平口虎钳为 160 mm。平口虎钳用两个 T 形螺栓固定在铣床上，底座上还有一个定位键，它与工作台上中间的 T 形槽相配合，以提高平口虎钳安装时的定位精度。

安装平口虎钳时，应擦净平口虎钳底面及铣床工作台面。装夹工件前，应对平口虎钳进行找正。如图 6–20 所示，是用固定在铣床垂直导轨面上的百分表对平口虎钳进行找正。将触头压在固定钳口（而不是活动钳口）上，移动工作台，观察百分表指针在钳口全长上摆动量是否相等，若不等则继续调整，直到百分表摆动量相等。

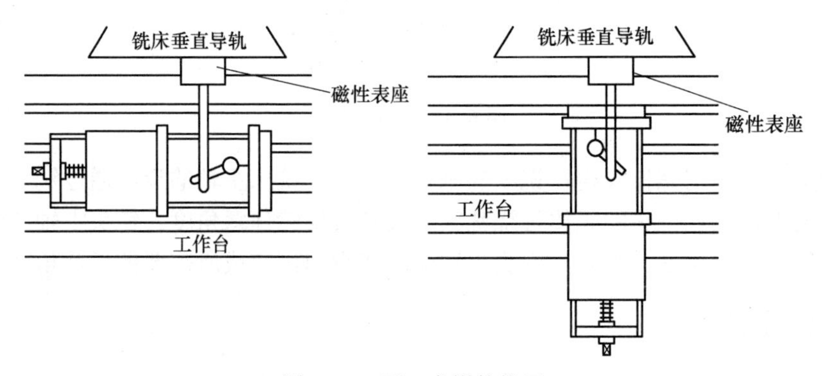

图 6–20　平口虎钳的找正

机用平口虎钳装夹工件要领如下。

（1）将工件的基准面紧贴固定钳口或钳体导轨面。铣削时铣削力要指向固定钳口，用固定钳口来承受铣削力，如图 6–21 所示。

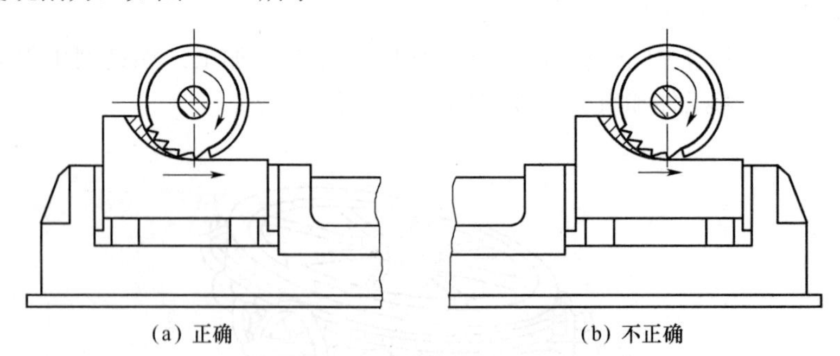

(a) 正确　　(b) 不正确

图 6–21　平口虎钳安装工件

（2）为使工件基准面紧贴固定钳口，可在活动钳口与工件之间垫一圆棒。

（3）为保护钳口，避免夹伤已加工表面，应在工件与钳口间垫一块钳口铁（如铜皮）。

（4）工件装夹高度以铣尺寸高出钳口面 3～5 mm 为宜，如装夹位置不合适，应在工件下面垫适当的平行垫铁。

（5）装夹工件时，应将工件向固定钳口方向轻轻推压，工件夹紧后可用铜锤轻轻敲击工件，使工件紧贴垫铁，最后夹紧工件。

【教学建议】 此处可观看平口虎钳的工件装夹视频，并讨论图 6–1 方铁块加工过程的装夹方法。

6.4.2　用压板、螺栓安装工件

对于大型工件或平口钳难以安装的工件，可用压板、螺栓和垫铁将工件直接固定在工作台上，如图 6–22 所示。

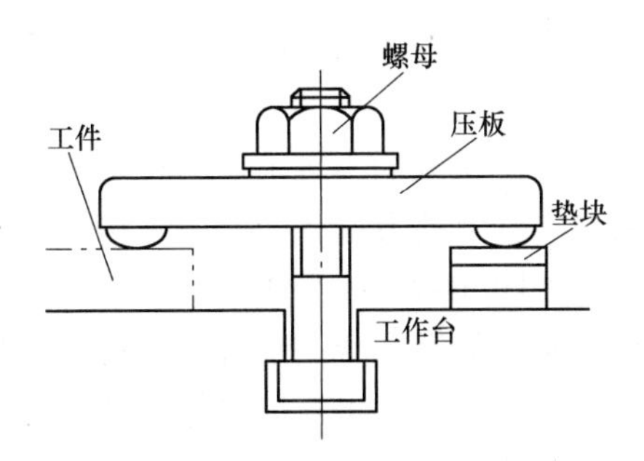

图 6–22　用压板、螺栓和垫铁安装工件

用压板、螺栓安装工件应注意以下事项。

（1）压板的位置要安排得当，压点要靠近切削面，压力大小要适合。粗加工时，压紧力要大，以防止切削中工件移动；精加工时，压紧力要合适，注意防止工件发生变形。

（2）工件如果放在垫铁上，要检查工件与垫铁是否贴紧了，若没有贴紧，必须垫上铜皮或纸，直到贴紧为止。

（3）压板必须压在垫铁处，以免工件因受压紧力而变形。

（4）安装薄壁工件，在其空心位置处，可用活动支撑（千斤顶等）增加刚度。

（5）工件压紧后，要用划针盘复查加工线是否仍然与工作台平行，避免工件在压紧过程中变形或走动。

安装工件时，应擦净工件底面及铣床工作台面。加工之前也必须对工件进行找正。当工件为粗毛坯时，用划线找正的方法找正，如图 6–23（a）所示；当工件的各面为加工过后的平整光滑面时，用直接找正的办法找正，如图 6–23（b）所示。

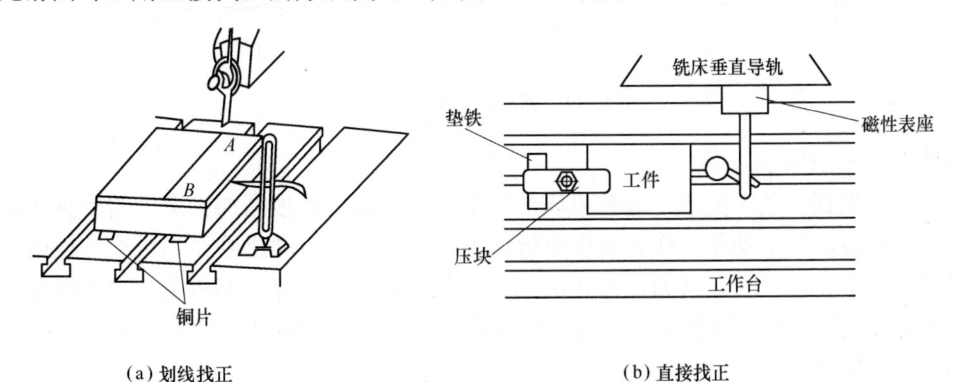

（a）划线找正　　（b）直接找正

图 6–23　铣床找正

知识点 6.5 铣削加工技术

6.5.1 平面的铣削

铣削平面可以用圆柱铣刀、端铣刀或三面刃铣刀在卧式铣床或立式铣床上进行铣削。

1. 用圆柱铣刀铣平面

圆柱铣刀一般用于卧式铣床铣平面。铣平面用的圆柱铣刀，一般为螺旋齿圆柱铣刀。铣刀的宽度必须大于所铣平面的宽度。螺旋线的方向应使铣削时所产生的轴向力将铣刀推向主轴轴承方向。

圆柱铣刀通过长刀杆安装在卧式铣床的主轴上，刀杆上的锥柄与主轴上的锥孔相配，并用一拉杆拉紧。刀杆上的键槽与主轴上的方键相配，用来传递动力。安装铣刀时，先在刀杆上装几个垫圈，然后装上铣刀，如图 6–24（a）所示。应使铣刀切削刃的切削方向与主轴旋转方向一致，同时铣刀还应尽量装在靠近床身的地方。在铣刀的另一侧套上垫圈，然后用手轻轻旋上压紧螺母，如图 6–24（b）所示。再安装吊架，使刀杆前端进入吊架轴承内，拧紧吊架的紧固螺钉，如图 6–24（c）所示。初步拧紧刀杆螺母，开车观察铣刀是否装正，然后用力拧紧螺母，如图 6–24（d）所示。

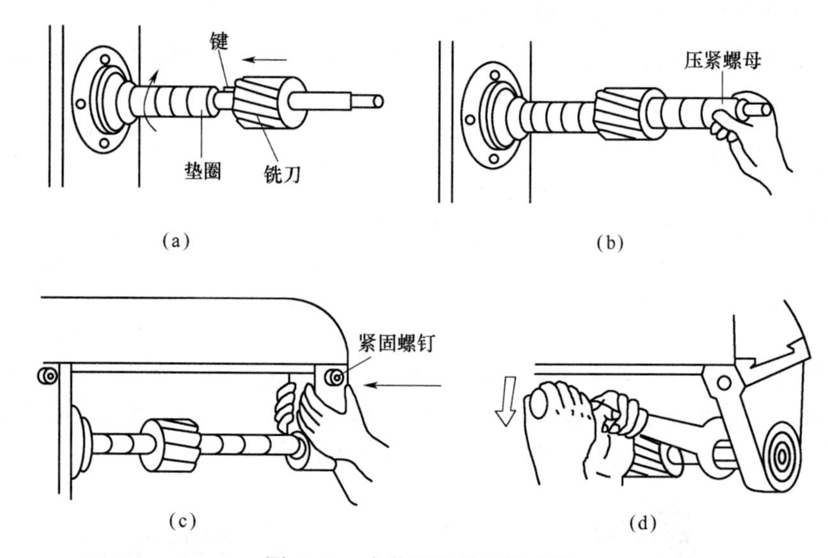

图 6–24 安装圆柱铣刀的步骤

具体操作方法如下。

铣削前应根据工艺卡的规定调整机床的转速和进给量，再根据加工余量的多少来调整铣削深度。铣削时，先手动使工作台纵向靠近铣刀，而后改为自动进给。当进给行程尚未完毕时不能停止进给运动，否则铣刀在停止的地方切入金属就比较深，形成表面深啃现象。铣削铸铁时不必加切削液（因铸铁中的石墨可起润滑作用），铣削钢料时需要用切削液，通常用含硫矿物油的切削液。

用螺旋齿铣刀铣削时，同时参加切削的刀齿数较多，每个刀齿工作时都是沿螺旋线方向逐渐地切入和脱离工作表面，切削比较平稳。

2. 用端铣刀铣平面

端铣刀一般用于立式铣床上铣平面，有时也用于卧式铣床上铣侧面。如图 6–25 所示。

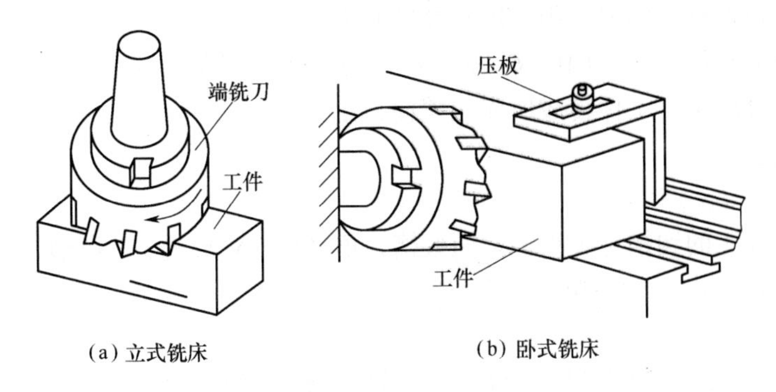

(a) 立式铣床　(b) 卧式铣床

图 6–25　用端铣刀铣平面

端铣刀一般中间带有圆孔。通常先将铣刀装在短刀轴上，再将刀轴装入机床的主轴上，并用拉杆螺丝拉紧。

端铣刀铣平面与圆柱铣刀铣平面相比，切削厚度变化较小，同时切削的刀齿较多，因此切削比较平稳。另外，端铣刀的主切削刃担负着主要的切削工作，而副切削刃又有修光作用，所以表面光整。此外，端铣刀的刀齿易于镶装硬质合金刀片，可进行高速铣削，且其刀杆比圆柱铣刀的刀杆短，刚性较好，能减少振动，有利于提高铣削质量。端铣既提高了生产率，又提高了表面质量，所以在大批量生产中，端铣已成为加工平面的主要方式之一。

6.5.2　铣斜面

工件上常有斜面结构，铣削斜面的方法也很多，下面介绍常用的几种方法。

(1) 使用倾斜垫铁铣斜面。如图 6–26 (a) 所示。在零件下面垫一块倾斜的垫铁，则铣出的平面就与底面成需要倾斜的倾斜角度。

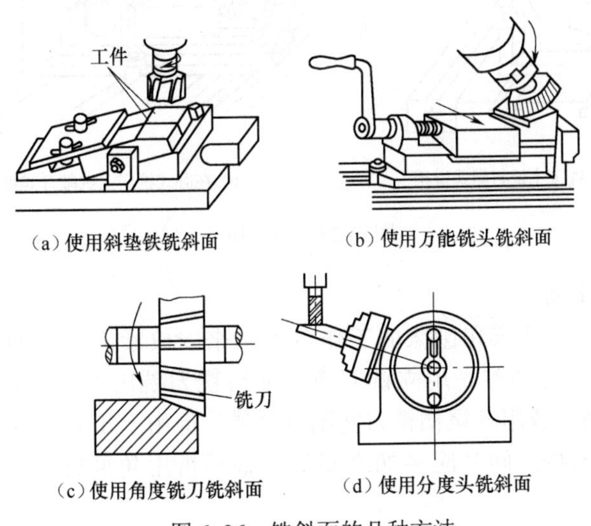

(a) 使用斜垫铁铣斜面　(b) 使用万能铣头铣斜面

(c) 使用角度铣刀铣斜面　(d) 使用分度头铣斜面

图 6–26　铣斜面的几种方法

（2）使用万能铣头铣斜面。如图 6–26（b）所示。由于万能铣头能方便地改变刀轴的空间位置，因此可以转动铣头以使刀具相对工件倾斜一个角度，铣削相应的斜面。

（3）使用角度铣刀铣斜面。如图 6–26（c）所示。较小的斜面可用合适的角度铣刀加工。当加工零件批量较大时，则常采用专用夹具铣斜面。

（4）使用分度头铣斜面。如图 6–26（d）所示。在一些圆柱形和特殊形状的零件上加工斜面时，可利用分度头将工件转成所需位置而铣出斜面。

6.5.3 铣键槽

在铣床上能加工的沟槽种类很多，如直槽、角度槽、V 形槽、T 形槽、燕尾槽和键槽等。现仅介绍键槽、T 形槽及燕尾槽的加工。

1. 铣键槽

常见的键槽有封闭式和敞开式两种。在轴上铣封闭式键槽，一般用键槽铣刀加工，如图 6–27（a）所示。铣键槽时，一次轴向进给不能太大，切削时要注意逐层地铣削。敞开式键槽多在卧式铣床上用三面刃铣刀进行加工，如图 6–27（b）所示。在铣削键槽前，须做好对刀工作，以保证键槽的对称度。

若用立铣刀铣键槽，则由于立铣刀中央无切削刃，不能向下进刀，因此必须预先在槽的一端钻一个落刀孔，才能铣键槽。

对于敞开式键槽，可在卧式铣床上进行，一般采用三面刃铣刀加工。

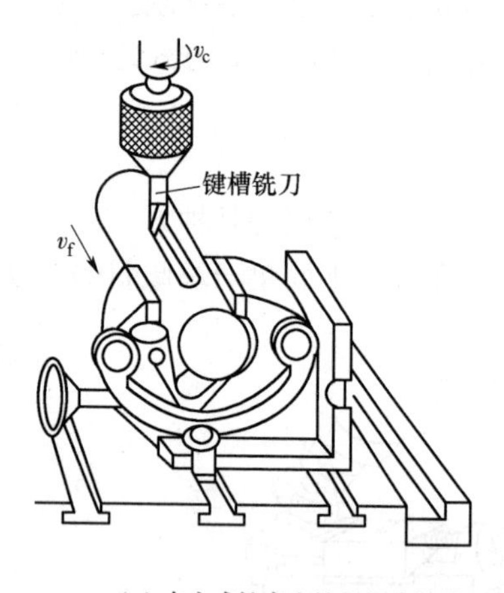

(a) 在立式铣床上铣封闭式键槽

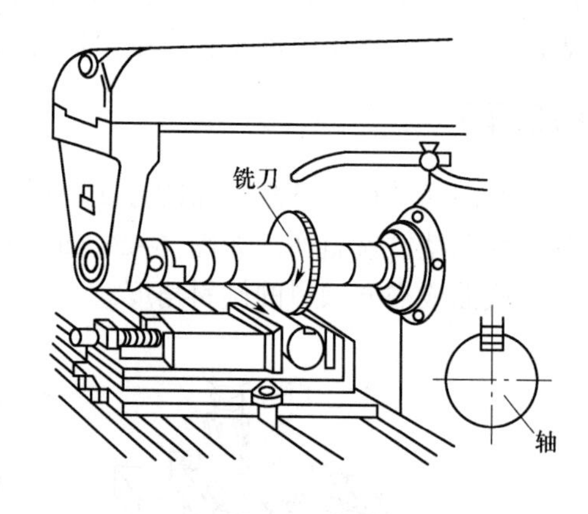

(b) 在卧式铣床上铣敞开式键槽

图 6–27　铣键槽

2. 铣 T 形槽及燕尾槽

T 形槽应用很多，如铣床和刨床的工作台上用来安放紧固螺栓的槽就是 T 形槽。铣削 T 形槽及燕尾槽时，必须首先用立铣刀或三面刃铣刀铣出直角槽，然后在立铣床上用 T 形槽铣刀铣削 T 形槽，或用燕尾槽铣刀铣削燕尾槽。但由于 T 形槽铣刀工作时排屑困难，因此切削用量应选得小些，同时应多加冷却液，最后再用角度铣刀铣出倒角，如图 6–28 所示。

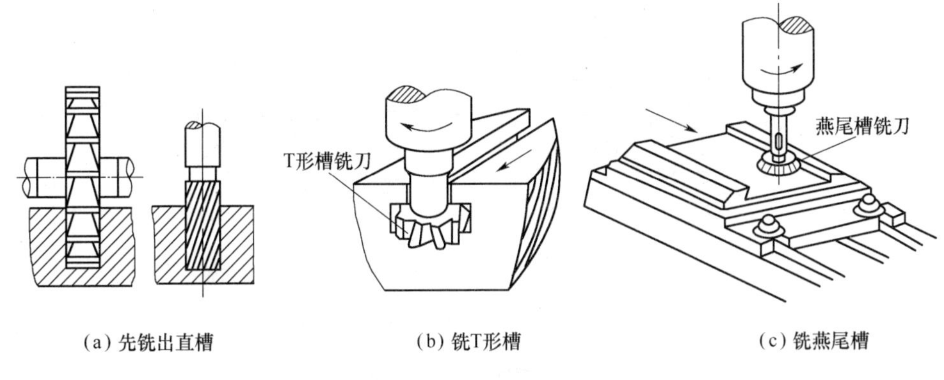

(a) 先铣出直槽　(b) 铣T形槽　(c) 铣燕尾槽

图 6–28　铣 T 形槽及燕尾槽

6.5.4　铣成形面

如零件的某一表面在截面上的轮廓线是由曲线和直线所组成，这个面就是成形面。成形面一般在卧式铣床上用成形铣刀来加工，如图 6–29（a）所示。成形铣刀的形状要与成形面的形状相吻合。如零件的外形轮廓是由不规则的直线和曲线组成，这种零件就称为具有曲线外形表面的零件。这种零件一般在立式铣床上铣削，加工方法有，按画线用手动进给铣削、用圆形工作台铣削或用靠模铣削等，如图 6–29（b）所示。

对于要求不高的曲线外形表面，可按工件上画出的线迹移动工作台进行加工，顺着线迹将打出的样冲眼铣掉一半。在成批及大量生产中，可以采用靠模夹具或专用的靠模铣床来对曲线外形面进行加工。

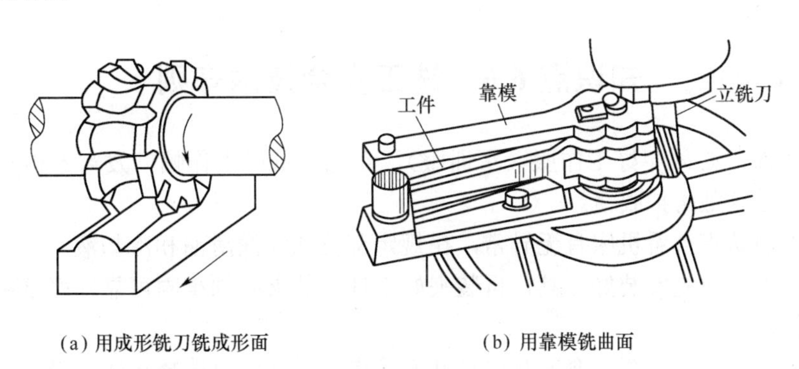

(a) 用成形铣刀铣成形面　(b) 用靠模铣曲面

图 6–29　铣成形面

6.5.5　铣齿形

齿轮齿形的加工方法主要有展成法（又称范成法）和成形法（又称型铣法）。展成法是利用齿轮刀具与被切齿轮的互相啮合运动而切出齿形的方法，如插齿和滚齿加工等。成形法是利用与被切齿轮齿槽形状相符的盘状铣刀或指状铣刀切出齿形的方法，在铣床上加工齿形的方法属于成形法，如图 6–30 所示。

铣削时，常用分度头和尾架装夹工件，如图 6–31 所示。

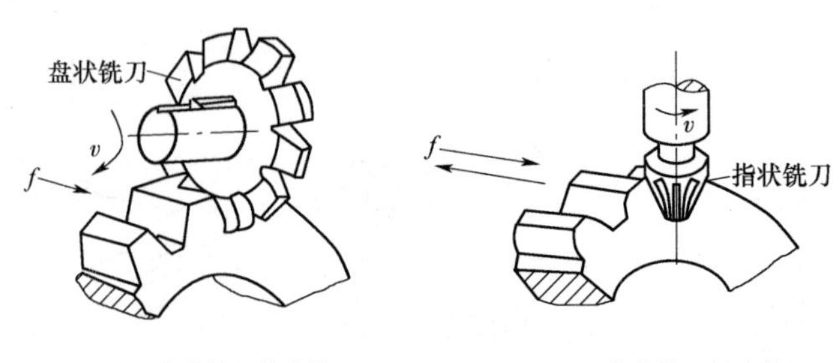

(a) 盘状铣刀铣齿轮　　(b) 指状铣刀铣齿轮

图 6–30　用盘状铣刀和指状铣刀加工齿轮

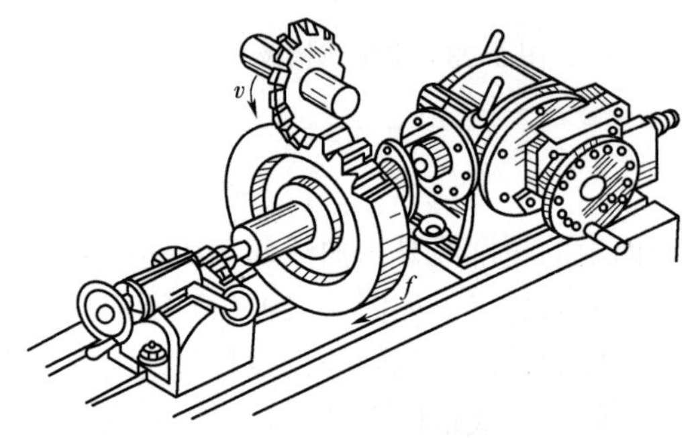

图 6–31　分度头和尾架装夹工件

圆柱形齿轮和圆锥齿轮，可在卧式铣床或立式铣床上加工。人字形齿轮在立式铣床上加工。涡轮则可以在卧式铣床上加工。卧式铣床加工齿轮一般用盘状铣刀，而在立式铣床上则使用指状铣刀。

知识点 6.6　铣工安全技术守则

（1）工作前，必须穿好工作服（军训服），女生须戴好工作帽，发辫不得外露，在执行飞刀操作时，必须戴防护眼镜。

（2）工作前认真查看机床有无异常，在规定部位加注润滑油和冷却液。

（3）开始加工前先安装好刀具，再装夹好工件。装夹必须牢固可靠，严禁用开动机床的动力装夹刀杆、拉杆。

（4）主轴变速必须停车，变速时先打开变速操作手柄，再选择转速，最后以适当快慢的速度将操作手柄复位。

（5）铣削加工前，刀具必须离开工件，并应查看铣刀旋转方向与工件相对位置是否为逆铣。通常不采用顺铣，而采用逆铣。若有必要采用顺铣，则应事先调整工作台的丝杆螺母间隙到合适程度方可铣削加工，否则会引起“扎刀”或打刀现象。

（6）在加工中，若采用自动进给，必须注意行程的极限位置。必须严密注意铣刀与工件夹具间的相对位置，以防发生过铣、撞铣夹具而损坏刀具和夹具。

（7）加工中，严禁将多余的工件、夹具、刀具、量具等摆在工作台上，以防碰撞、跌落，发生人身或设备事故。

（8）机床在运行中不得擅离岗位或委托他人看管。不准闲谈、打闹和开玩笑。

（9）两人或多人共同操作一台机床时，必须严格分工，分段操作，严禁同时操作一台机床。
（10）中途停车测量工件，不得用手强行刹住尚未停止的铣刀主轴。
（11）铣后的工件应及时去毛刺，防止刺伤手指或划伤其他工件。
（12）发生事故时，应立即切断电源，保护现场，并参加事故分析。
（13）工作结束应认真清扫机床、加油，并将工作台移向立柱附近。
（14）打扫工作场地，将切屑倒入规定地点。
（15）将所用的工、夹、量具，摆放于工具箱中，工件交检。

【引导项目 1 训练】 写出如图 6–1 方铁块加工工艺过程，编写工艺过程卡和机械加工工艺卡，并在机床上加工该方铁块。

考核要求及评分标准：
（1）能正确编写工艺过程卡、机械加工工艺卡，内容完整正确（25 分）；
（2）会安装刀具，装夹（找正）工件，正确操作机床（25 分）；
（3）尺寸精度、表面粗糙度达到要求（30 分）；
（4）会使用量具（包括尺寸测量和表面粗糙度测量）（10 分）；
（5）自觉遵守劳动纪律和《铣工安全技术守则》，自觉做到“7S”（10 分）。
注：答案参见本书附录 A。

【引导项目 2】 模具模架导柱孔的加工

完成如图 6–32 所示的冲压模具模板导柱孔 2–ϕ32H8 通孔加工。

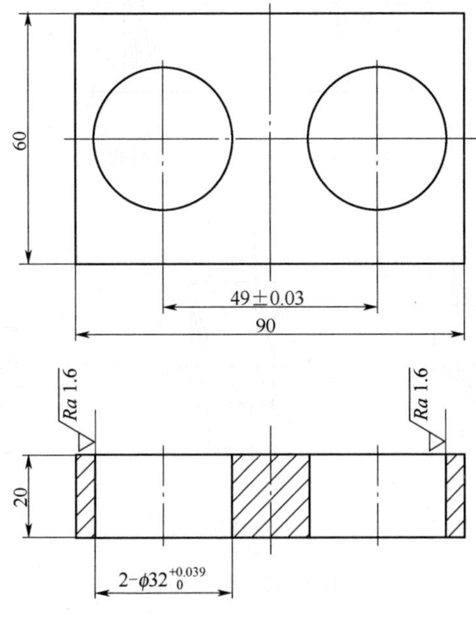

图 6–32　冲压模具模板

【任务】

（1）分析导柱孔 2–ϕ32H8 尺寸精度和位置精度要求；
（2）确定孔的加工方法和保证孔距精度的加工方法；

（3）编写模板加工工艺规程。

教师提问：

（1）如何保证孔与孔的位置精度？

（2）孔要分几个加工阶段，在什么机床上加工？

（3）零件如何装夹，如何找正？

知识点 6.7　钻 削 加 工

6.7.1　钻削加工内容

非旋转体零件孔的加工一般在钻床或钻铣床上进行，其加工方法与轴类零件轴向孔的加工方法基本一致。在钻床或钻铣床上采用不同的刀具，可以完成钻孔、扩孔、铰孔、攻螺纹、锪孔和锪平面等，如图 6–33 所示。钻孔精度低，但也可通过钻孔、扩孔、铰孔加工出精度要求很高的孔（IT7～IT6，表面粗糙度为 Ra1.6～0.8 μm），还可以利用夹具加工有位置要求的孔系。

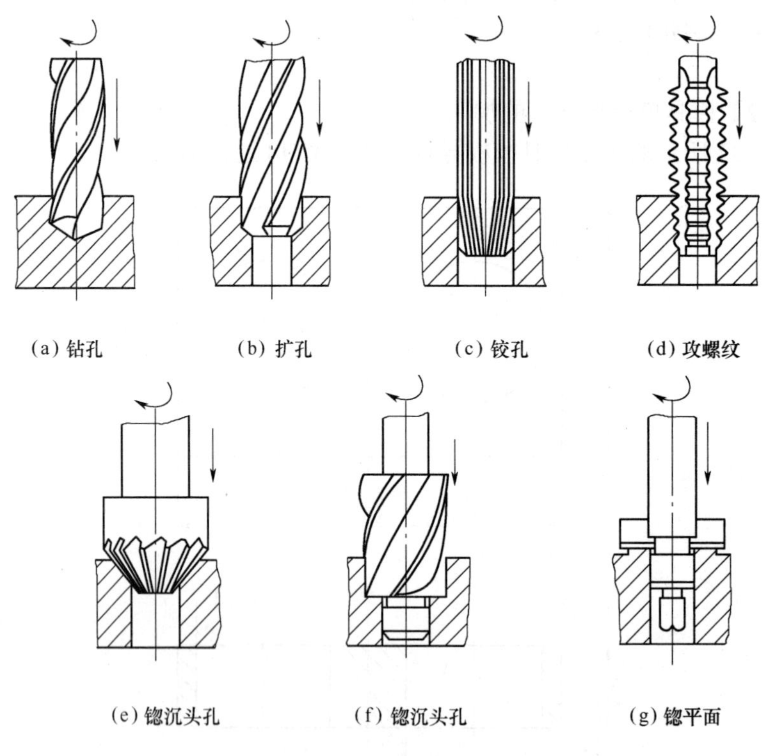

图 6–33　钻削加工

1. 钻孔

钻削加工使用的钻头是定尺寸刀具，按其结构特点和用途可分为扁钻、麻花钻、深孔钻和中心钻等，钻孔直径为 0.1～100 mm，钻孔深度变化范围也很大。钻孔通常使用麻花钻。

标准麻花钻如图 6–34 所示，由柄部、颈部和工作部分组成。柄部是钻头的夹持部分，钻孔时用于传递转矩。麻花钻的颈部凹槽是磨削钻头柄部时的砂轮退刀槽，槽底通常刻有钻头的规格及厂标。麻花钻的工作部分是钻头的主要部分，由切削部分和导向部分组成。切削部分担负着切削工作，由两个前面、主后面、副后面、主切削刃、副切削刃及一个横刃组成。导向部分是当切削部分切入工件后起导向作用，也是切削部分的备磨部分。

麻花钻钻孔注意事项如下。

（1）找正和引导方式。单件小批生产，按画线位置钻孔。批量生产，则须采用专用钻床夹具并利用钻套引导钻头。

（2）钻深孔。当孔的深度超过孔径 3 倍时，钻孔过程中要经常退出钻头并及时排屑和冷却。

（3）在硬材料上钻孔速度不能过高，手动进给量要均匀，特别是孔将要钻透时，应注意适当降低速度和进给量。

（4）钻削较大的孔，如大于 30 mm 时，应分两次钻削。

（5）钻高塑性、韧性材料上的孔时，断屑常成为影响加工的突出问题。可通过降低切削速度、提高进给量及时退出钻头排屑和冷却等措施加以改善。

（6）在斜面上钻孔易使钻头引偏，造成孔轴线歪斜。可先锪出平面后再进行钻孔，或者采用特殊钻套引导钻头。

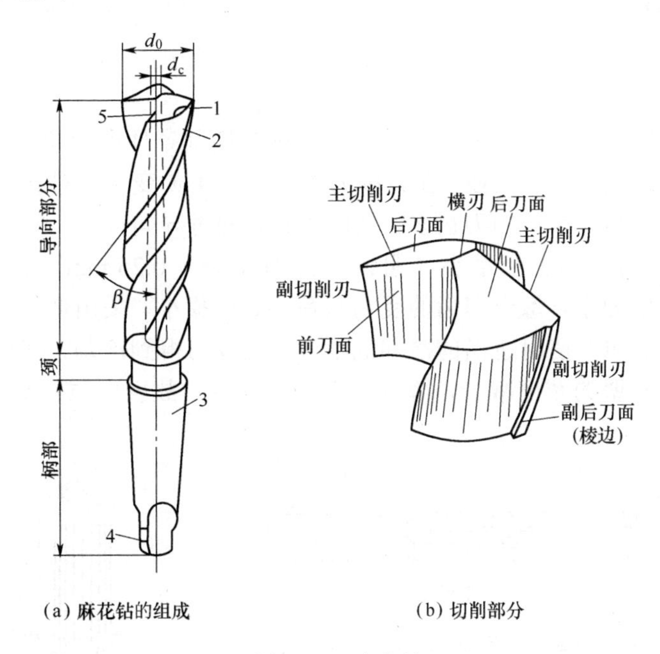

(a) 麻花钻的组成　　(b) 切削部分

图 6–34　麻花钻

1—刀瓣；2—棱边；3—莫氏锥柄；4—扁尾；5—螺旋槽

2. 扩孔

扩孔常用于已铸出、锻出或钻出孔的扩大。扩孔可作为铰孔、磨孔前的预加工，也可以作为精度要求不高的孔的最终加工。扩孔可以校正孔的轴线偏差，并使其获得较正确的几何形状与较低的表面粗糙度。扩孔精度一般为 IT10，表面粗糙度 Ra 为 6.3 μm。扩孔加工余量一般为 0.5～4 mm。扩孔可作为孔加工的最后工序，也可作为铰孔前的准备工序。

扩孔钻的形状与麻花钻相似，所不同的是：扩孔钻有 3～4 个主切削刃和刃带，故导向性好，切削平稳，无横刃，消除了横刃的不利影响，改善了切削条件。切削余量较小，容屑槽小，使钻心较粗，刚性较好。切削时可采用较大的切削用量，故扩孔的加工质量和生产效率都高于钻孔。扩孔钻及其应用如图 6–35 所示。

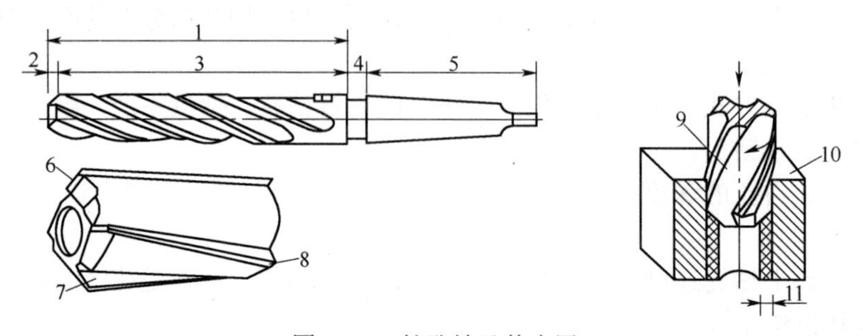

图 6–35 扩孔钻及其应用

1—工作部分；2—切削部分；3—校准部分；4—颈部；5—柄部；6—主切削刃；7—前刀面；8—刃带；9—扩孔钻；10—工件；11—扩孔余量

3. 铰孔

铰孔是利用铰刀从工件孔壁切除微量金属层，以提高其尺寸精度和减小表面粗糙度值的方法。它适用于孔的半精加工及精加工，也可用于磨孔或研孔前的预加工。铰孔精度一般为 IT8～IT7，表面粗糙度 *Ra* 可达 1.6 μm。精细铰尺寸公差等级最高可达 IT6，表面粗糙度 *Ra* 可达 0.8～0.4 μm。

铰孔的加工质量高是由铰刀本身的结构及良好的切削条件所决定的。在铰刀的结构方面，铰刀的实心直径大，故刚性强，在铰削力的作用下不易变形，对孔的加工能保持较高的尺寸精度和形状精度。铰刀的刀齿多，切削平稳，同时导向性好，能获得较高的位置精度。在切削条件方面，加工余量小（粗铰一般为 0.15～0.25 mm，精铰一般为 0.05～0.25 mm），因此铰削力小，每个刀齿的受力负荷小、磨损小。采用低的切削速度（手铰），避免了积屑瘤产生，加上使用适当的冷却润滑液，使铰刀得到冷却，减小了切削热的不利影响，并使铰刀与孔壁的摩擦减少，降低了表面粗糙度，故表面质量高。手铰刀、机铰刀如图 6–36 所示。

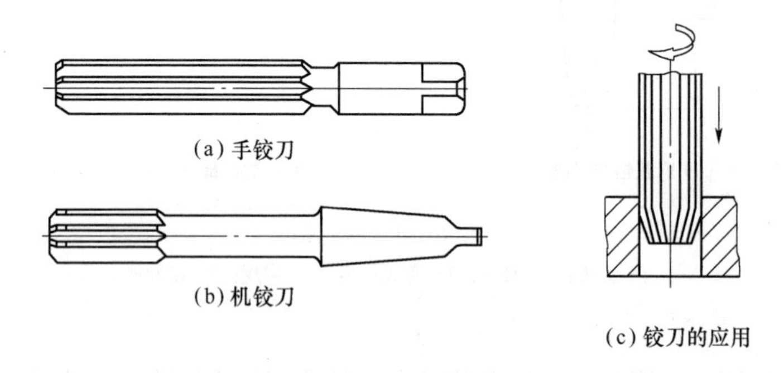

(a) 手铰刀

(b) 机铰刀

(c) 铰刀的应用

图 6–36 铰刀的结构及其应用

6.7.2 钻床的使用

钻床的主要类型有立式钻床、摇臂钻床及专用钻床等。

1. 立式钻床

立式钻床又分为圆柱立式钻床、方柱立式钻床和可调多轴立式钻床三个系列。如图 3–37 所示，为一方柱立式钻床，其主轴是垂直布置的，在水平方向上的位置固定不动，必须通过工件的移动，找正被加工孔的位置。立式钻床生产率不高，多用于单件小批量生产加工中小型工件。

2. 摇臂钻床

摇臂钻床有一个能绕立柱回转的摇臂，摇臂带着主轴箱可沿立柱垂直移动，同时主轴箱还能在摇臂上作横向移动，如图 6–38 所示。由于摇臂钻床结构上的这些特点，操作时能很方便地调整刀具的位置，以对准被加工孔的中心，而不需移动工件来进行加工。因此，适用于一些较大工件及多孔工件的加工，它广泛地应用于单件和成批生产中。

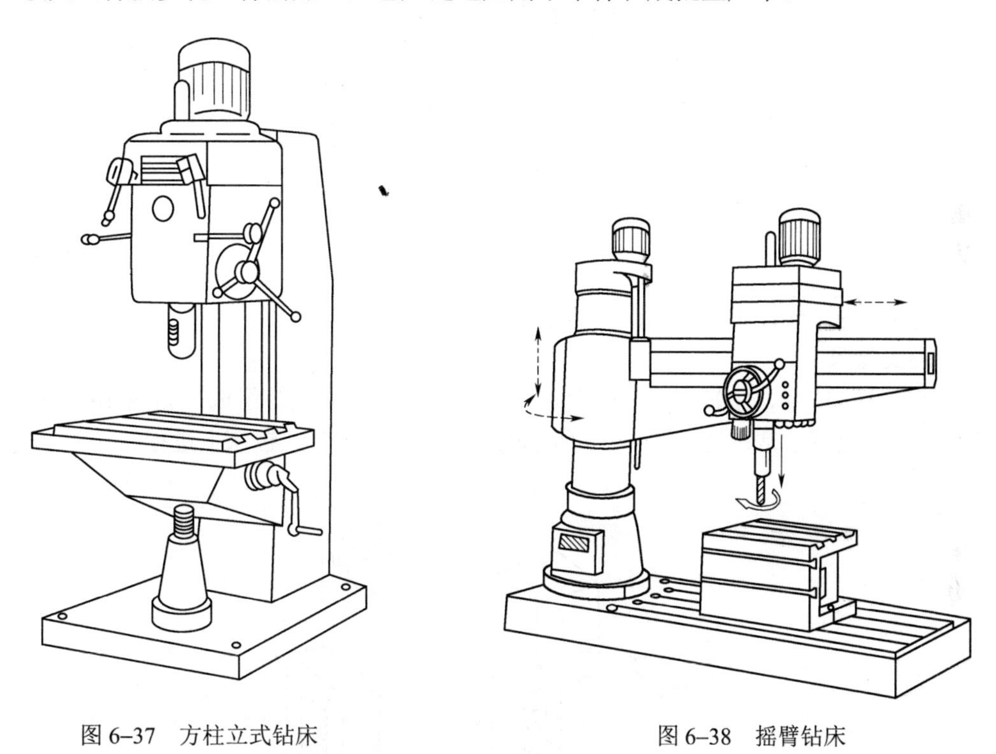

图 6–37 方柱立式钻床

图 6–38 摇臂钻床

知识点 6.8 镗 削 加 工

镗削加工是在镗床上对已有孔进行扩大孔径并提高孔加工质量的加工方法。镗削可以加工直径较大的孔，精度较高，而且可以提高孔与孔之间的同轴度、垂直度、平行度及孔距的精度。

6.8.1 镗削的加工内容

镗削加工的工艺范围较广，它可以镗削单孔或孔系，锪、铣平面，镗盲孔及镗端面等，如图 6–39 所示。机座、箱体、支架等外形复杂的大型工件上直径较大的孔，特别是有位置精度要求的孔系，常在镗床上利用坐标装置和镗模加工。镗孔精度为 IT8～IT6 级，孔距精度可达 0.015 mm，表面粗糙度 Ra 为 1.6～0.8 μm。

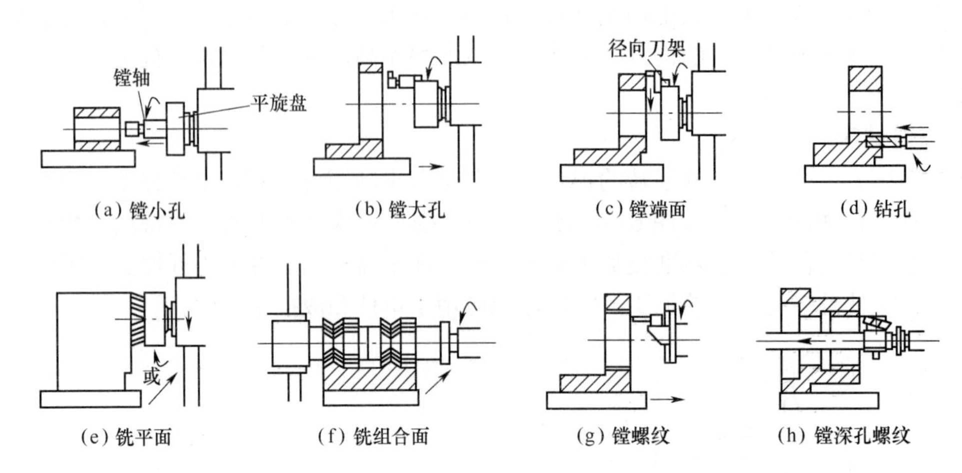

图 6–39　镗削加工范围

6.8.2　镗床

镗床可分为卧式镗床、坐标镗床和精镗床等。

1. 卧式镗床

卧式镗床由床身、主轴箱、工作台、平旋盘和前、后立柱等组成，如图 6–40 所示。卧式镗床的工艺范围非常广泛，图 6–39 所示的加工都可以在卧式镗床上进行。

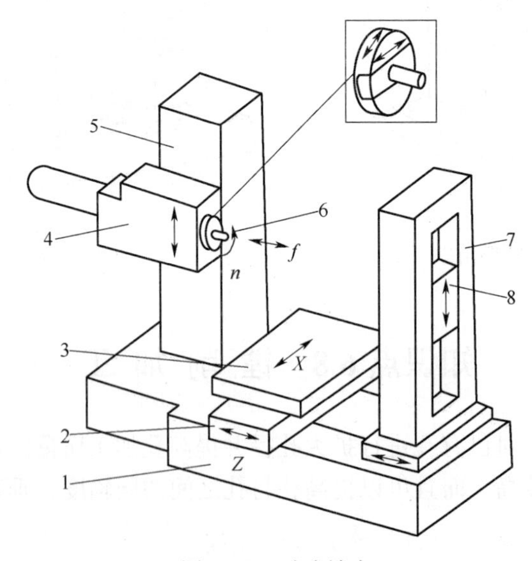

图 6–40　卧式镗床

1—床身；2—下滑座；3—工作台；4—主轴箱；5—前立柱；6—主轴；7—后立柱；8—后支撑

2. 坐标镗床

坐标镗床是具有精密坐标定位装置的镗床，用于镗削尺寸、形状和位置精度要求较高的孔系。坐标镗床是一种高精度机床，刚性和抗振性很好，还具有工作台、主轴箱等运动部件的精密坐标测量装置，能实现工件和刀具的精密定位。所以，坐标镗床加工的尺寸精度和形位精度都很高。主要用于单件小批生产条件下对夹具的精密孔、孔系和模具零件的加工，也可用于各类箱体、缸体和机体的精密孔系的批量加工。

图 6–41 所示为单柱坐标镗床，图 6–42 所示为双柱坐标镗床。

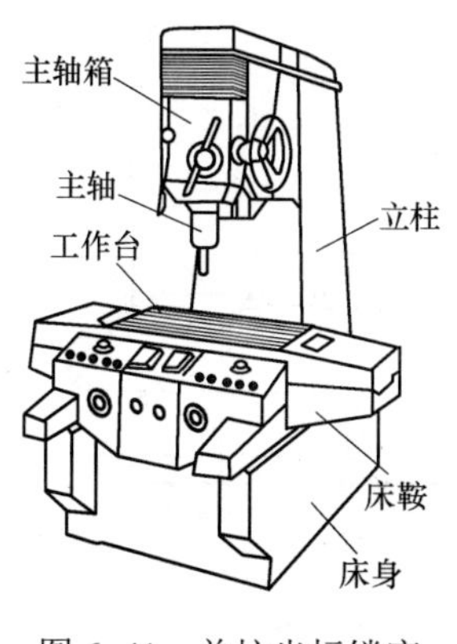

图 6–41　单柱坐标镗床

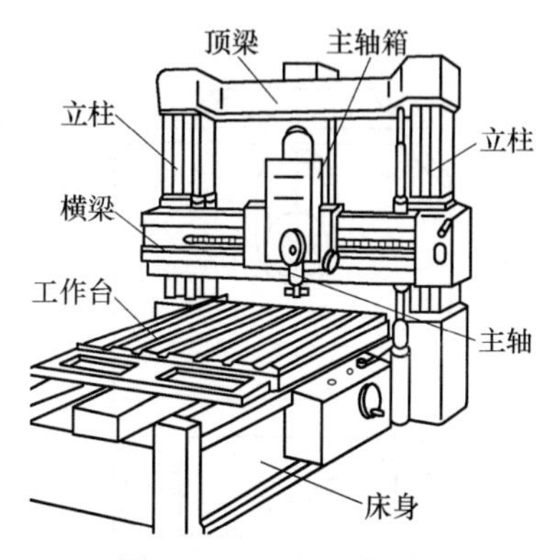

图 6–42　双柱坐标镗床

6.8.3　镗刀

镗刀是指在镗床上用以镗孔的刀具。镗刀由镗刀头和镗刀杆及夹紧装置组成，镗刀头结构和几何参数与车刀相似。在镗床上镗孔时，工件固定在工作台上作进给运动，镗刀固定在镗刀杆上与机床主轴作回转运动。镗刀可分为单刃镗刀、双刃镗刀和浮动镗刀。

1. 单刃镗刀

图 6–43（a）所示的单刃镗刀为镗盲孔用的盲孔镗刀，图 6–43（b）所示的单刃镗刀为镗通孔用的通孔镗刀。

2. 双刃镗刀

双刃镗刀就是镗刀的两端有一对对称的切削刃同时参与切削，切削时可以消除径向切削力对镗杆的影响，工件孔径的尺寸精度由镗刀来保证。双刃镗刀分为固定式和浮动式两种。固定式镗刀块及其安装如图 6–44 所示。

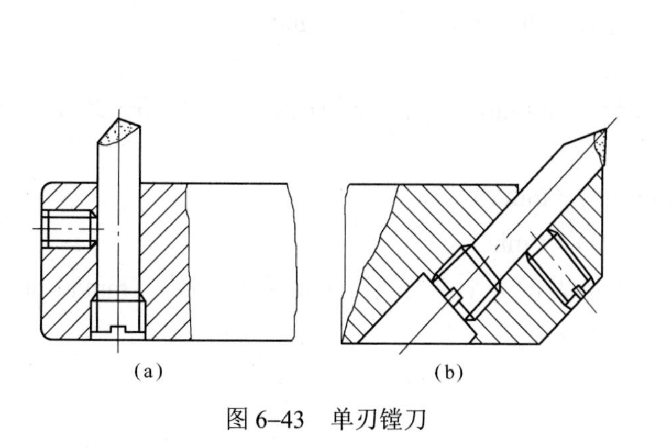

图 6–43　单刃镗刀

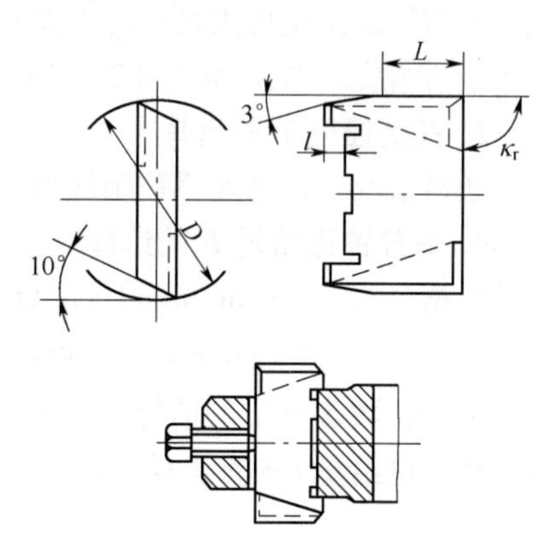

图 6–44　双刃镗刀

3. 浮动式镗刀

浮动式镗刀结构如图 6–45 所示。其镗刀块以间隙配合装入镗杆的方孔中，无须夹紧，而是靠切削时作用于两侧切削刃上的切削力来自动平衡定位，因而能自动补偿由于镗刀块安装误差和镗杆径向圆跳动所产生的加工误差。用该镗刀加工出的孔径精度可达 IT7～IT6，表面粗糙度 *Ra* 为 1.6～0.4 μm。缺点是无法纠正孔的直线度误差和相互位置误差。

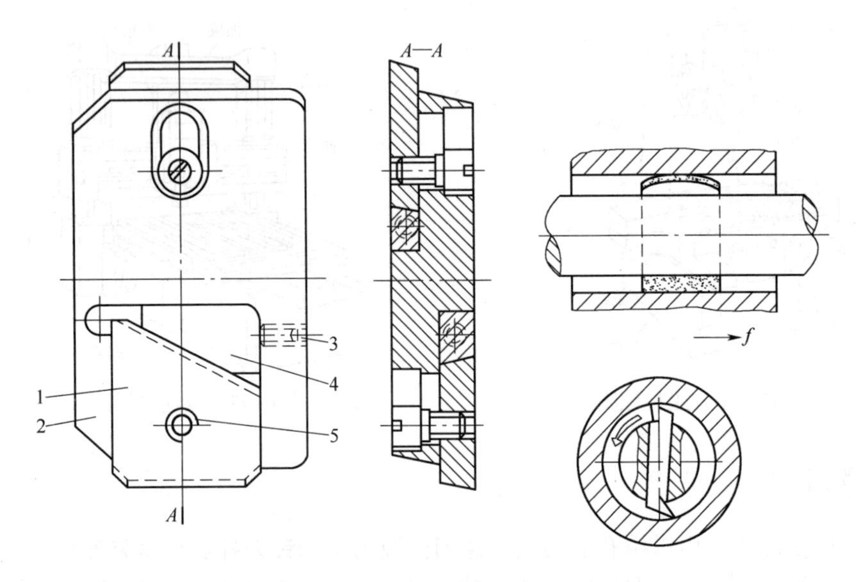

图 6–45　浮动式镗刀加工

在镗削加工中，镗杆的选择非常重要，镗杆大小的选择一般情况下不能小于所镗孔径的 75%。如果过小，则在加工中容易产生振动，表面出现振纹。如果过大，则可加工范围变小，不利于排屑。

6.8.4　镗削切削用量的选择

镗削内孔可以看作是车削内孔，因此，镗削的切削用量基本与车削切削用量相似。

1. 切削深度

镗刀的加工量可大可小，主要决定于镗刀刀刃长短、镗刀杆刚性。粗加工吃刀量为 1～5 mm，半精加工吃刀量为 0.2～1 mm，精加工加工量为 0.05～0.2 mm。

2. 镗削速度 *V* 的选择

通常情况下，高速钢镗削速度 *V* 为 5～8 m/min，硬质合金镗削速度 *V* 为 15～25 m/min。

3. 每分钟进给量 *F* 的选择

根据公式：*F*（mm/min）=*S*（r/min）×*f*（mm/r）

S（r/min）=1 000×*V*/（π×*D*）（r/min）

主轴转数 *S* 确定的前提下，每分进给量 *F* 的大小主要决定于每转进给量 *f*（mm/r）的大小。每转进给量 *f* 的参考推荐值如表 6–10 所示。

表 6–10　每转进给量推荐值

镗刀材料	低碳钢 120～200 HB	低合金钢 200～300 HB	高合金钢 300～400 HB	软铸铁 130 HB	中硬铸铁 175 HB	硬铸铁 230 HB
	f/（mm/r）	f/（mm/r）	f/（mm/r）	f/（mm/r）	f/（mm/r）	f/（mm/r）
高速钢	0.08	0.06	0.05	0.10	0.08	0.05
硬质合金	0.08	0.06	0.05	0.10	0.08	0.05

6.8.5　平行孔系的加工

平行孔系是平板类或箱体类零件轴线相互平行的孔系。平行孔系的加工主要是保证孔轴线间距离的尺寸精度、平行度，孔轴线与基准面之间距离的尺寸精度等，如图 6–32 所示的模板孔。

在平板类或箱体类零件表面钻孔时，必须先将孔的两端面加工完毕。

根据加工精度的要求不同，生产中常用以下几种加工方法。

1. 画线找正法

在平板类或箱体类零件表面钻孔时，根据图样要求在零件表面画出孔的中心位置，然后在摇臂钻床上按线钻孔，这种孔加工方法就是画线钻孔。画线钻孔位置精度较低，孔距精度一般在±0.3～±0.5。为了进一步提高孔距位置精度，必须在镗床上进行找正加工。

2. 心轴和块规找正法

如图 6–46 所示，将精密心轴分别插入镗床主轴孔和已加工孔中，然后组合一定尺寸的量块来找正主轴的位置，这种孔加工方法就是心轴和块规找正法。采用这种方法，孔距尺寸精度可达±0.03～±0.05，适用于单件小批生产。

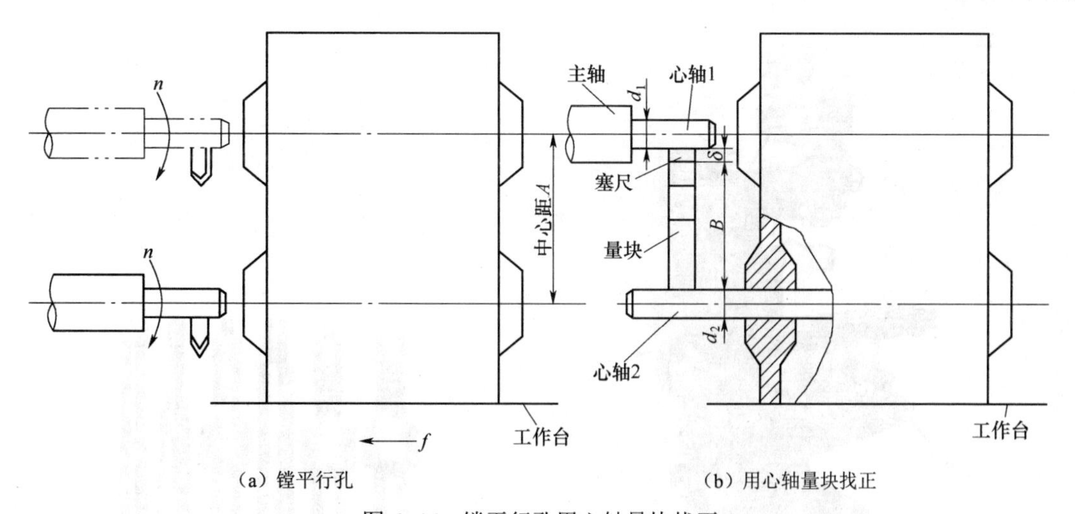

（a）镗平行孔　　（b）用心轴量块找正

图 6–46　镗平行孔用心轴量块找正

3. 通用机床坐标加工法

在工具铣床或镗床上，可以利用千分表、块规等工具提高工作台移动精度。以图 6–47

所示在工具铣床上加工模板孔为例，加工前模板 6 个面必须达到要求，工件沿工作台 X 和 Y 运动方向及平面平行方向找正，刀具与机床主轴同心，先加工好起始孔，然后按下一个加工孔的位置用块规和千分表找位，按坐标依次加工各孔，加工精度可达±0.01 mm。移动时应注意沿同一方向顺次移动，避免往复移动造成误差。

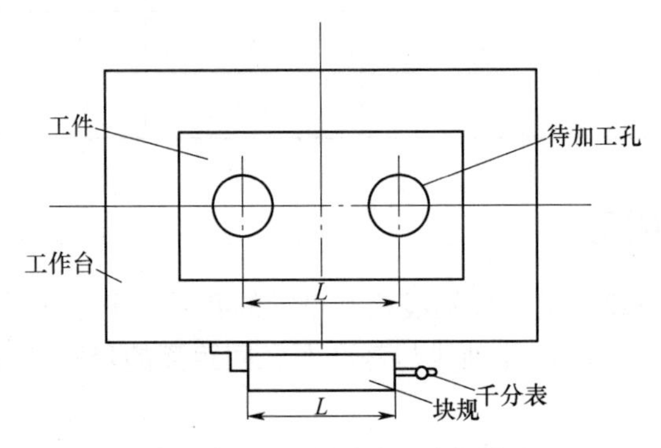

图 6–47　工具铣块规坐标法

4. 坐标镗床镗削加工

为了进一步提高孔距精度，可使用专用坐标镗床加工孔系。为此，工件在加工前不但要在机床上定位，而且还要将孔系间各孔按照基准转换为直角坐标系或极坐标，再进行加工。

用坐标镗床加工的孔距精度可达±0.01～±0.005 mm。

5. 数显钻铣床加工

在模具工具加工行业，数显钻铣床由于具备钻床和铣床的功能，操作简单方便，在中小型零件的铣削和孔加工中应用广泛，如图 6–48 所示。利用精度比较高的数显功能和借助使用中分棒（也称寻边器，有弹簧式和光电式，如图 6–49 所示），可以较准确地对刀定位及中分。

图 6–48　数显钻铣床

图 6–49　中分棒

例如，如果使用数显钻铣床加工如图 6–32 所示的模板时，先将中分棒装夹在主轴上，通过移动工作台，使中分棒接触工件边沿 1、2 位进行中分，找到 3 位。然后移动工作台，使中分棒接触工件 4 位。取下中分棒，换上钻头，用数显方法按孔位尺寸移动工作台，使钻头位置到孔 1 位置。加工完成孔 1 后，按图中尺寸要求，将钻头移动到孔 2 位。这样就能按孔位置要求准确加工出两个孔，如图 6–50 所示。如孔间位置精度要求较高，可采用光电式中分棒。

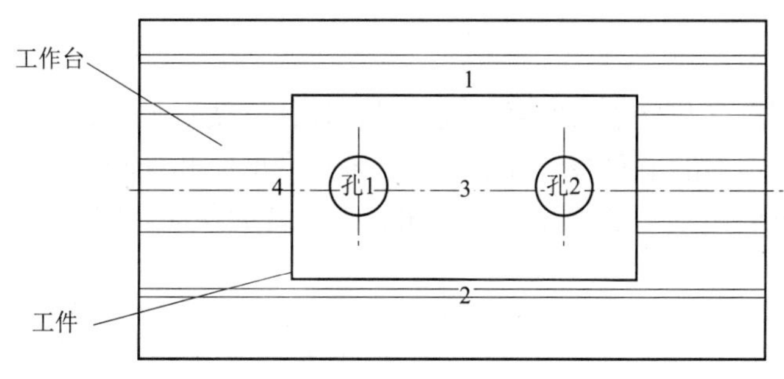

图 6–50 数显坐标法

【教学建议】此处可利用网络资源，下载相关视频观看。

6. 镗模法

在成批大量生产中，一般采用专用镗床夹具（镗模）加工孔，其孔距精度和同轴度由镗模保证。如图 6–51 所示，工件装夹在镗模上，镗杆支承在前后镗套的导向孔中，由镗套引导镗杆在工件的正确位置上镗孔。用镗模镗孔时，镗杆与机床主轴通过浮动夹头浮动连接，保证孔系的加工精度不受机床精度的影响。

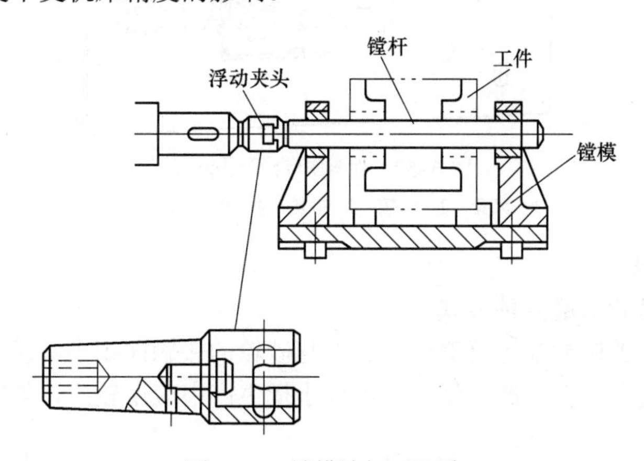

图 6–51 镗模法加工孔系

【引导项目 2 训练】完成如图 6–32 所示的冲压模具模板导柱孔 2–ϕ32H8 通孔加工。写出加工工艺过程。

考核要求及评分标准：

（1）加工工艺过程正确可行（25 分）；

（2）工件的安装定位找正正确（25 分）；

（3）孔系定位方案正确（25 分）；

（4）正确选择保证柱孔 2–ϕ32H8 孔的加工精度和孔距精度加工方法（25 分）。

注：答案可参见本书附录 A。

知识点 6.9　平面的精密加工

6.9.1　平面磨削

1. 平面磨床

当平面的表面粗糙度和尺寸精度要求较高时，往往需要对平面进行磨削。磨削平面是在平面磨床上进行的。常用的平面磨床有卧轴、立轴矩台磨床和卧轴、立轴圆台平面磨床。主运动是砂轮的高速旋转运动，进给运动是砂轮、工作台的移动。图 6–52 所示是常用的卧轴矩台平面磨床。

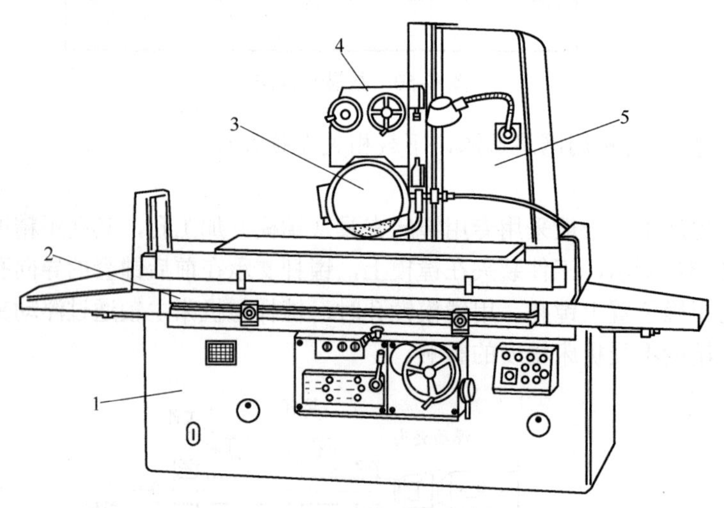

图 6–52　卧轴矩台平面磨床

1—床身；2—床鞍；3—砂轮；4—磨头；5—立柱

2. 平面磨削方法

平面磨削有周磨和端磨两种方式。

周磨是利用砂轮的圆周面进行磨削。工件与砂轮的接触面积小，发热少，排屑与冷却情况好，因此加工精度高，但生产率低，在单件小批生产中应用较广，如图 6–53 所示。

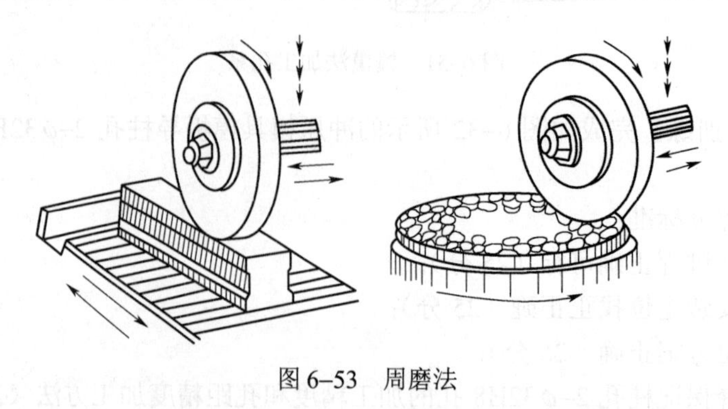

图 6–53　周磨法

端磨是利用砂轮的端面进行磨削。砂轮轴立式安装，刚性好，可采用较大的切削用量，而且砂轮与工件的接触面积大，故生产率高。但精度较周磨差，磨削热较大，切削液进入磨削区较困难，易使工件受热变形，且砂轮磨损不均匀，影响加工精度，如图 6–54 所示。

平面磨削常作为刨削或铣削后的精加工，用于磨削淬硬工件，以及具有平行表面的零件（如滚动轴承环、活塞环等）。经磨削，两平面间的尺寸公差等级可达 IT7～IT6 级，表面粗糙度 *Ra* 为 0.8～0.2 μm。

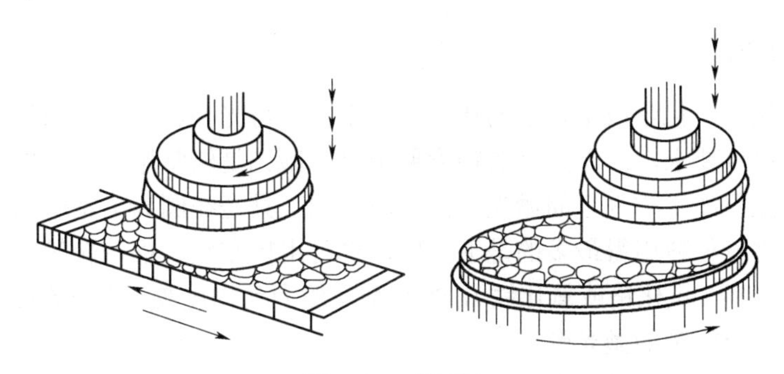

图 6–54　端磨法

6.9.2　平面研磨

平面研磨的原理与外圆、内圆研磨基本基本相同，一般在磨削之后进行。平面研磨主要用来加工小型精密平板、平尺、块规及其他精密零件的表面。单件小批生产一般用手工研磨，大批量生产多用机器研磨。

研磨平面的研具主要有带槽的平板和光滑的平板。带槽的平板用于粗研，光滑的平板用于精研。研磨时，在平板上涂以适当的研磨剂，工件沿平板的全部表面以 8 字形和直线相结合的运动轨迹进行研磨，目的是使磨料不断在新的方向起研磨作用，如图 6–55（a）所示。研磨小而硬的工件或粗研时，用较大的压力、低的速度。反之，则用较大的压力、较快的速度。

研磨后两平面之间的尺寸公差等级可达 IT6～IT5，表面粗糙度 *Ra* 为 0.1～0.008 μm。研磨还可以提高平面的形状精度，对于小型平面研磨还可减小平行度误差。

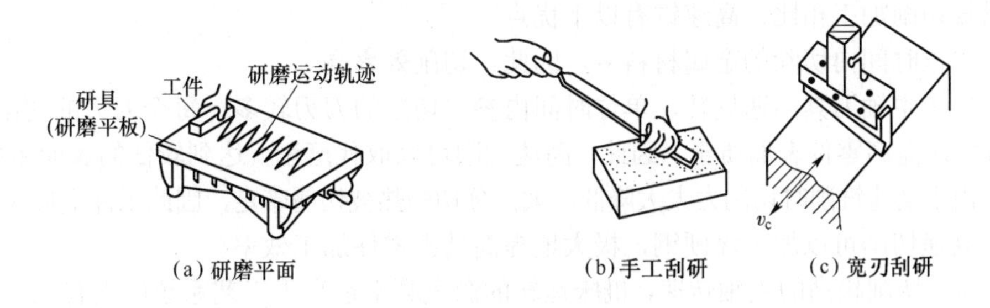

图 6–55　平面的精密加工

6.9.3　平面刮研

刮研是使用刮刀从已加工表面刮去很薄一层金属的加工方法，分为手工刮研（见图 6–55

(b))和机床宽刃刮研(见图 6–55(c))。常在精刨和精铣的基础上进行，刮削余量一般为 0.05～0.4 mm，其加工精度可达 IT7，表面粗糙度 *Ra* 达 1.25～0.04 μm。刮研后的表面形成比较均匀的微浅凹坑，可储存润滑油，使滑动配合面减小摩擦，提高工件的耐磨性。刮研方法简单，不需要复杂的设备和工具，但是刮研是手工操作，其生产率低，劳动强度大。

刮削常用于单件小批生产和维修中，刮研未淬硬、要求高的固定连接平面、导轨面及大型精密平板和直尺等。

6.9.4 平面抛光

抛光是利用机械、化学或电化学的作用，使工件获得光亮、平整表面的加工方法。当对零件表面只有粗糙度要求，而无严格的精度要求时，抛光是较常用的光整加工手段。对工件平面进行抛光的光整加工称为平面抛光。抛光所用的工具是在圆周上粘着涂有细磨料层的弹性轮或砂布，弹性轮材料用得最多的是毛毡轮，也可用帆布轮、棉花轮等。抛光材料可以是在轮上粘结几层磨料（氧化铬或氧化铁），黏结剂一般为动物皮胶、干酪素胶和水玻璃等，也可用按一定化学成分配制的抛光膏。

抛光一般可分为两个阶段进行，首先是“抛磨”，用粘有硬质磨料的弹性轮进行。然后是“光抛”，用含有软质磨料的弹性轮进行。抛光剂中含有活性物质，故抛光不仅有机械作用，还有化学作用。在机械作用中除了用磨料切削外，还有使工件表面凸锋在力的作用下产生塑性流动而压光表面的作用。抛光经常被用来去掉前工序留下的痕迹，或是打光已精加工的表面，或者是作为装饰镀铬前的准备工序。

6.9.5 高速铣削加工

高速铣削加工是近年来发展起来的一门重要的现代加工技术。在普通切削加工中，随着切削速度的增加，切削温度和切削力随之增加。但当切削速度增加到一定临界速度时，切削温度和切削力反而下降，由此提出高速切削加工的概念。因此，高速切削是指切削速度高于临界切削速度的切削加工。不同的材料，其临界切削速度不同，对于钢和铸铁，高速铣削切削速度大于 305 m/min。高速铣的切削速度由高速主轴转速来达到，比如高速数控铣床的主轴速度可达 20 000 r/min 以上。此外，高速铣可以有很高的进给速度，可达 20 000～60 000 mm/min。

与常规切削加工相比，高速铣有以下优点。

（1）单位时间内切除的金属材料多，因此，切削效率高。

（2）由于主轴刀具高速旋转，单位时间内参与切削的刀刃较多，每个刀刃的切削余量很小，可极大地提高零件表面质量。因此，高速铣削可以取代磨削，达到较低的表面粗糙度值。

（3）由于高速铣削时切削力大大降低，大部分切削热被切屑带走，因此工件变形大为减少。

（4）高速切削可以加工淬硬钢，极大地提高精密零件加工效率。

（5）高速切削极高的主轴转速，机床运转的激振频率远高于工艺系统的固有频率，因此，机床振动较小，工作平稳，有利于提高零件的加工质量。

（6）由于高速加工时，切削温度较低，单位切削力较小，因此，刀具耐用度得到提高。

高速铣削加工一般在数控高速铣床上进行。高速数控铣床的主轴转速范围为 10 000～100 000 r/min，并具有快速升速、快速停转的性能，因此与普通机床相比具有优越的结构和性能。图 6–56 所示为某高速数控铣床。

此外，高速铣削对刀具的安装和刀具材料有较高要求。刀具主轴定位精度可达 0.001 mm。在高速旋转离心力作用下，刀具夹紧锁定必须更为可靠，其径向跳动不超过 0.005 mm。用于高速铣的刀具材料主要有硬质合金、陶瓷、立方氮化硼、人造金刚石等。

图 6–56　高速数控铣床

【核心项目 2】

如图 2（b）所示，为冲压模具的冲孔凸模，模具寿命为 5 万件。为了保证与凸模的间隙，须保证刃口尺寸精度。为保证模具的定位精度，须保证 4 个导向孔的位置精度。

【任务】

（1）分析凸模的力学性能要求，选择凸模的材料；

（2）根据凸模的结构和使用力学性能要求，选择凸模的毛坯类型；

（3）拟订加工工艺路线；

（4）编制该凸模的加工工艺规程（填写工艺过程卡和加工工艺卡）。

教师引领：

技术要求分析：

（1）工件的材料选择。该凸模是冲裁模的凸模，在冲压过程中需要承受较大的冲击力，而且批量生产量较大。因此，要求材料具有高硬度、高耐磨性，足够的强度和韧性，并要求热处理变形小，且模具尺寸较小。综上分析，该凹模可以采用常用模具钢 CrWMn。CrWMn 是低变形冷作模具钢，淬硬性和淬透性好，淬火开裂、变形小。

（2）毛坯选择。由于凸模在冲压过程中需要承受较大的冲击力，需要有较高的力学性能要求。因此需要选用锻件毛坯，可以用自由锻锻造获得方块毛坯。

（3）精度分析。为了保证凹模凸模的间隙和相互位置关系，必须保证 4 个 $\phi 10$ 孔的尺寸精度（尺寸精度为 IT7 级），特别是相互位置精度 66 ± 0.05。刃口尺寸 $4-10^{+0.035}_{-0.015}$ 和 $\phi 20^{+0.021}_{0}$ 尺寸精度分别为 IT8 级和 IT7 级。尺寸 90 ± 0.05、66 ± 0.05 和刃口 $4-10^{+0.035}_{-0.015}$ 均以中心孔 $\phi 20^{+0.021}_{0}$ 的中心为基准。所以，在加工过程中除了要保证它们的尺寸精度外，还要保证它们的相互位置精度。

（4）主要表面加工方案。根据功能分析，本凸模的主要表面为方台尺寸 90 ± 0.05、4 个定位孔尺寸$\phi 10$及位置尺寸66±0.05、刃口尺寸$4-10^{+0.035}_{-0.015}$和$\phi 20^{+0.021}_{0}$。定位孔$\phi 10$尺寸精度为IT7级，尺寸较小，其加工方案为：钻—粗铰—精铰。其位置精度尺寸66±0.05在钻铣床上用数显找正的方法保证。中心孔$\phi 20^{+0.021}_{0}$尺寸精度为IT7级，加工方案为：钻—扩粗—铰—精铰。刃口尺寸$4-10^{+0.035}_{-0.015}$尺寸精度为IT8级，加工方案为：粗铣—半精铣—精铣。此外，方台尺寸90±0.05和凸台高度尺寸5±0.03用精铣的办法达到。刃口4–R35和$\phi 80$由于尺寸精度要求较低，可按画线粗铣、精铣，最后钳工打磨完成。

（5）工件的定位分析和装夹。由于该凸模板形状规则，尺寸较小，所以用一台机用平口虎钳来装夹在工具钻铣床上加工。在虎钳上先将锻造毛坯铣6个面并达到要求，并使工件沿工作台X方向及平面平行方向找平。由于中心孔$\phi 20^{+0.021}_{0}$是其他加工面的基准，先用画线法确定该孔的位置，完成该孔的加工后，用块规坐标法分别确定4个$\phi 10$定位孔、刃口$4-10^{+0.035}_{-0.015}$和方台尺寸90±0.05的加工位置。

（6）工艺路线制定。根据箱体类零件先面后孔的加工顺序和孔系定位关系，该凸模的加工工艺过程如下（在数显钻铣床上加工）。

① 选料CrWMn材料；

② 粗铣、精铣6个面；

③ 对圆弧4–R35及$\phi 80$画线；

④ 虎钳安装找正；

⑤ 按画线粗铣、精铣圆弧4–R35及$\phi 80$；利用中分棒分中找正孔$\phi 20^{+0.021}_{0}$；

⑥ 利用中分棒分中找正孔$\phi 20^{+0.021}_{0}$；

⑦ 钻、扩、铰孔$\phi 20^{+0.021}_{0}$；

⑧ 钻、扩、铰孔4–$\phi 10^{+0.015}_{0}$；（以$\phi 20^{+0.021}_{0}$为基准，利用数显可以定位4–$\phi 10^{+0.015}_{0}$孔）；

⑨ 粗铣、精铣凸台90±0.05；

⑩ 粗铣、精铣4槽；

⑪ 检验。

项目 7　综合加工技术

许多零件往往用一种加工方法不能完成加工，必须使用多种加工方法。比如，用到车削、铣削、钻削加工方法，这就是综合加工工艺。

【训练项目】

图 7–1 为某支架零件，材料为 45 钢，由于是单件生产，选用板料型材。试编制加工工艺规程，并操作机床加工该零件。

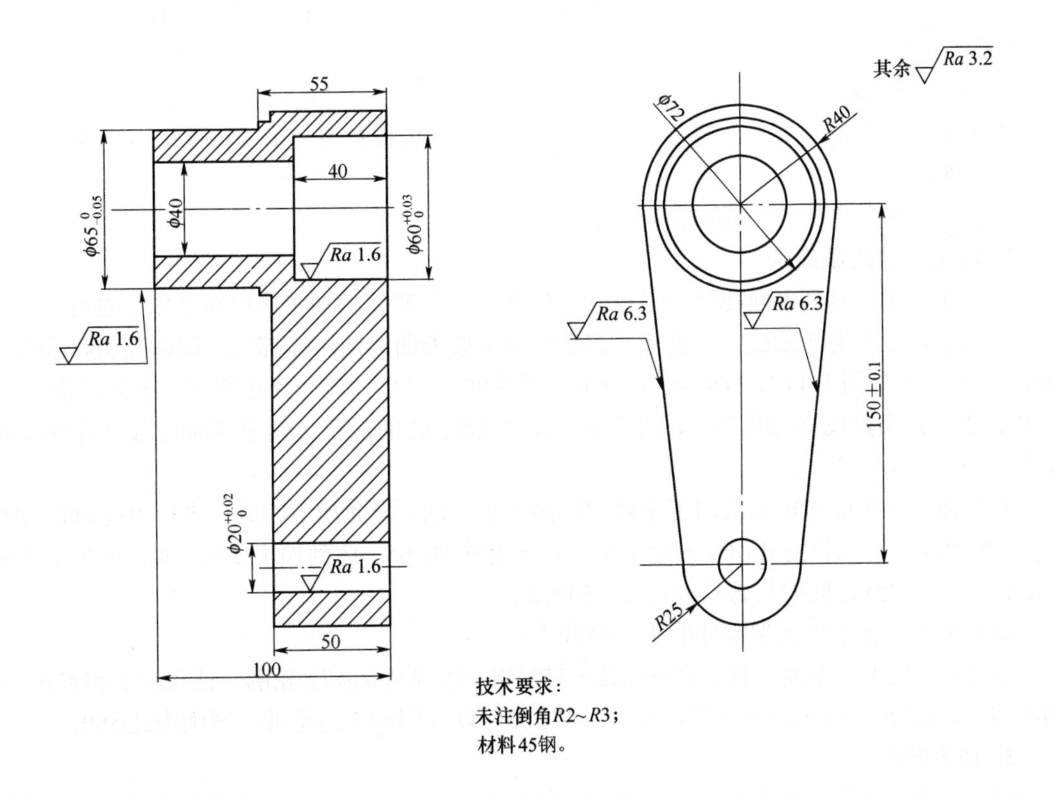

图 7–1　支架

【任务】

（1）零件结构工艺性分析。

（2）确定零件的切削加工工种。

（3）确定零件加工工艺路线。

（4）根据尺寸精度和表面粗糙度要求确定加工方法。

（5）确定零件的定位装夹方法。

（6）编写支架的加工工艺规程（填写工艺过程卡和加工工艺卡）。

【任务驱动】

1. 教师提问

（1）加工该零件应该选用什么毛坯形式？

（2）加工该零件需要经过哪几种切削加工工种？它们的先后次序怎样？

（3）内孔ϕ60 与外圆ϕ65 是主要表面，它们之间的位置精度如何保证？在什么机床上完成？如何装夹？

（4）在内孔ϕ60、ϕ40 与外圆ϕ65 加工之前，做什么加工准备？在什么机床上加工？如何加工？

（5）如何保证孔的位置尺寸精度 150±0.1？

2. 布置任务

根据以上提问及分析，利用前面所学加工知识，写出该支架的加工过程。

注：约需要 15 分钟，期间教师巡视。鼓励学生相互积极讨论，并与老师探讨。

【教师引领】

1. 毛坯的选择

由于该零件为单件生产，且力学性能要求不高，采用板材毛坯形式，材料为 45 钢。可用电锯下方块料。

注：可布置学生任务，确定方块料毛坯尺寸。

2. 加工工艺路线确定

该零件的几何要素由回转体和平板立方体组成。回转体的加工应该在车床上进行加工，而立方体平面加工应该在铣床上进行。该零件的主要表面为回转体部分，即内孔ϕ60 和外圆ϕ65，尺寸精度分别为 IT7、IT8 级，必须保证它们的同轴度，该部分必须在车床上进行加工。但加工之前必须完成立方体部分的平面加工，以便于孔的加工、精基准加工及在车床上的装夹。

立方体部分平面和轮廓的加工主要用铣削加工方法。平面加工完成后进行内孔ϕ60、ϕ40 和ϕ20 的加工，然后以内孔ϕ60 为定位基准，车削外圆ϕ65，达到加工要求。加工孔时必须保证内孔ϕ60 和ϕ20 之间的位置尺寸精度 150±0.1。

综上所述，加工该支架零件的工艺路线为：

下方料—铣上、下面—铣平面—画线—铣轮廓—粗铣外圆ϕ72 轮廓—钻孔ϕ40 和ϕ20—扩ϕ40—扩、铰ϕ20—以ϕ40 为基准，车削外圆ϕ65—以外圆ϕ65 为基准，镗削内孔ϕ60。

3. 加工方法

（1）画线。支架平面轮廓的铣削必须按线加工。因此，方块上、下面加工完成后，需进行画线，如图 7–2 所示。

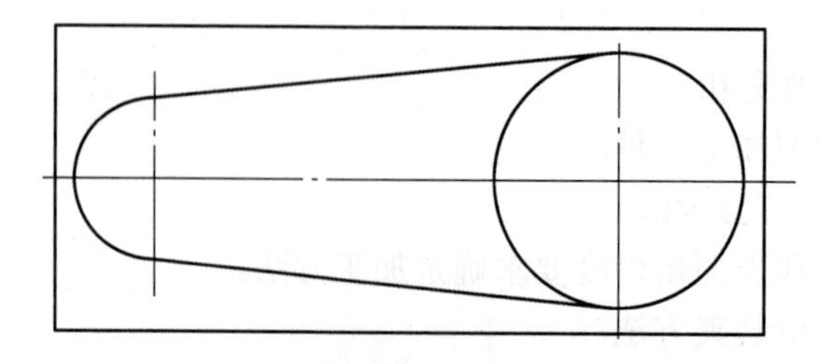

图 7–2 画线

由于外圆$\phi72$需要在车床上加工，所以，必须先铣出基本外形，因此，也必须画出外圆$\phi72$的轮廓线（考虑加工余量）。

（2）孔的加工。平面加工完成后，即可进行孔的加工。加工孔时，为保证孔与孔之间的位置尺寸精度，先加工精度要求较高的孔，因此，应先加工$\phi20$孔。该孔尺寸精度为 IT7 级，所以加工方法为：钻、扩、铰。以加工完成的$\phi20$孔为基准，来保证与孔$\phi40$的位置尺寸精度 150±0.1。由于该位置尺寸精度要求不是很高，所以完全可以在普通钻铣床上完成，采用普通机床坐标法来加工$\phi40$孔。$\phi40$孔要求表面粗糙度为 $Ra3.2$ μm，所以，其加工方法为：钻、扩、铰。

（3）车削加工。前面各孔面的加工为车削主要表面做好了精基准准备。车削时，以加工完成的$\phi40$孔为精基准，用一根心轴为定位元件，将心轴在三爪卡盘上夹紧，在心轴一端用螺母锁紧。如图 7–3 所示。如果夹紧力不够，应使用花盘，用压块压住支架的平面部分，增大夹紧力。

先粗车、半精车$\phi72$外圆，再粗车、半精车、精车$\phi65$外圆，车成。最后，用三爪卡盘夹持$\phi65$外圆，再粗镗、半精镗、精镗$\phi60$孔至尺寸。

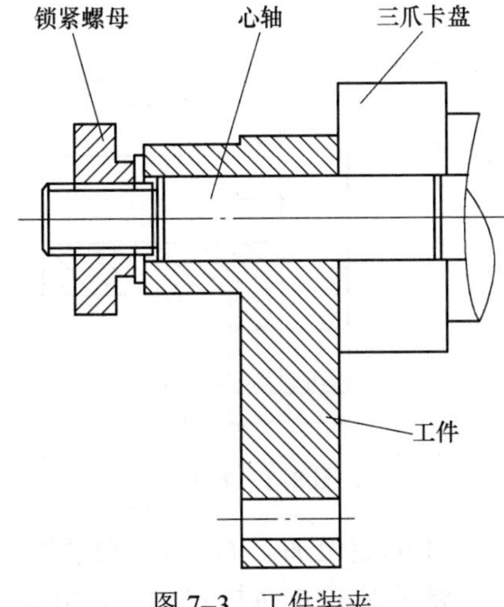

图 7–3　工件装夹

【训练任务】按照以上所讲知识，加工图 7–1 支架零件。

（1）根据前面教师的引导讲述，编写支架加工工艺规程；

（2）填写工艺过程卡和机械加工工艺卡。

考核要求及评分标准：

（1）能正确填写工艺过程卡和机械加工工艺卡（15 分）；

（2）能正确下料，并对块料进行初步铣削加工（10 分）；

（3）能正确画线，并按线铣削加工轮廓和平面（20 分）；

（4）正确加工$\phi20$孔（10 分）；

（5）用正确的方法找正$\phi40$孔位置，并正确加工该孔（15 分）；

（6）正确设计加工定位心轴，并正确装夹工件（20 分）；

（7）正确加工内孔$\phi60$与外圆$\phi65$，保证尺寸精度和位置精度（10 分）。

项目 8　机械加工的其他知识

知识点 8.1　工艺尺寸链计算

8.1.1　尺寸链的定义、组成

1. 定义

尺寸链就是在零件加工或机器装配过程中，由相互联系且按一定顺序连接的封闭尺寸组合。如图 8–1 所示，尺寸 A_0 无法直接加工得到，必须通过加工尺寸 A_1 和 A_2 来间接保证 A_0 的尺寸精度，这就需要通过尺寸链计算来完成。

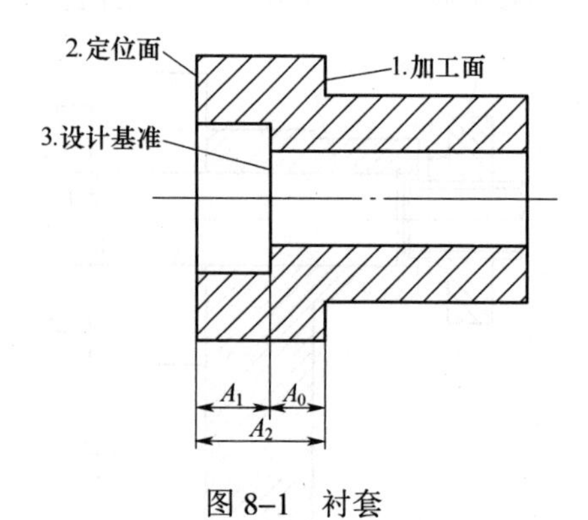

图 8–1　衬套

如图 8–2 所示，工件如先以 A 面定位加工 C 面，得尺寸 A_1，然后再以 A 面定位，用调整法加工台阶面 B，得尺寸 A_2，要求保证 B 面与 C 面间尺寸 A_0；A_1、A_2 和 A_0 这 3 个尺寸构成了一个封闭尺寸组，就成了一个尺寸链。

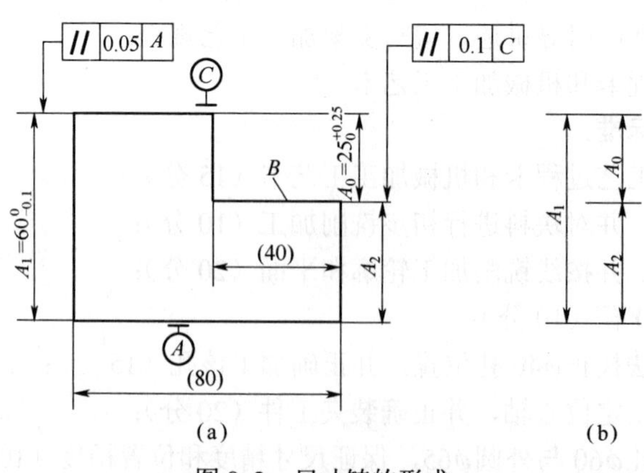

图 8–2　尺寸链的形成

2. 尺寸链的组成

尺寸链的组成如下。

（1）环：尺寸链由环组成，环是尺寸链中的每一个尺寸，它可以是长度或角度；环分为封闭环和组成环。

（2）封闭环：在零件加工或装配过程中间接获得或最后形成的环。

（3）组成环：尺寸链中对封闭环有影响的全部环；组成环又分为增环和减环。

（4）增环：若该环的变动引起封闭环的同向变动，则该环为增环。

（5）减环：若该环的变动引起封闭环的反向变动，则该环为减环。

增、减环判别方法：在尺寸链图中用首尾相接的单向箭头顺序表示各尺寸环，其中与封闭环箭头方向相反者为增环，与封闭环箭头方向相同者为减环。如图 8–3 所示。

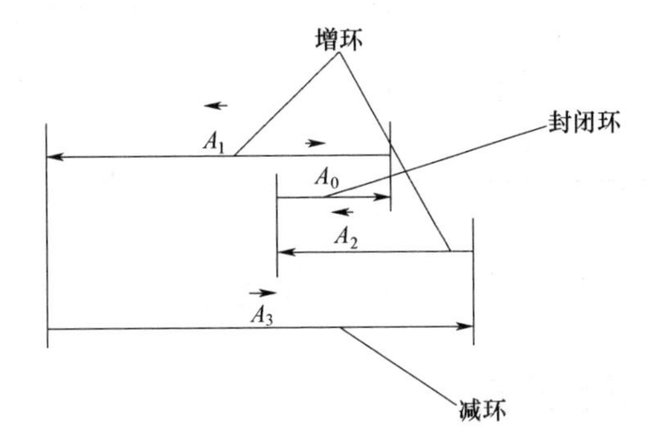

图 8–3　增环和减环

8.1.2　尺寸链的分类

尺寸链的分类如下。

（1）工艺尺寸链：全部组成环为同一零件工艺尺寸所形成的尺寸链。

（2）装配尺寸链：全部组成环为不同零件设计尺寸所形成的尺寸链。

（3）零件尺寸链：全部组成环为同一零件设计尺寸所形成的尺寸链。

（4）设计尺寸链：装配尺寸链与零件尺寸链，统称为设计尺寸链。

8.1.3　尺寸链的建立

1. 确定封闭环

（1）加工顺序或装配顺序确定后才能确定封闭环。

（2）封闭环的基本属性为“派生”，表现为尺寸间接获得。

（3）设计尺寸往往是封闭环。

（4）加工余量往往是封闭环（靠火花磨削除外）。

2. 组成环确定

（1）封闭环确定后才能确定。

（2）直接获得。

（3）对封闭环有影响。

（4）确定增环和减环。

8.1.4 尺寸链方程建立

如图 8–4 所示，工件 A、C 面已加工好，现以 A 面定位，用调整法加工 B 面，要求保证 B、C 面距离为 A_0。图示尺寸链中，尺寸 A_0 是加工过程间接保证的，因而是尺寸链的封闭环；尺寸 A_1 和 A_2 是在加工中直接获得的，因而是尺寸链的组成环。其中，A_1 为增环，A_2 为减环。

尺寸链方程为

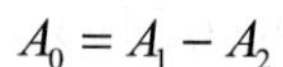

$$A_0 = A_1 - A_2$$

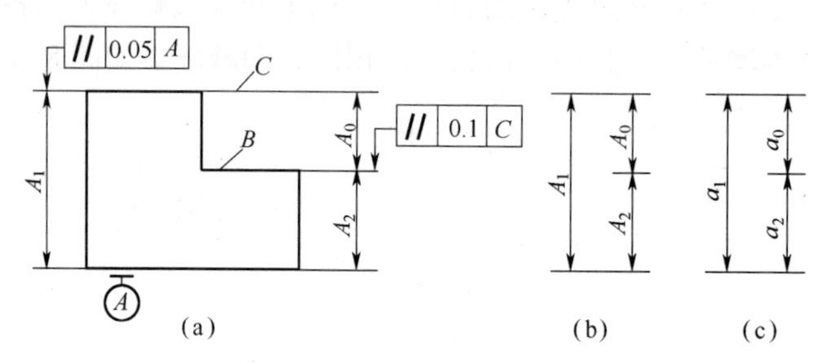

图 8–4 尺寸链实例

8.1.5 尺寸链计算的基本公式

1. 计算方法

在这里只讲述最常用的极值法。

（1）极值法各环基本尺寸之间的关系。封闭环的基本尺寸 A_0 等于增环的基本尺寸之和减去减环的基本尺寸之和，即

$$A_0 = \sum_{i=1}^{m} \vec{A}_i - \sum_{i=m+1}^{n-1} \overleftarrow{A}_i$$

（2）各环极限尺寸之间的关系。封闭环的最大极限尺寸 $A_{0\max}$ 等于增环的最大极限尺寸之和减去减环的最小极限尺寸之和，即

$$A_{0\max} = \sum_{i=1}^{m} \vec{A}_{i\max} - \sum_{i=m+1}^{n-1} \overleftarrow{A}_{i\min}$$

封闭环的最小极限尺寸 $A_{0\min}$ 等于增环的最小极限尺寸之和减去减环的最大极限尺寸之和，即

$$A_{0\min} = \sum_{i=1}^{m} \vec{A}_{i\min} - \sum_{i=m+1}^{n-1} \overleftarrow{A}_{i\max}$$

（3）各环上、下偏差之间的关系。封闭环的上偏差 ES（A_0）等于增环的上偏差之和减去减环的下偏差之和，即

$$\mathrm{ES}(A_0)=\sum_{i=1}^{m} \mathrm{ES}(\vec{A}_i) - \sum_{i=m+1}^{n-1} \mathrm{EI}(\overleftarrow{A}_i)$$

封闭环的下偏差 EI（A_0）等于增环的下偏差之和减去减环的上偏差之和，即

$$EI(A_0)=\sum_{i=1}^{m}EI(\vec{A}_i)-\sum_{i=m+1}^{n-1}ES(\overleftarrow{A}_i)$$

（4）各环公差之间的关系。封闭环的公差 $T(A_0)$ 等于各组成环的公差 $T(A_i)$ 之和，即

$$T(A_0)=\sum_{i=1}^{m}T(\vec{A}_i)+\sum_{i=m+1}^{n-1}T(\overleftarrow{A}_i)=\sum_{i=1}^{n-1}T(A_i)$$

极值法解算尺寸链的特点是：简便、可靠，但当封闭环公差较小，组成环数目较多时，分摊到各组成环的公差可能过小，从而造成加工困难，制造成本增加，在此情况下，常采用概率法进行尺寸链的计算。

2. 尺寸链计算的几种情况

（1）正计算：已知各组成环，求封闭环。正计算主要用于验算所设计的产品能否满足性能要求及零件加工后能否满足零件的技术要求。

（2）反计算：已知封闭环，求各组成环。反计算主要用于产品设计、加工和装配工艺计算等方面，在实际工作中经常碰到。反计算的解不是唯一的。如何将封闭环的公差正确地分配给各组成环，这里有一个优化的问题。

（3）中间计算：已知封闭环和部分组成环的基本尺寸及公差，求其余的一个或几个组成环基本尺寸及公差（或偏差）。

中间计算可用于设计计算与工艺计算，也可用于验算。

3. 确定组成环公差大小的误差分配方法

（1）按等公差原则。按等公差值分配的方法来分配封闭环的公差时，各组成环的公差值取相同的平均公差值 T_{av}，即

极值法 $T_{av}=T_0/(n-1)$

（2）按等精度原则。按等公差级分配的方法来分配封闭环的公差时，各组成环的公差取相同的公差等级，公差值的大小根据基本尺寸的大小，由标准公差数值表中查得。

（3）按实际可行性分配原则。按具体情况来分配封闭环的公差时，第一步先按等公差值或等公差级的分配原则求出各组成环所能分配到的公差，第二步再从加工的难易程度和设计要求等具体情况调整各组成环的公差。

4. 工序尺寸的标注

（1）按“入体”原则标注。公差带的分布按“入体”原则标注时，对于被包容面尺寸可标注成上偏差为零、下偏差为负的形式（即$-T$）。对于包容面的尺寸可标注成下偏差为零、上偏差为正的形式（即$+T$）。

（2）按双向对称分布标注。对于诸如孔系中心距、相对中心的两平面之间的距离等尺寸，一般按对称分布标注，即可标注成上、下偏差绝对值相等、符号相反形式（即$\pm T/2$）。

当组成环是标准件时，其公差大小和分布位置按相应标准确定。当组成环是公共环时，其公差大小和分布位置应根据对其有严格要求的那个尺寸链来确定。

8.1.6 工艺过程尺寸链的分析与解算

工艺基准（工序、定位、测量等）与设计基准不重合，工序基准就无法直接取用零件图上的设计尺寸，因此必须进行尺寸换算来确定其工序尺寸。

1. 定位基准与设计基准不重合的尺寸换算

采用调整法加工零件时，若所选的定位基准与设计基准不重合，那么该加工表面的设计尺寸就不能由加工直接得到，这时就需要进行工艺尺寸的换算，以保证设计尺寸的精度要求，并将计算的工序尺寸标注在工序图上。

例 1 加工如图 8–5 所示某零件，定位基准与设计基准不重合时工序尺寸计算。图中所示为某零件的镗孔工序图，定位基准是底面 N，M、N 是已加工表面，图中 L_0 为$100^{+0.15}_{-0.15}$、L_2 为$200^{+0.10}_{0}$，试求：镗孔调整时的工序尺寸 L_1。

解：（1）画出尺寸链并确定封闭环（见图 8–6）。镗孔时要调整的工序尺寸 L_1 为轴线到定位基准间的距离，由加工保证。图中孔线的设计基准是 M 面，其位置尺寸 L_0 通过工序尺寸 L_1 和已加工尺寸 L_2 间接获得。

从尺寸链图中分析 L_0 为封闭环。

（2）判断增、减环。按增减环的定义确定 L_1 为增环，L_2 为减环。

（3）根据上述公式，计算 L_1 的基本尺寸和上、下偏差。

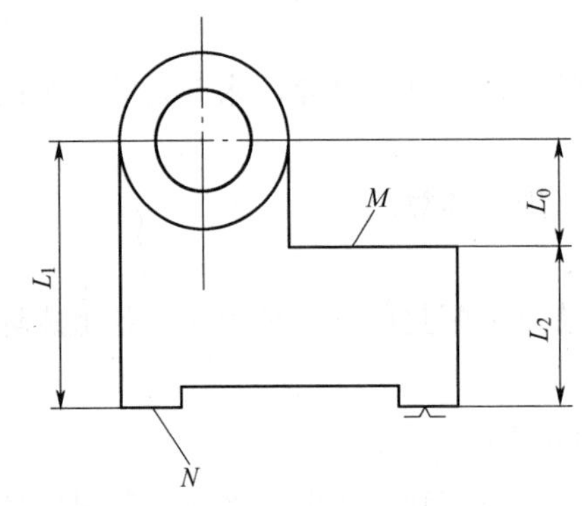

图 8–5 尺寸链实例

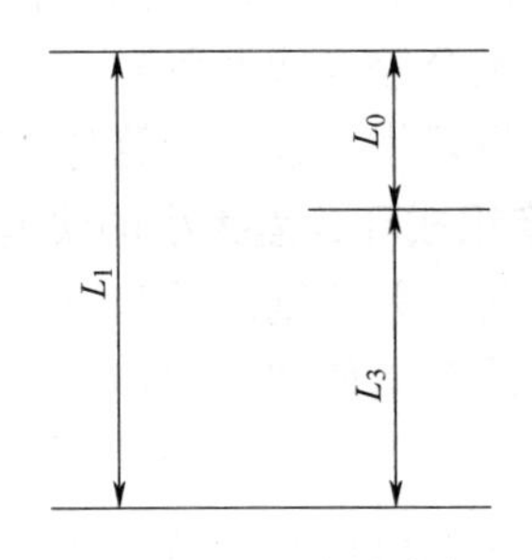

图 8–6 尺寸链建立

基本尺寸 $100=L_1-200$ $L_1=300$

上偏差 $+0.15=ES(L_1)-0$ $ES(L_1)=0.15$

下偏差 $-0.15=EI(L_1)-0.1$ $EI(L_1)=-0.05$

计算结果为： $L_1=300^{+0.15}_{-0.05}$

（4）校核。按照封闭环的公差值是其他组成环的公差之和，有

$$T(L_0)=T(L_1)+T(L_2)=0.2+0.1=0.3$$

计算上面的尺寸链，由于环数少，利用尺寸链解算公式比较简便。不过，公式记忆起来会感到有些困难，甚至容易弄混；如果尺寸链环数很多，利用尺寸链解算公式计算起来还会感到比较麻烦，并且容易出错。

2. 测量基准与设计基准不重合时的工艺尺寸及其公差的确定

在工件加工过程中，有时会遇到一些表面加工之后，按设计尺寸不便直接测量的情况，因此需要在零件上另选一容易测量的表面作为测量基准进行测量，以间接保证设计尺寸的要求。这时就需要进行工艺尺寸的换算。

例 2 如图 8–7 所示为轴套零件加工 $\phi40$ 沉孔的工序图，其余表面已加工。因孔深的设计基准为横孔轴线，尺寸 30 ± 0.15 mm 无法测量，问能否以直接测量孔深 A 来检验。$A_1=70^{0}_{-0.2}$、

$A_2 = 25^{0}_{-0.2}$、$A_3 = 20 \pm 0.1$、$A_4 = 30 \pm 0.15$

解：按题意，以测量 A 来检验尺寸 30 ± 0.15，测量基准为左端面，与设计基准不重合，需要进行尺寸链换算。

（1）画出尺寸链图，确定封闭环，如图 8–8 所示。

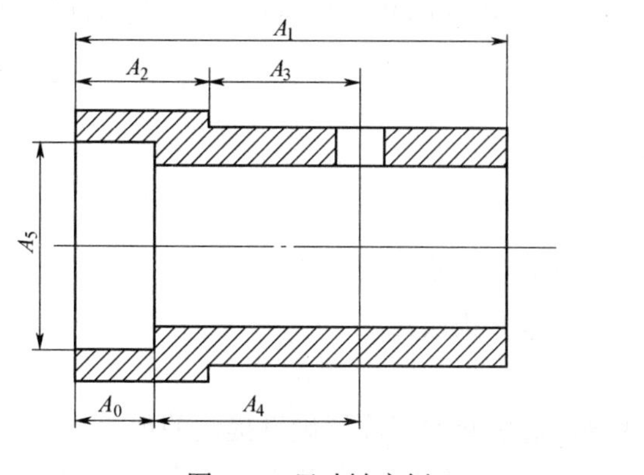

图 8–7　尺寸链实例

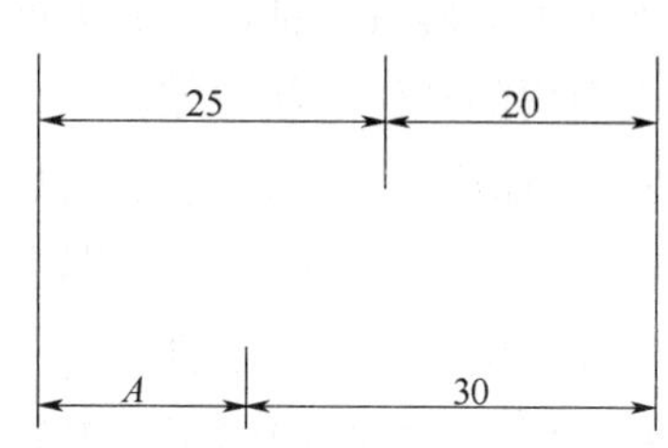

图 8–8　尺寸链建立

（2）确定增减环。A 为减环，其余两个组成为增环。

（3）计算 A 的基本尺寸和上下偏差。

基本尺寸 $30 = 25 + 20 - A$　　　　$A = 15$

上偏差 $+0.15 = +0.1 + 0 - \mathrm{EI}(A)$　　　　$\mathrm{EI}(A) = -0.05$

下偏差 $-0.15 = -0.1 + (-0.05) - \mathrm{EI}(A)$　　　　$\mathrm{EI}(A) = 0$

即：　　　　$A = 15^{0}_{-0.05}$

（4）校核结果符合。加工过程中，工件的尺寸是不断变化的，由毛坯尺寸到工序尺寸，最后达到满足零件性能要求的设计尺寸。一方面，由于加工的需要，在工序图及工艺卡上要标注一些专供加工用的工艺尺寸，工艺尺寸往往不是直接采用零件图上的尺寸，而是需要另行计算。另一方面，当零件加工时，有时需要多次转换基准，因而引起工序基准、定位基准或测量基准与设计基准不重合。这时，需要利用工艺尺寸链原理来进行工序尺寸及其公差的计算。

知识点 8.2　机械加工质量控制

8.2.1　加工精度和表面质量的基本概念

机械产品的工作性能和使用寿命总是与组成产品的零件的加工质量和产品的装配精度直接有关。而零件的加工质量又是整个产品质量的基础，零件的加工质量包括加工精度和表面质量两个方面内容。

1. 加工精度

所谓加工精度，是指零件加工后的几何参数（尺寸、几何形状和相互位置）与零件理想几何参数相符合的程度，它们之间的偏离程度则为加工误差。加工误差的大小反映了加工精度的高低。加工精度包括以下三个方面。

（1）尺寸精度。限制加工表面与其基准之间尺寸误差不超过一定的范围。

（2）几何形状精度。限制加工表面的宏观几何形状误差，如圆度、圆柱度、平面度、直线度等。

（3）相互位置精度。限制加工表面与其基准之间的相互位置误差，如平行度、垂直度、同轴度、位置度等。

2. 表面质量

机械加工表面质量包括以下两方面的内容。

（1）表面层的几何形状偏差。

① 表面粗糙度。指零件表面的微观几何形状误差。

② 表面波纹度。指零件表面周期性的几何形状误差。

（2）表面层的物理、力学性能。

① 冷作硬化。表面层因加工中塑性变形而引起的表面层硬度提高的现象。

② 残余应力。表面层因机械加工产生强烈的塑性变形和金相组织的可能变化而产生的内应力，按应力性质分为拉应力和压应力。

（3）表面层金相组织变化。表面层因切削加工时切削热而引起的金相组织的变化。

8.2.2 表面质量对零件使用性能的影响

1. 对零件耐磨性的影响

零件的耐磨性不仅和材料及热处理有关，还与零件接触表面的粗糙度有关。当两个零件相互接触时，实质上只是两个零件接触表面上的一些凸峰相互接触，因此，实际接触面积比理论接触面积要小得多，从而使单位面积上的压力很大。当其超过材料的屈服点时，就会使凸峰部分产生塑性变形甚至被折断或因接触面的滑移而迅速磨损。以后随着接触面积的增大，单位面积上的压力减小，磨损减慢。零件表面粗糙度越大，磨损越快。但这不等于说零件表面粗糙度越小越好，如果零件表面的粗糙度小于合理值，则由于摩擦面之间润滑油被挤出而形成干摩擦，从而使磨损加快。实验表明，最佳表面粗糙度 Ra 为 0.3～1.2 μm。另外，零件表面有冷作硬化层或经淬硬，也可提高零件的耐磨性。

2. 对零件疲劳强度的影响

零件表面层的残余应力性质对疲劳强度的影响很大。当残余应力为拉应力时，在拉应力作用下，会使表面的裂纹扩大，从而降低零件的疲劳强度，减少了产品的使用寿命。相反，残余压应力可以延缓疲劳裂纹的扩展，可提高零件的疲劳强度。同时表面冷作硬化层的存在及加工纹路方向与载荷方向的一致，都可以提高零件的疲劳强度。

3. 对零件配合性质的影响

在间隙配合中，如果配合表面粗糙，磨损后会使配合间隙增大，改变了原配合性质。在过盈配合中，如果配合表面粗糙，则装配后表面的凸峰将被挤平，而使有效过盈量减小，降低了配合的可靠性。所以，对有配合要求的表面，也应标注对应的表面粗糙度值。

8.2.3　影响加工精度的因素

由机床、夹具、工件和刀具所组成的一个完整的系统称为工艺系统。加工过程中，工件与刀具的相对位置就决定了零件加工的尺寸、形状和位置。因此，加工精度的问题也就涉及整个工艺系统的精度问题。工艺系统的种种误差，在加工过程中会在不同的情况下，以不同的方式和程度反映为加工误差。根据工艺系统误差的性质可将其归纳为工艺系统的几何误差、工艺系统受力变形引起的误差、工艺系统受热变形引起的误差及工件内应力所引起的误差。

1. 工艺系统的几何误差

工艺系统的几何误差包括加工方法的原理误差、机床的几何误差、调整误差、刀具和夹具的制造误差、工件的装夹误差及工艺系统磨损所引起的误差。

（1）加工原理误差。加工原理误差是指采用了近似的成型运动或近似形状的刀具进行加工而产生的误差。包括插补误差、非圆曲线的编程逼近误差、刀具形状制造误差等。

直线、圆弧插补算法引起的误差是插补误差。

采用等步长、等弦长、等误差逼近算法的误差是逼近误差。

刀具形状制造误差有两种误差。一是为了制造方便，采用阿基米德蜗杆或法向直廓蜗杆代替渐开线基本蜗杆而产生的刀刃齿廓形状误差；二是由于滚刀刀齿有限，实际上加工出的齿形是一条由微小折线段组成的曲线，和理论上的光滑渐开线有一定的差异，从而产生加工原理误差。

（2）机床误差。机床误差是由机床主轴和导轨等的制造、安装及使用中的磨损形成的误差。

① 主轴误差。机床主轴是装夹刀具或工件的位置基准，它的误差也将直接影响工件的加工质量。机床主轴的回转精度是机床主要精度指标之一。其在很大程度上决定着工件加工表面的形状精度。主轴的回转误差主要包括主轴的径向圆跳动、窜动和摆动。

造成主轴径向圆跳动的主要原因有：轴径与轴孔圆度不高、轴承滚道的形状误差、轴与孔安装后不同心及滚动体误差等。使用该主轴装夹工件将造成形状误差。

造成主轴轴向窜动的主要原因有：推力轴承端面滚道的跳动，以及轴承间隙等。以车床为例，造成的加工误差主要表现为车削端面与轴心线的垂直度误差。

由于前后轴承、前后轴承孔或前后轴径的不同心造成主轴在转动过程中出现摆动现象。摆动不仅给工件造成工件尺寸误差，还造成形状误差。

提高主轴旋转精度的方法主要通过提高主轴组件的设计、制造和安装精度，采用高精度的轴承等方法，这无疑将加大制造成本。再有就是通过工件的定位基准或被加工面本身与夹具定位元件之间组成的回转副来实现工件相对于刀具的转动，如外圆磨床头架上的死顶尖。这样机床主轴组件的误差就不会对工件的加工质量构成影响。

② 导轨误差。导轨是机床的重要基准，它的各项误差将直接影响被加工零件的精度。以数控车床为例，当床身导轨在水平面内出现弯曲（前凸）时，工件上产生腰鼓形，如图 8–9（a）所示。当床身导轨与主轴轴心在水平面内不平行时，工件上会产生锥形，如图 8–9（b）所示。而当床身导轨与主轴轴心在垂直面内不平行时，工件上会产生鞍形，如图 8–9（c）所示。

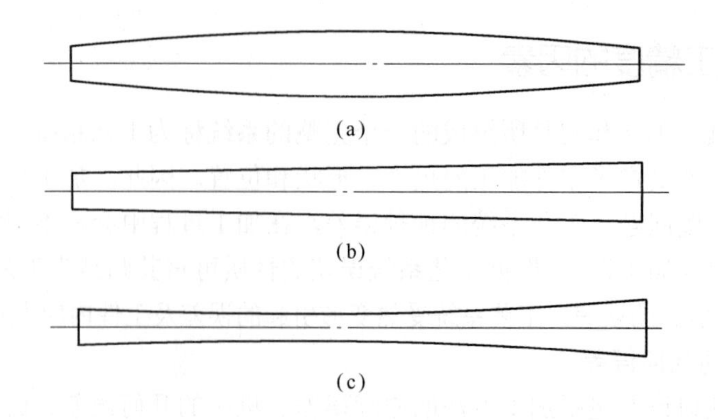

图 8-9 机床导轨误差对工件精度的影响

事实上，车床导轨在水平面和垂直面内的几何误差对加工精度的影响程度是不一样的。影响最大的是导轨在水平面内的弯曲或与主轴轴心线的平行度，而导轨在弯曲面内的弯曲及其与主轴轴心线的平行度对加工精度的影响则小到可以忽略的程度。如图 8-10 所示，当导轨在水平面和垂直面内都有一个误差 Δ 时，前者造成的半径方向加工误差 $\Delta R=\Delta$，而后者 $\Delta R\approx\Delta^2/d$，可以忽略不计。因此称数控车床导轨的水平方向为误差敏感方向，而称垂直方向为误差非敏感方向。推广来看，原始误差所引起的刀具与工件间的相对位移，如果该误差产生在加工表面的法线方向，则对加工精度构成直接影响，即为误差敏感方向。若位移产生在加工表面的切线方向，则不会对加工精度构成直接影响，即为误差非敏感方向。

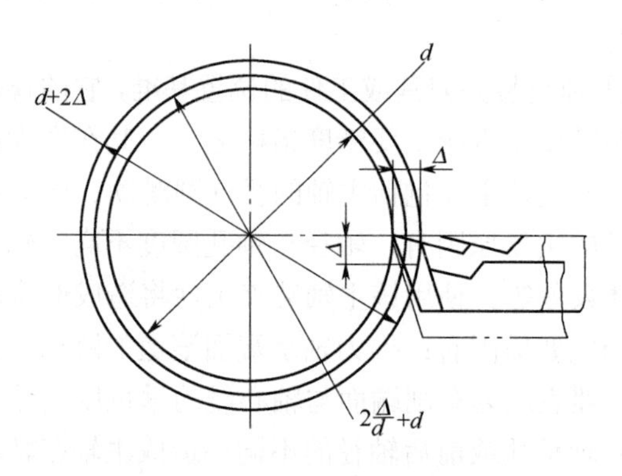

图 8-10 车床导轨的几何误差

因此，减小导轨误差对加工精度的影响，一方面可以通过提高导轨的制造、安装和调整精度来实现，另一方面也可以利用误差非敏感方向来设计安排定位加工，如转塔车床的转塔刀架设计就充分注意到了这一点，其转塔定位选在了误差非敏感方向上，既没有把制造精度定得很高，又保证了实际加工的精度。

（3）夹具误差。夹具误差是夹具元件的制造、装配及夹具在使用过程中工作表面的磨损造成的误差。夹具误差将直接影响工件表面的位置精度及尺寸精度，特别是对位置精度影响最大。为了减少夹具误差所造成的加工误差，夹具的制造误差必须控制在一定的范围之内，一般常取工件公差的 1/5～1/3。对于容易磨损的定位元件和导向元件，应耐磨且便于更换。

（4）刀具误差。刀具的制造误差和使用中磨损是产生刀具误差的主要原因。定尺寸刀具（如钻头、铰刀等）的尺寸精度将直接影响工件的尺寸精度。而成型刀具（如成型车刀、成型铣刀等）的形状精度将直接影响工件的形状精度。展成刀具的刀刃形状影响工件形状。

2. 工艺系统受力变形引起的误差

（1）让刀变形。车削时工件受力产生的弯曲而引起的“让刀”现象，使工件呈腰鼓形。同样，铣、镗、磨时刀具受力产生的弯曲“让刀”也会使工件呈腰鼓形。图 8–11 为几种加工情形刀具变形而引起的加工误差。

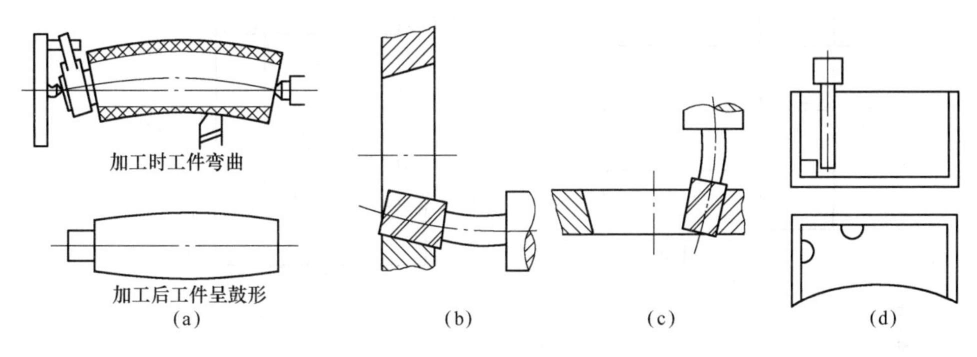

图 8–11 刀具让刀变形引起的误差

（2）夹紧变形。工件在装夹过程中，由于工件刚度较低或着力点不当，会引起工件变形而造成加工误差，主要出现于薄壁件、细长杆件等刚性较差的工件。例如，如图 8–12 所示，当用三爪卡盘夹紧薄壁套筒时，工件呈三菱形，如图 8–12（a）所示；镗孔后，内圆虽然呈正圆形，如图 8–12（b）所示；但当卡盘松开后，工件弹性恢复，使内孔呈三菱形，如图 8–12（c）所示。此时可采用开口过渡环夹紧，如图 8–13（a）所示，或采用专用卡爪，如图 8–13（b）所示，使夹紧力均匀分布。

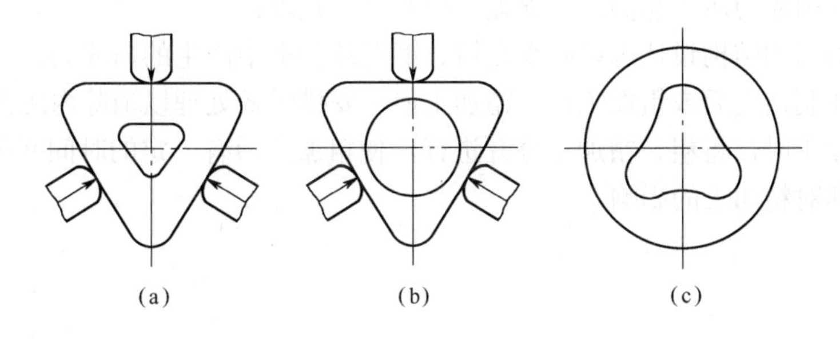

图 8–12 薄壁套筒夹紧变形

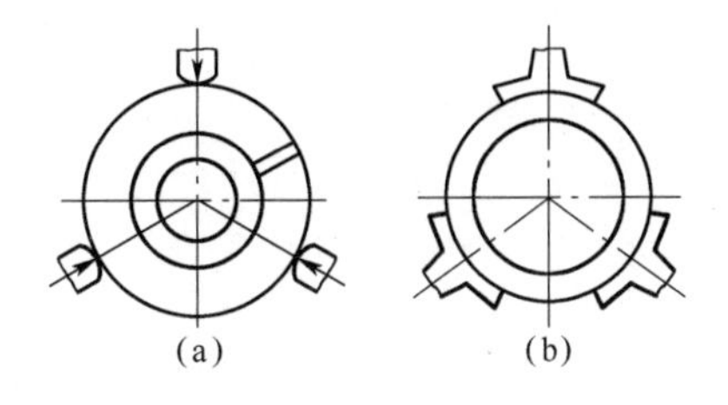

图 8–13 薄壁套筒夹紧变形改善方法

3. 工艺系统热变形引起的误差

（1）机床热变形。引起机床热变形的因素主要有电动机、电器和机械动力源的能量损耗转化发出的热，传动部件、运动部件在运动过程中发生的摩擦热，切屑或切削液落在机床上所传递的切削热，还有外界的辐射热等，如图 8–14 所示。

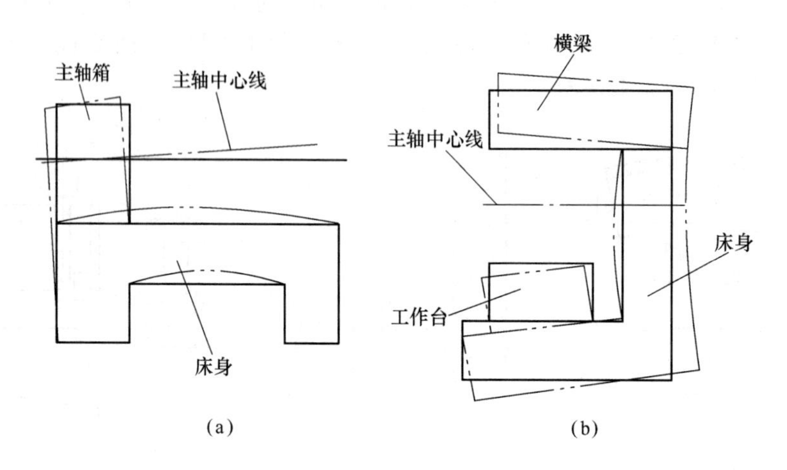

图 8–14 机床热变形引起的误差

（2）工件热变形。主要是切削热的作用，工件因受热膨胀而影响其尺寸精度和形状精度。

4. 工件内残余应力引起的误差

内应力是指当外部载荷去除后，仍存在工件内部的应力，也称残余应力。

内应力使零件处于一种不稳定的相对平衡状态，一旦外界条件产生变化，如环境温度的改变、继续进行切削加工、受到撞击等，内应力的暂时平衡就会被打破而进行重新分布，零件将产生相应的变形，从而破坏原有的精度。

减少或消除内应力所引起的加工误差主要有以下几项：

（1）壁厚均匀的结构设计可以减少在铸、锻毛坯制造中产生的内应力；

（2）在毛坯制造之后或粗加工后、精加工前，安排时效处理以消除内应力；

（3）切削加工时，将粗、精加工分开进行，使粗加工后有一定的时间间隔让内应力重新分布，以减少其对精加工的影响。

模块 3

工装夹具

项目 9　工装夹具设计

【引导项目 1】

试设计专用夹具，在铣床上加工如图 9–1 所示小连杆工件的 8 个槽，生产批量为 5 000 件，其他各面均已加工完毕。

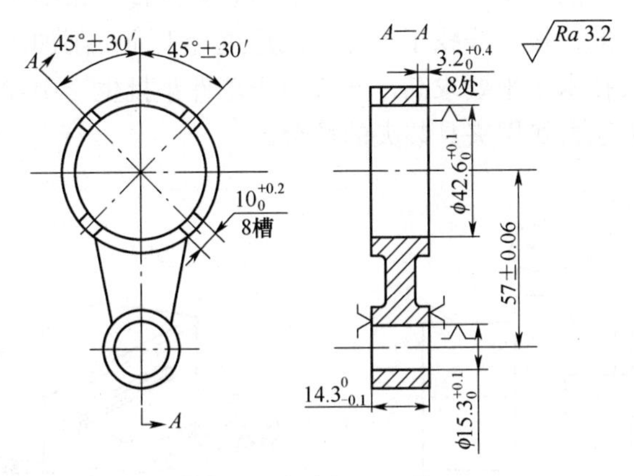

图 9–1　小连杆（工件）

【任务】

（1）对工件进行自由度定位分析，确定要限制的自由度；

（2）选定工件定位面，确定定位元件的结构型式及技术要求；

（3）对工件进行定位误差分析；
（4）工件的夹紧元件设计；
（5）支撑件、标准件的选用；
（6）绘制夹具装配图、定位零件图。

知识点 9.1　工件在夹具中的定位

9.1.1　工件的装夹

工件在加工前，为使工件的被加工表面获得规定的尺寸和位置精度要求，必须使工件在机床上或夹具中占有正确的位置，这个过程称为定位。为了使定位好的工件不至于在切削力的作用下发生位移，使其在加工过程始终保持正确的位置，还需将工件压紧夹牢，这个过程称为夹紧。定位和夹紧的过程合称为装夹。工件的装夹不仅影响加工质量，而且对生产率、加工成本及操作安全都有直接影响。

根据零件的生产方式，工件的装夹方式有两种，找正法和专用夹具装夹法。单件小批量生产一般用找正法，而批量生产则用专用夹具装夹法。

找正法又分为直接找正法和画线找正法。

（1）直接找正法。直接找正法是利用百分表、划针，以工件已有表面在机床上直接找正工件，使其获得正确位置的一种装夹方法。如图 9–2 所示，用百分表直接在车床四爪卡盘上找正工件位置。这种装夹方式的定位精度与所用量具的精度和操作者的技术水平有关，找正所需的时间长，结果也不稳定，只使用于单件小批生产。但是当工件加工要求特别高，而又没有专门的高精度设备或装备时，可采用这种方式。此时必须由技术熟练的工人使用高精度的量具仔细地操作。

（2）画线找正装夹。此法是先在毛坯上按照零件图画出中心线、对称线和各待加工表面的加工线，然后按照画好的线找正工件在机床上的装夹位置。如图 9–3 所示，加工方铁块毛坯时，为了先获得精基准，按画线找正工件，然后进行平面铣削加工。这种装夹方法生产率低，精度低，且对工人技术水平要求高，一般用于单件小批生产中加工复杂而笨重的零件，或毛坯尺寸公差大而无法直接用夹具装夹的场合。

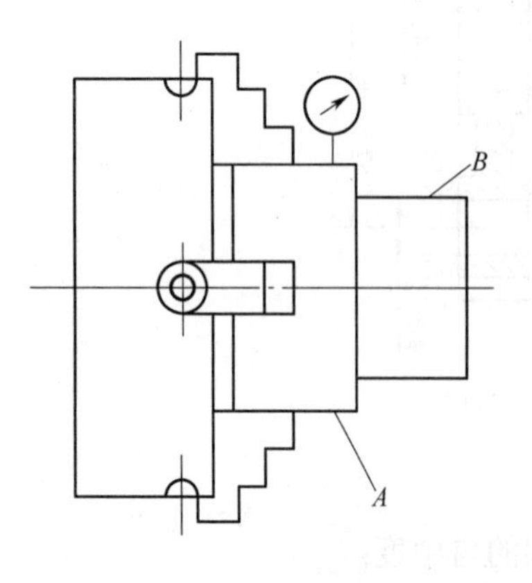

图 9–2　直接找正法

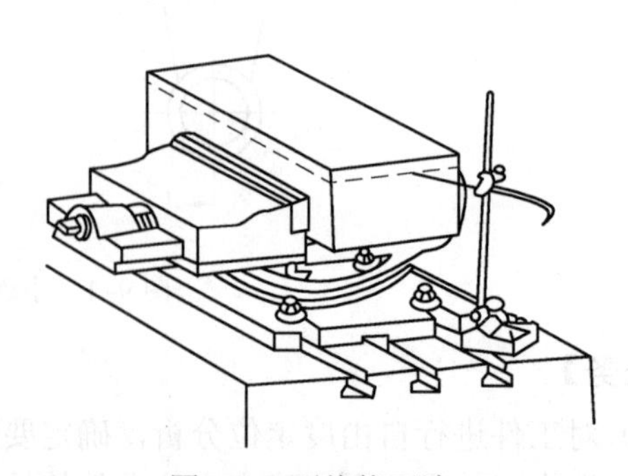

图 9–3　画线找正法

（3）用夹具装夹。夹具是按照被加工工序要求专门设计的，夹具上的定位元件能使工件相对于机床与刀具迅速占有正确位置，不需找正就能保证工件的装夹定位精度。用夹具装夹生产率高，定位精度高，但需要设计、制造专用夹具，广泛用于成批及大量生产。如图 9–4 所示，为一个典型的车床夹具，直接将工件在夹具上定位夹紧，就可以加工孔。

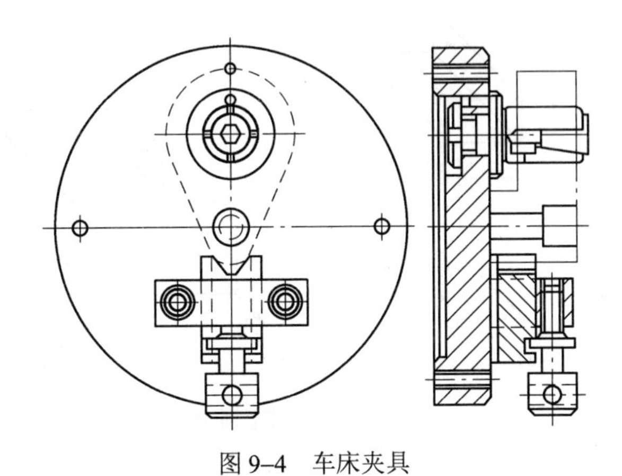

图 9–4　车床夹具

9.1.2　工件的定位

工件的定位就是用工件上的定位面与夹具的定位零件接触，限制工件的自由度，从而确定工件在机床中的正确位置。

1. 六点定位原理

一个尚未定位的工件，其空间位置是不确定的，有 6 个自由度，如图 9–5 所示。沿空间坐标轴 X、Y、Z3 个方向的移动和绕这 3 个坐标轴的转动，分别以 $\vec{X}$ 、$\vec{Y}$ 、$\vec{Z}$ 和 $\overset{\frown}{X}$ 、$\overset{\frown}{Y}$ 、$\overset{\frown}{Z}$ 表示。

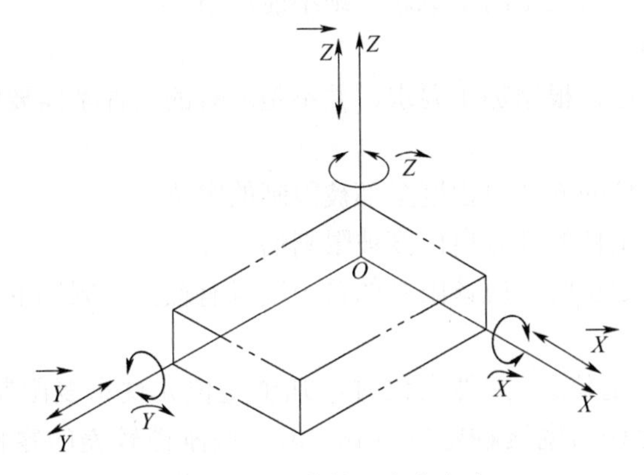

图 9–5　工件的 6 个自由度

定位，就是限制自由度。如图 9–6 所示的长方体工件，欲使其完全定位，可以设置 6 个固定点，工件的 3 个面分别与这些点保持接触。在其底面设置 3 个不共线的点 1、2、3（构成一个面），限制工件的 3 个自由度 $\vec{Z}$ 、$\overset{\frown}{X}$ 、$\overset{\frown}{Y}$。侧面设置两个点 4、5（成一条线），限制

了 $\vec{X}$、$\widehat{Z}$ 两个自由度。端面设置 1 个点 6，限制 $\vec{Y}$ 自由度。于是工件的 6 个自由度便都被限制了。这些用来限制工件自由度的固定点，称为定位支承点，简称支承点。用合理分布的 6 个支承点限制工件 6 个自由度的法则，称为六点定位原理。

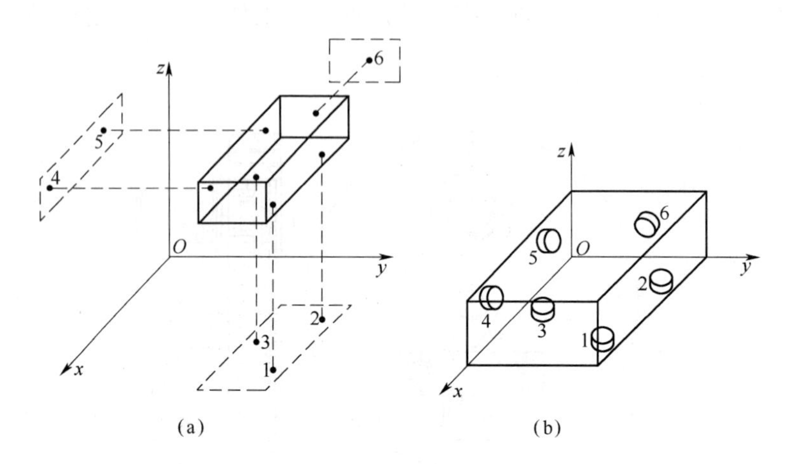

图 9–6　六点定位原理

在应用“六点定位原理”分析工件的定位时，应注意以下几点。

（1）支承点限制工件自由度的作用，应理解为定位支承点与工件定位基准面始终保持接触。若二者脱离，则意味着失去定位作用。

（2）一个定位支承点仅限制一个自由度，一个工件仅有 6 个自由度，所设置的定位支承点数目原则上不应超过 6 个。

（3）分析定位支承点的定位作用时，不考虑力的影响。工件的某一自由度被限制，并非指工件在受到使其脱离定位支承点的外力时不能运动。欲使其在外力作用下不能运动，是夹紧的任务。反之，工件在外力作用下不能运动，即被夹紧，也并非是说工件的所有自由度都被限制了。所以，定位和夹紧是两个概念，绝不能混淆。

2. 工件定位的方式

工件在机床上的定位，根据加工要求，并不是所有的工件都需要限制 6 个自由度。工件定位有以下几种情况。

（1）完全定位。工件的 6 个自由度全部被限制的定位。

（2）不完全定位。工件的部分自由度被限制的定位。

（3）欠定位。工件定位时，应该限制的自由度没有被全部限制的定位。这种情况在实际定位时不允许发生。

（4）过定位（重复定位）。工件定位时，几个定位元件重复限制工件同一自由度的定位。在通常情况下不允许出现这种定位方式。但一些刚性较差的零件，往往要采用过定位方式。

【训练任务】试分析在铣床上加工图 9–1 所示小连杆工件的 8 个槽时，需要限制几个自由度？限制哪几个自由度？属于什么定位方式？

知识点 9.2　定位方法与定位元件

工件的定位是通过工件上的定位表面与夹具上的定位元件相接触或配合来实现的。当工件以回转表面与定位元件接触或配合时，工件上的回转表面称为定位基面，其轴心线称为定位基准。如工件以圆孔在心轴上定位，工件的内孔面成为定位基面，它的轴线称为定位基准。与此相对应，心轴的圆柱面成为限位基面，心轴的轴线成为限位基准。同样的，工件以平面与定位元件接触时，工件上实际平面是定位基面，它的理想状态是定位基准。如果工件的这个面经过精加工，形位误差足够小，可以认为定位基面就是定位基准。同样的，定位元件以平面限位时，如果形位误差足够小，也可以认为限位基面就是限位基准。

9.2.1　工件以平面定位

在机械加工中，利用工件上的一个或几个平面作为定位基准来定位工件的方式，称为平面定位。如箱体、支架类零件等，常以平面为定位基准。平面定位常用的定位元件有固定支承、可调支承和自位支承。

1. 固定支承

固定支承是指高度尺寸固定，不能调整的支承，包括固定支承钉和固定支承板两类。常用支承钉的结构形式如图 9–7 所示。当工件以粗糙不平的毛坯面定位时，采用球头支承钉（B 型），使其与毛坯良好接触。齿纹头支承钉（C 型）用在工件的侧面，能增大摩擦系数，防止工件滑动。当工件以加工过的平面定位时，可采用平头支承钉（A 型）。

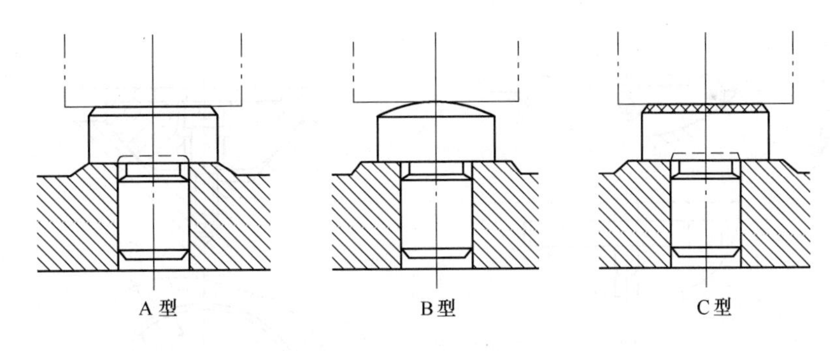

图 9–7　常用支承钉的结构形式

工件以精基准面定位时，除采用上述平头支承钉外，还常用图 9–8 所示的支承板作定位元件。A 型支承板结构简单，便于制造，但不利于清除切屑，故适用于顶面和侧面定位。B 型支承板则易保证工作表面清洁，故适用于底面定位。夹具装配时，为使几个支承钉或支承板严格共面，装配后需将其工作表面一次磨平，从而保证各定位表面的等高性。

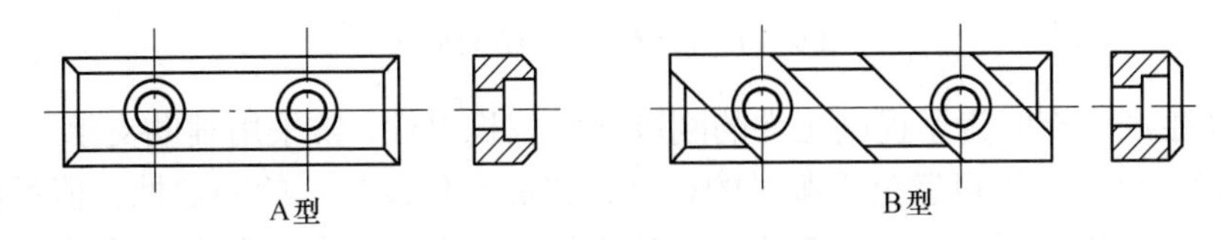

图 9–8　常用支承板的结构形式

2. 可调支承

可调支承是指顶端位置可在一定高度范围内调整的支承。常用的可调支承结构如图 9–9 所示。可调支承多用于支承工件的粗基准面，支承高度可根据需要进行调整，调整到位后用螺母锁紧。一个可调支承限制一个自由度。

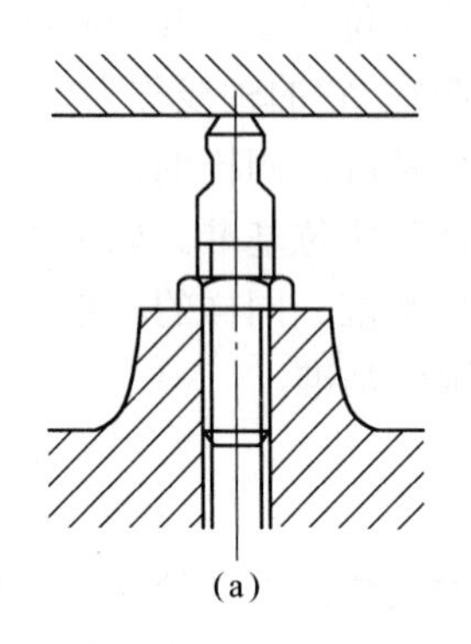

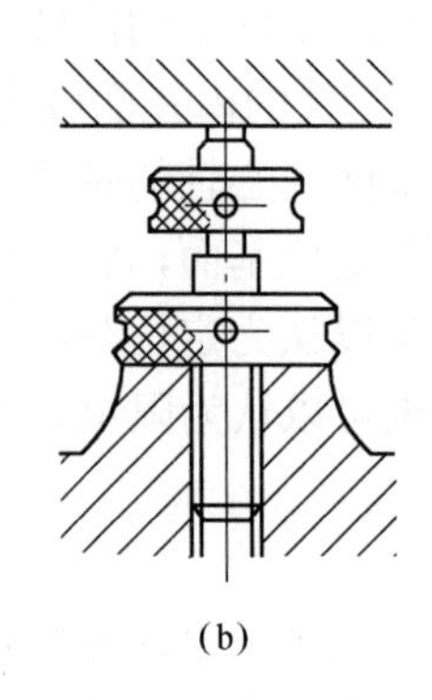

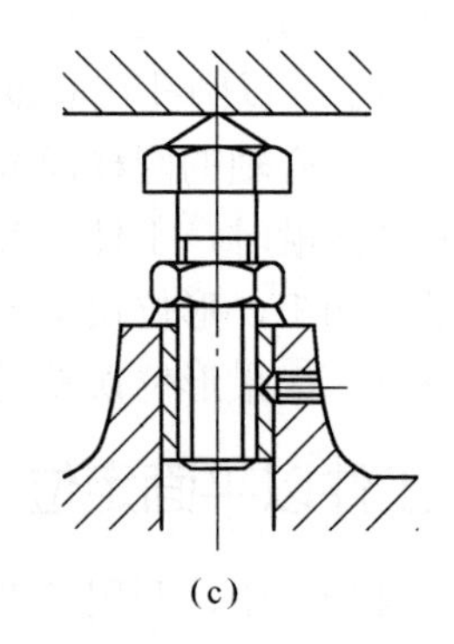

图 9–9　常用可调支承的结构形式

3. 自位支承

自位支承是指支承本身的位置在定位过程中能自动适应工件定位基准面位置变化的一类支承。自位支承能增加与工作定位面的接触点数目，使单位面积压力减小，故多用于刚度不足的毛坯表面或不连续平面的定位。图 9–10 为几种自位支承的结构形式，无论图 9–10（a）、图 9–10（b）还是图 9–10（c）都只相当于一个定位支承点，仅限制工件的一个自由度。

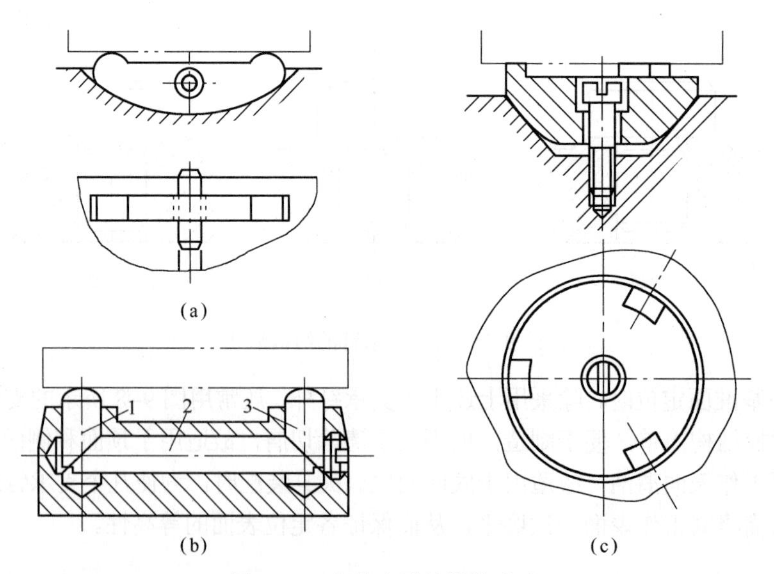

图 9–10　自位支承的结构形式

此外，在生产中有时为了提高工件的刚度和定位稳定性，常采用辅助支承。图 9–11 在靠近铣刀处增设辅助支承，可避免铣削时的振动，提高定位及加工的稳定性。值得注意的是，无论采用哪种形式的辅助支承，它都不起定位作用，因此不限制工件的自由度。

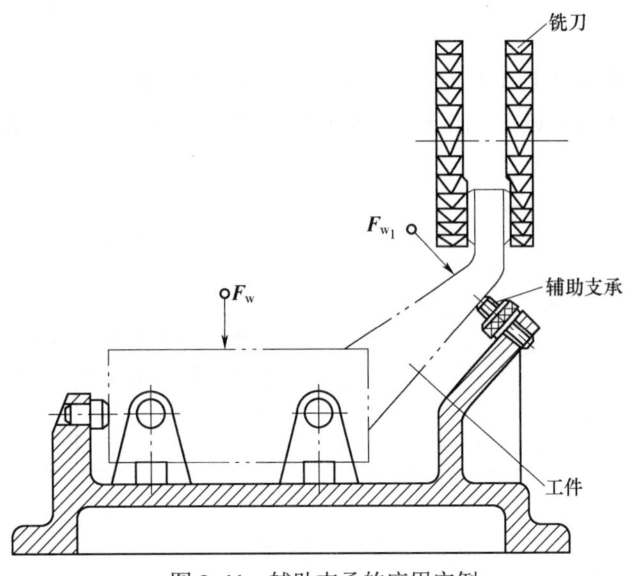

图 9–11　辅助支承的应用实例

9.2.2　工件以圆孔定位

有些工件，如套筒、法兰盘等工件常以孔作为定位基准，此时采用的定位元件有定位销、圆锥销、定位心轴等。

1. 定位销

图 9–12 为几种常用的圆柱定位销，其工作部分直径 d 通常根据加工要求和便于装夹，按 g5、g6、f6 或 f7 制造。图 9–12（a)、图 9–12（b)、图 9–12（c）所示定位销为固定式定位销，采用过盈配合与夹具体连接。图 9–12（d）为带衬套的可换式圆柱销结构，这种定位销与衬套的配合采用间隙配合，故其位置精度较固定式定位销低，一般用于大批量生产中。

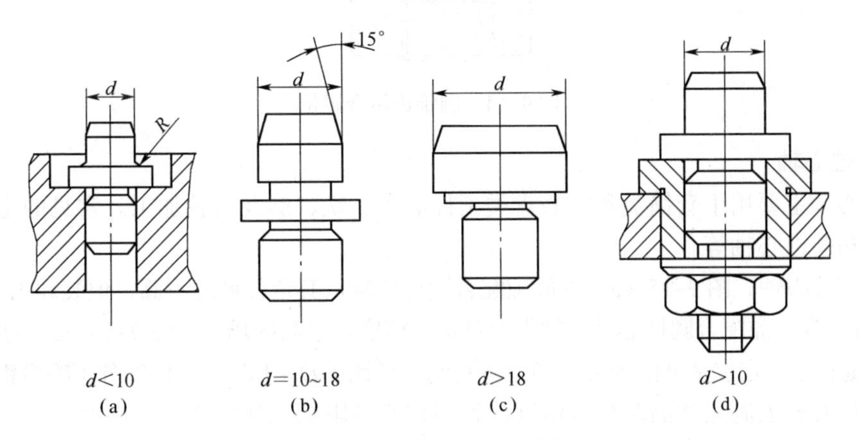

图 9–12　几种常用的圆柱定位销

为便于工件顺利装入，定位销的头部应有 15° 倒角。

短圆柱销限制工件的两个自由度，长圆柱销限制工件的 4 个自由度。

2. 圆锥销

在加工套筒、空心轴等类工件时，也经常用到圆锥销，如图 9–13 所示。图 9–13（a）用于粗基准的定位，图 9–13（b）用于精基准的定位。圆锥销限制了工件 $\vec{X}$ 、$\vec{Y}$ 、$\vec{Z}$ 3 个移动自由度。

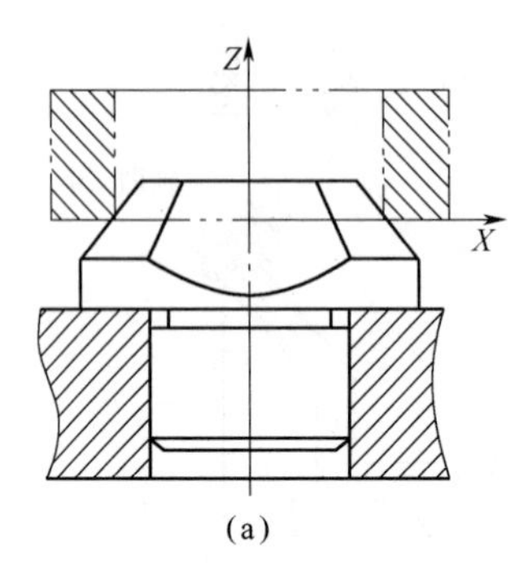

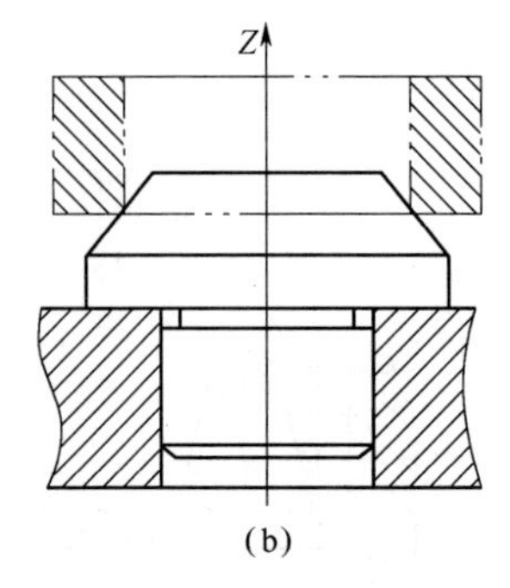

图 9–13　圆锥销

工件在单个圆锥销上定位容易倾斜，所以圆锥销一般与其他定位元件组合定位。如图 9–14 所示，工件以底面作为主要定位基面，采用活动圆锥销，只限制 $\vec{X}$ 、$\vec{Y}$ 两个移动自由度，即使工件的孔径变化较大，也能准确定位。

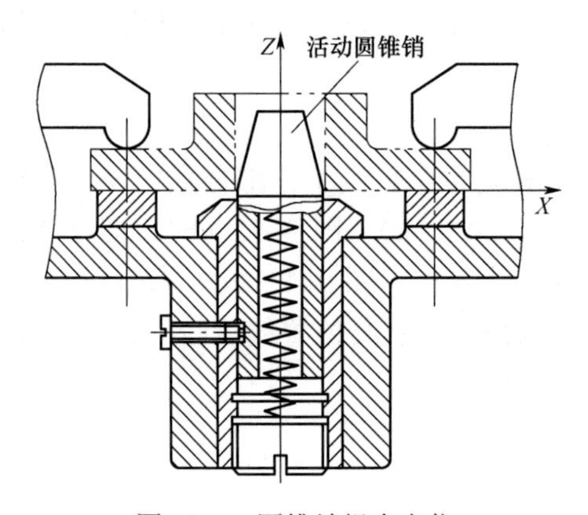

图 9–14　圆锥销组合定位

3. 定位心轴

定位心轴主要用于套筒类和空心盘类工件的车、铣、磨及齿轮加工。常见的定位心轴有圆柱心轴和圆锥心轴等。

（1）圆柱心轴。图 9–15（a）为间隙配合圆柱心轴，其定位精度不高，但装卸工件较方便。图 9–15（b）为过盈配合圆柱心轴，常用于对定心精度要求高的场合。图 9–15（c）为花键心轴，用于以花键孔作为定位基准的场合。当工件孔的长径比 $L/D>1$ 时，工作部分可略带锥度。

短圆柱心轴限制工件的两个自由度，长圆柱心轴限制工件的 4 个自由度。

（2）圆锥心轴。图 9–16 是以工件上的圆锥孔在圆锥心轴上定位的情形。这类定位方式是圆锥面与圆锥面接触，要求锥孔和圆锥心轴的锥度相同，接触良好，因此定心精度与角向定位精度均要求较高，而轴向定位精度取决于工件孔和心轴的尺寸精度。圆锥心轴限制工件的 5 个自由度，即除绕轴线转动的自由度没限制外均已限制。

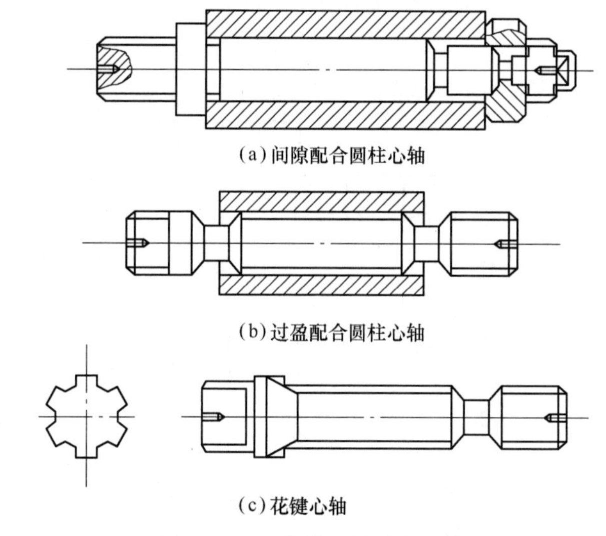
(a) 间隙配合圆柱心轴
(b) 过盈配合圆柱心轴
(c) 花键心轴

图 9–15　几种常见的圆柱心轴

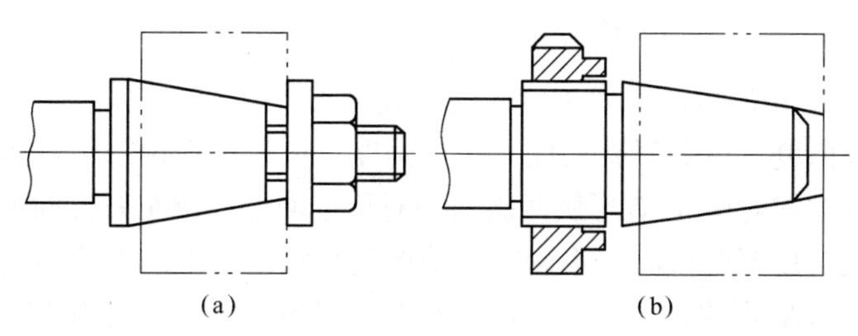
(a)　(b)

图 9–16　圆锥心轴

9.2.3　工件以外圆柱面定位

工件以外圆柱面作为定位基准时，根据外圆柱面的完整程度、加工要求和安装方式，可以在 V 形块、定位套、半圆套及圆锥套中定位。其中最常用的是在 V 形块上定位。

1. V 形块

V 形块有固定式和活动式之分。图 9–17 为常用固定式 V 形块。其中，图 9–17（a）用于较短的精基准定位，图 9–17（b）用于较长的粗基准（或阶梯轴）定位，图 9–17（c）用于两段精基准面相距较远的场合，图 9–17（d）中的 V 形块是在铸铁底座上镶淬火钢垫而成的，用于定位基准直径与长度较大的场合。

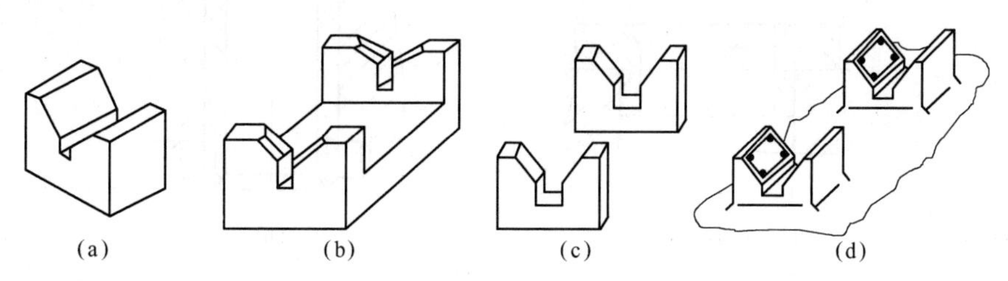
(a)　(b)　(c)　(d)

图 9–17　固定式 V 形块

图 9–18 所示的活动式 V 形块限制工件在 Y 方向上的移动自由度。它除定位外，还兼有夹紧作用。

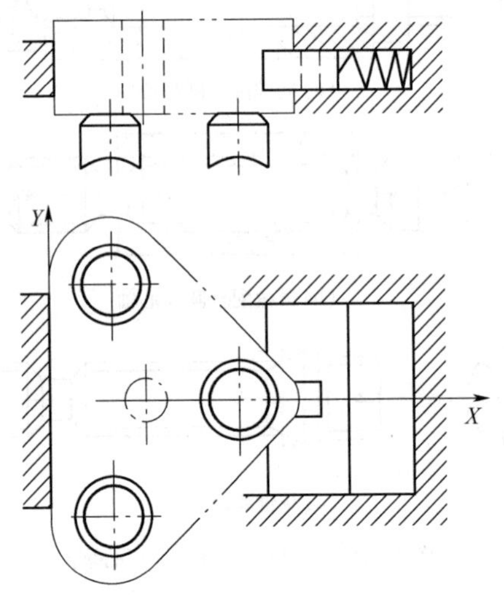

图 9–18 活动式 V 形块的应用

根据工件与 V 形块的接触母线长度，固定式 V 形块可以分为短 V 形块和长 V 形块，前者限制工件两个自由度，后者限制工件 4 个自由度。V 形块定位的优点是，对中性好，即能使工件的定位基准轴线对中在 V 形块两斜面的对称平面上，在左右方向上不会发生偏移，且安装方便。其次是应用范围较广，不论定位基准是否经过加工，不论是完整的圆柱面还是局部圆弧面，都可采用 V 形块定位。V 形块上两斜面间的夹角一般选用 60°、90° 和 120°，其中以 90° 应用最多。其典型结构和尺寸均已标准化，设计时可查国家标准手册。V 形块的材料一般用 20 钢，渗碳深 0.8～1.2 mm，淬火硬度为 60～64 HRC。

2. 定位套

工件以外圆定位也可以采用定位套，如图 9–19 所示。定位套可分为短定位套和长定位套。图 9–19（a）为短定位套，限制工件的 2 个自由度，图 9–19（b）为长定位套，限制工件的 4 个自由度。定位套结构简单，容易制造，但定心精度不高，一般适用于精基准定位。

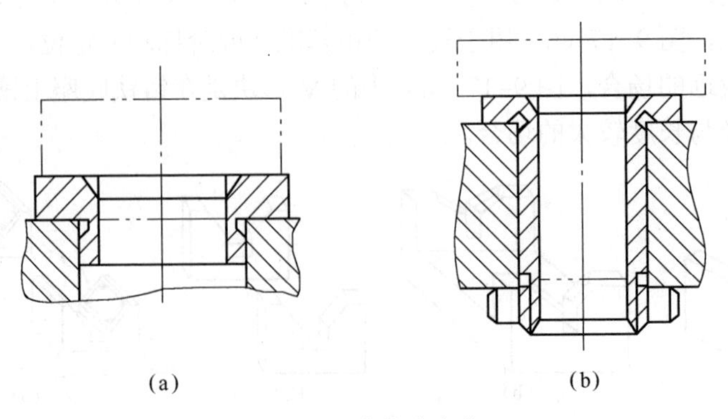

图 9–19 定位套定位

3. 半圆套

图 9–20 为半圆套结构简图，下半圆起定位作用，上半圆起夹紧作用。图 9–20（a）为可卸式，图 9–20（b）为铰链式，后者装卸工件方便些。短半圆套限制工件 2 个自由度，长半圆套限制工件 4 个自由度。

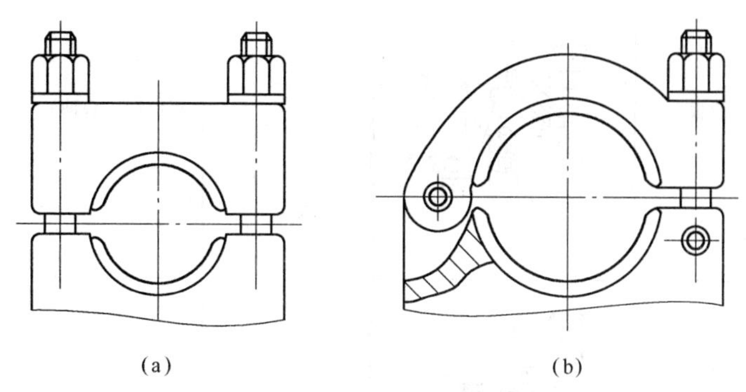

图 9–20 半圆套结构简图

4. 圆锥套

工件以圆锥面为定位基准面时可采用圆锥套定位。定位时，常与后顶尖（反顶尖）配合使用。如图 9–21 所示，夹具体锥柄 1 插入机床主轴孔中，通过传动螺钉 2 对定位圆锥套 3 传递扭矩，工件 4 圆柱左端部在定位圆锥套 3 中通过齿纹锥面进行定位，限制工件的 3 个移动自由度。工件圆柱右端锥孔在后顶尖 5（当外径小于 6 mm 时，用反顶尖）上定位，限制工件的 2 个转动自由度。

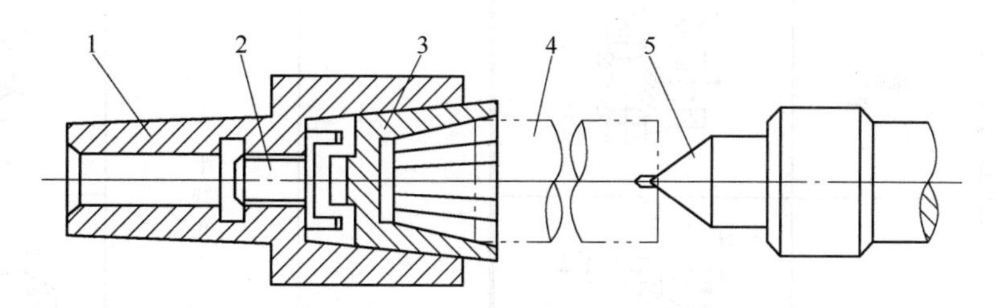

图 9–21 工件在圆锥套中定位

表 9–1、表 9–2 为常用定位元件所限制的自由度。

表 9–1 平面定位元件所限制的自由度

工件定位基准面	定位元件	定位方式及所限制的自由度	工作定位基准面	定位元件	所限制的自由度
平面	支承钉		平面	固定支承与辅助支承	

续表

工件定位基准面	定位元件	定位方式及所限制的自由度	工作定位基准面	定位元件	所限制的自由度
平面	支承板	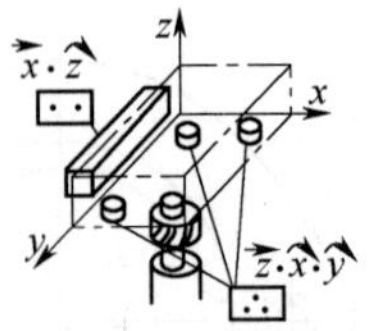	圆孔	定位销（心轴）	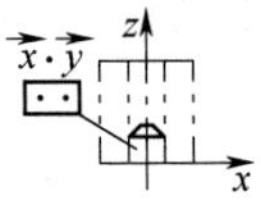
					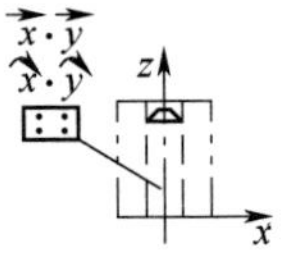
	固定支承与自位支承	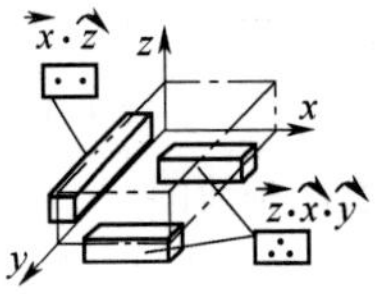		锥销	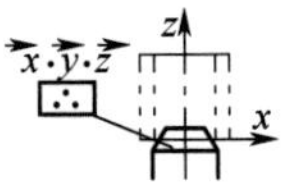

表 9–2　外圆和孔定位元件所限制的自由度

工件定位基准面	定位元件	定位方式及所限制的自由度	工件定位基准面	定位元件	所限制的自由度
圆孔	锥销	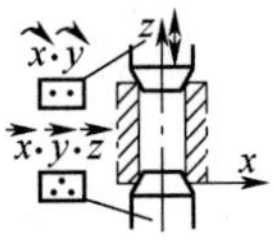	外圆柱面	半圆孔	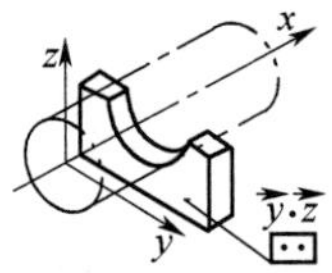
外圆柱面	支承板或支承钉	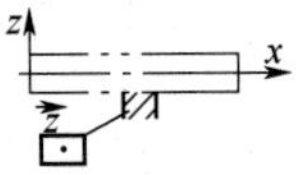			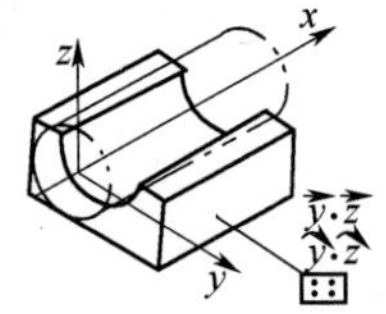
		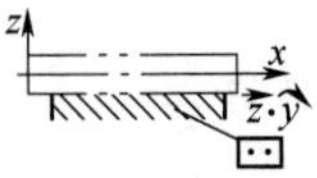		锥套	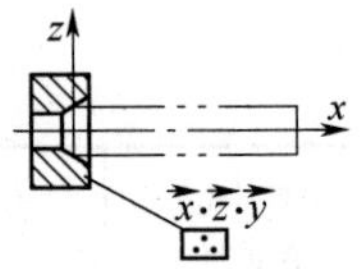
	V形块	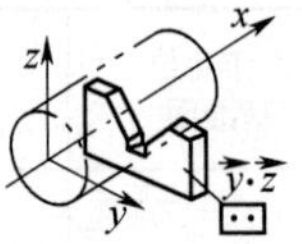			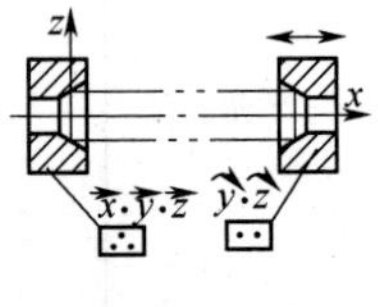
		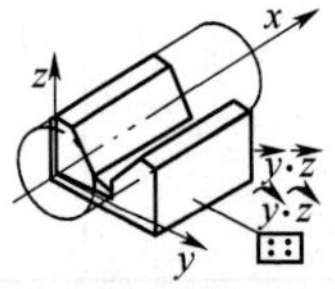			

续表

工件定位基准面	定位元件	定位方式及所限制的自由度	工件定位基准面	定位元件	所限制的自由度
外圆柱面	V形块	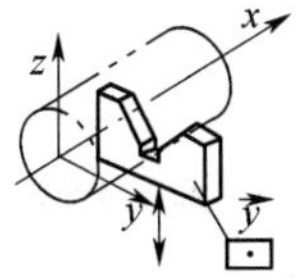	锥孔	顶尖	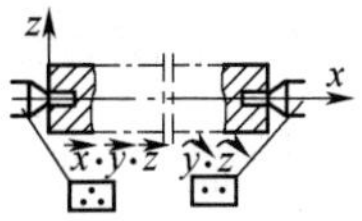
	定位套	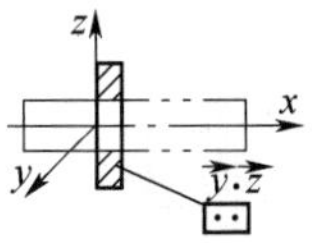		锥心轴	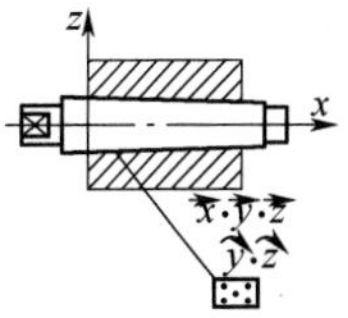
		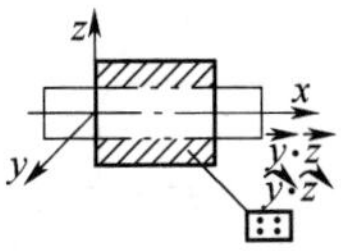			

知识点 9.3　机床夹具的结构

机床夹具是机床上用以装夹工件（和引导刀具）的一种装置。其作用是将工件定位，以使工件获得相对于机床和刀具的正确位置，并把工件可靠地夹紧。

机床夹具可根据其使用范围，分为通用夹具、专用夹具、组合夹具、通用可调夹具和成组夹具等类型。根据所使用的机床可将夹具分为车床夹具、铣床夹具、钻床夹具（钻模）、镗床夹具（镗模）、磨床夹具和齿轮机床夹具等。根据产生夹紧力的动力源可将夹具分为手动夹具、气动夹具、液压夹具、电动夹具、电磁夹具和真空夹具等。

9.3.1　机床夹具的结构组成

机床夹具结构的主要组成部分有定位元件、夹紧装置、导向元件和对刀装置、连接元件、夹具体、其他元件及装置。

（1）定位元件。定位元件起定位作用，保证工件相对于夹具的位置，可用六点定位原理来分析其所限制的自由度。

（2）夹紧装置。夹紧装置用以将工件夹紧，以保证工件在加工时保持所限制的自由度。根据动力源的不同，可分为手动、气动、液动和电动等夹紧方式。

（3）导向元件和对刀装置。用来保证刀具相对于夹具的位置，对于钻头、扩孔钻、铰刀、镗刀等孔加工刀具用导向元件，对于铣刀、刨刀等用对刀装置。

（4）连接元件。它保证夹具和机床工作台之间的相对位置。对于铣床夹具由定位键与铣床工作台上的 T 形槽相配来进行定位，再用螺钉夹紧。

（5）夹具体。它是夹具的基础部件。定位元件、夹紧装置、导向元件、对刀装置、连接元件等都装在夹具体上。夹具体比较复杂，它保证各元件之间的相对位置。对于加工精度来说，主要是控制刀具相对于工件的位置，工件在夹具上进行加工时，这个相对位置关系是由定位元件、导向元件或对刀装置并通过夹具体来保证，所以夹具体的精度要求比较高。

（6）其他元件及装置。如动力装置的操作系统等。

9.3.2 机床夹具的设计原理

下面以某铣床夹具（见图 9–22）为例，来说明夹具的结构组成和工作原理。本夹具用来加工图 9–22 所示工件的键槽。

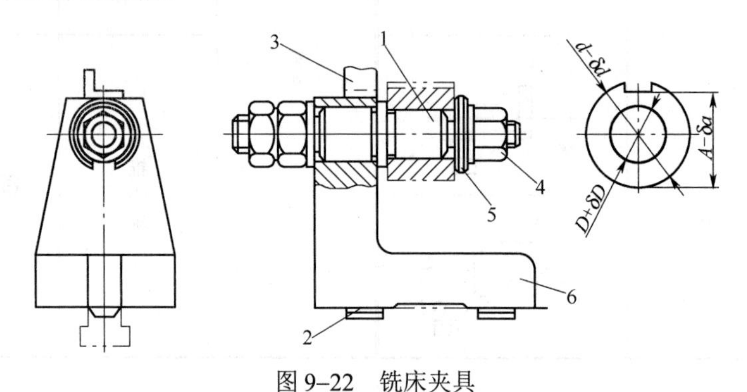

图 9–22 铣床夹具

1—心轴；2—定位键；3—对刀块；4—螺母；5—开口垫圈；6—夹具体

1. 定位和夹紧

以工件内孔为定位面，用心轴 1 定位，因此定位元件为心轴 1，共限制 5 个自由度。用螺母 4 和开口垫圈 5 夹紧，夹紧简单、可靠、方便。

2. 对刀元件

工件加工的关键是保证刀具和工件的正确位置关系，因此对刀很重要。机床夹具对刀的要求是准确而快速。因此，对刀元件的设计及安装在整个夹具中是极为重要的一环。在铣床和刨床夹具中，大多数都有对刀装置，以便快速地调整刀具的相对位置。对刀装置主要由基座、专用对刀块和对刀塞尺组成。基座是装置的安装基础，可根据具体结构和高度专门设计，对刀块和对刀塞尺均已经标准化。对刀装置的结构形式取决于加工表面的形状。图 9–23 为几种常用的标准对刀块，其中，图 9–23（a）为圆形对刀块，用于加工平面。图 9–23（b）为方形对刀块，用于调整组合铣刀的位置。图 9–23（c）、图 9–23（d）为直角对刀块，用于加工两相互垂直面或铣槽时的对刀。图 9–22 中 3 即为直角对刀块。图 9–23（d）为侧装对刀块。这些标准对刀块的结构参数均可从有关手册中查取。

为了较准确地控制对刀位置，并防止对刀时碰伤刀刃和对刀块，一般在刀具和对刀块之间塞一规定尺寸的塞尺，通过抽动塞尺并感觉塞尺和刀具接触的松紧程度来判断刀具的调整是否到位。标准塞尺有平塞尺和圆柱塞尺。平塞尺有 1 mm、2 mm、3 mm、4 mm 和 5 mm 五种规格，圆柱塞尺有 3 mm 和 5 mm 两种规格。

铣削对刀过程如图 9–24 所示。一旦刀具对刀成功后，注意不要移动铣刀在该坐标轴的位置。

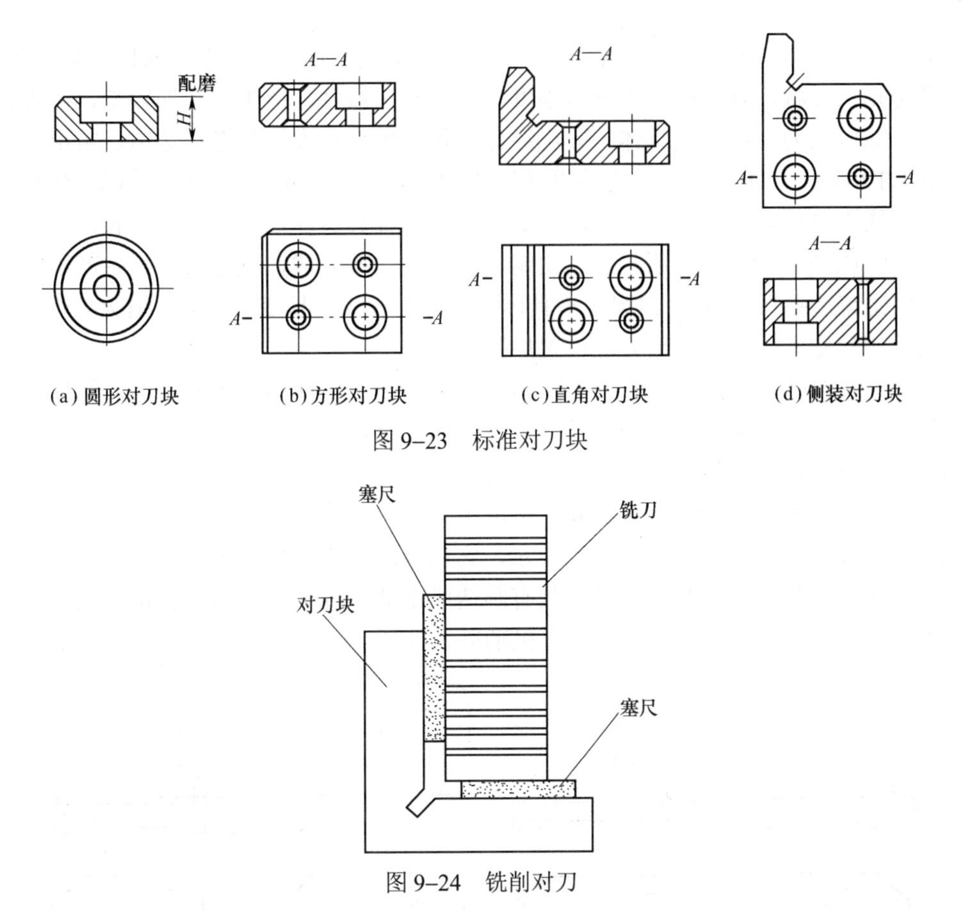

(a) 圆形对刀块　(b) 方形对刀块　(c) 直角对刀块　(d) 侧装对刀块

图 9–23　标准对刀块

图 9–24　铣削对刀

9.3.3　夹具体

夹具体的要求如下。

（1）有适当的精度和尺寸稳定性。夹具体上的重要表面，如安装定位元件的表面，安装对刀或导向元件的表面，以及夹具体与机床相连接的表面等，应有适当的尺寸、形状精度和位置精度。为使夹具体尺寸稳定，铸造夹具体要进行时效处理，焊接和锻造夹具体要进行退火处理。

（2）有足够的强度和刚度。加工过程中，为保证夹具体不产生过量变形和振动，夹具体应有足够的强度和刚度，因此夹具体需有一定的壁厚。比如，铸造和焊接夹具体常设置加强筋。

（3）结构工艺性好。夹具体应便于制造、装配和检验。铸造夹具体上安装各种元件的表面应铸出凸台，以减少加工面积。

（4）排屑方便。切屑多时，夹具体上应考虑设置排屑结构，如设置排屑孔或排屑槽等。

（5）在机床上安装稳定可靠。夹具在机床上的安装都是通过夹具体上的安装基面与机床上相应表面的接触或配合实现的。当夹具在机床工作台上安装时，夹具的重心应尽量低。重心越高则支承面应越大，夹具底面四边应凸出，使其接触良好，或者底部设置 4 个支脚。当夹具在机床主轴上安装时，夹具安装基面与主轴相应表面应有较高的配合精度，并保证安装稳定可靠。

选择夹具体时，应根据生产实际情况选用。夹具体的常见结构形式如下。

（1）铸造夹具体。如图 9–25（a）所示，目前铸造夹具体应用最广，其优点是工艺性好，可铸出各种复杂形状，具有较好的抗压强度、刚度和抗振性，但生产周期较长，需进行时效处理，以消除内应力。铸铁夹具体一般已经标准化，供夹具设计制造时选用。常用材料为灰铸铁（如 HT200），要求强度高时用铸钢（如 ZG35），要求质量小时用铸铝（如 ZL104）。

（2）焊接夹具体。制造单台夹具时，如果选用铸件夹具体，周期往往太长，此时应选用焊接夹具体。如图 9–25（b）所示，它由钢板、型材焊接而成，制造方便，生产周期短，质量小（壁厚比铸造夹具体薄）。但焊接夹具体的热应力较大，易变形，需经退火处理，以保证夹具体尺寸的稳定性，刚度不足处应设置加强筋。

（3）锻造夹具体。如图 9–25（c）所示，它适用于形状简单，尺寸不大，强度、刚度要求大的场合，锻造后也需经退火处理。此类夹具体应用较少。

（4）型材夹具体。小型夹具体可以直接用板料、棒料、管料等型材加工装配而成。这类夹具体取材方便、生产周期短、成本低、质量小。

（5）装配夹具体。如图 9–25（d）所示，它由标准的毛坯件、零件及个别非标准件通过螺钉、销钉连接组装而成。此类夹具体具有制造成本低、周期短、精度稳定等优点，有利于夹具标准化、系列化，也便于夹具的计算机辅助设计。

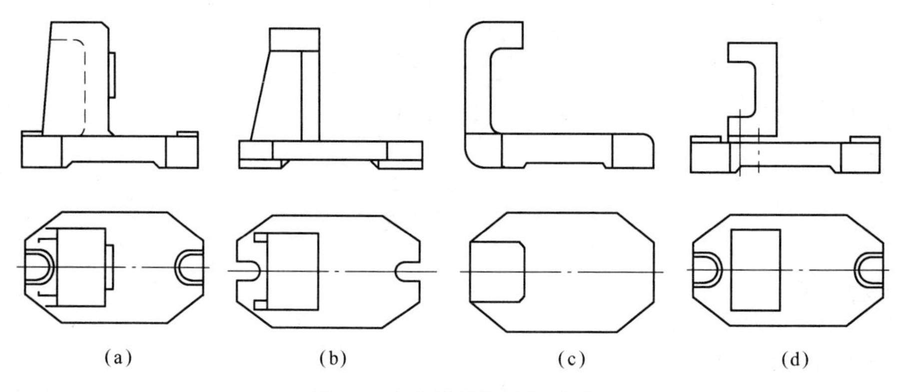

图 9–25　夹具体的毛坯类型

9.3.4　夹具在机床上的安装

安装在机床工作台平面上的夹具，其夹具体的底面便是夹具的安装基准面，因而应经过比较精密的加工，以保证良好的接触并为其他表面提供良好的工艺基准。对于像铣床类夹具，在加工有方向性要求的表面时，为了保证夹具的定位元件相对于切削运动有准确的方向，需要在夹具体上安装定位键，这样夹具安装到机床上时就不需要找正便可确定它的正确位置，然后再紧固。定位键的结构如图 9–26 所示，有 A 型和 B 型两种，它们上部与夹具体底面上的槽相配合，并用螺钉紧固在夹具体上。A 型定位键的下部与机床工作台上的 T 形槽按 h6 或 h8 配合，B 型定位键的下部预留 0.5 mm 余量，按 T 形槽实际尺寸配合，极限偏差取 h6 或 h8。键与槽的配合情况如图 9–26（c）所示。由于定位键在键槽中总是有间隙的，所以在安装时，可将定位键靠在 T 形槽的一侧，以提高导向精度。

要保证工件在机床的正确位置，首先必须保证夹具在机床中的正确位置关系。图 9–22 中定位键 2 即通过与铣床工作台 T 形槽的定位来保证该夹具在工作台上的正确定位。

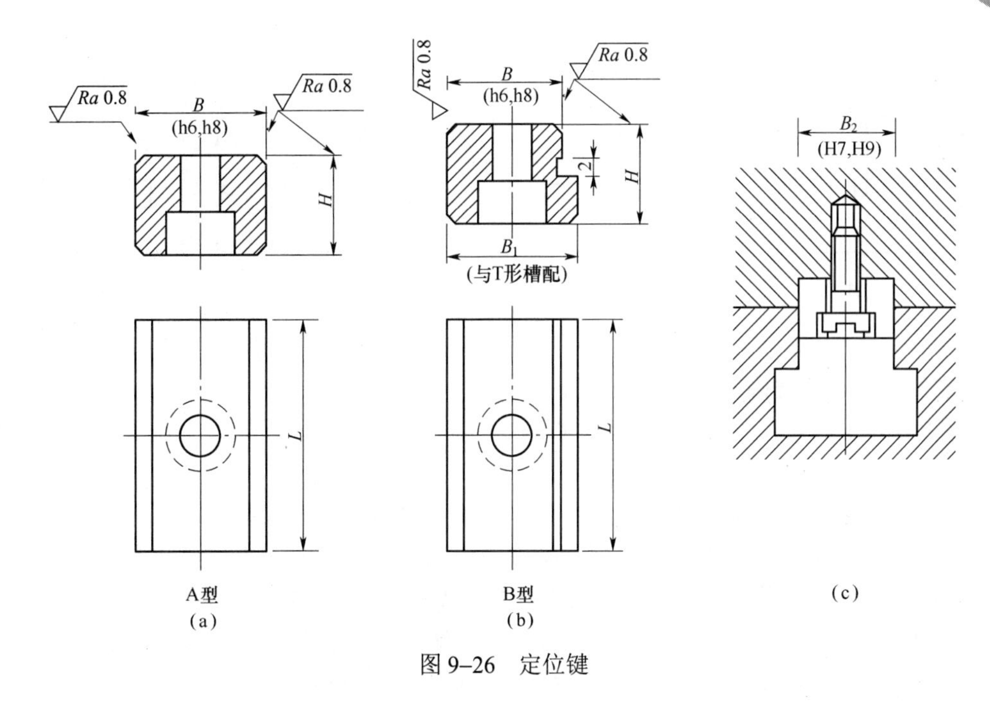

图 9–26　定位键

知识点 9.4　定位误差分析

当夹具在机床上的定位精度已达到要求时，如果工件在夹具中定位得不准确，将会使设计基准在加工尺寸方向上产生偏移，往往导致加工后工件精度达不到要求。设计基准在工序尺寸方向的最大位置变动量称为定位误差，以 Δd_w 表示。

9.4.1　产生定位误差的原因

1. 定位基准与设计基准不重合产生的定位误差

图 9–27 所示零件，底面 3 和侧面 4 已加工好，现需加工台阶面 1 和顶面 2。

工序一：加工顶面 2，以底面和侧面定位，此时定位基准和设计基准都是底面 3，即基准重合。加工时，使刀具调整尺寸与工序尺寸一致，即 $C=H\pm\Delta H$（对于一批工件来说，可视为常量），则定位误差 $\Delta d_w=0$。

工序二：加工台阶面 1，定位同工序一，此时定位基准为底面 3，而设计基准为顶面 2，即基准不重合。即使本工序刀具以底面为基准调整得绝对准确，且无其他加工误差，仍会由于上一工序加工顶面 2 后在 $H\pm\Delta H$ 范围内变动，导致加工尺寸 $A\pm\Delta A$ 变为 $A\pm\Delta A\pm\Delta H$，其误差为 $2\Delta H$，显然该误差完全是由于定位基准与设计基准不重合引起的，称为“基准不重合误差”，以 $\varDelta_{jb}$ 表示，即 $\varDelta_{jb}=2\Delta H$。如果将定位基准到设计基准间的尺寸称为联系尺寸，则基准不重合误差就等于联系尺寸的公差。

图 9–27 中，工序改进方案使基准重合了（$\varDelta_{jb}=0$）。这种方案虽然提高了定位精度，但夹具结构复杂，工件安装不便，并使加工稳定性和可靠性变差，因而有可能产生更大的加工误差。因此，从多方面考虑，在满足加工要求的前提下，基准不重合的定位方案在实践中也可以被采用。

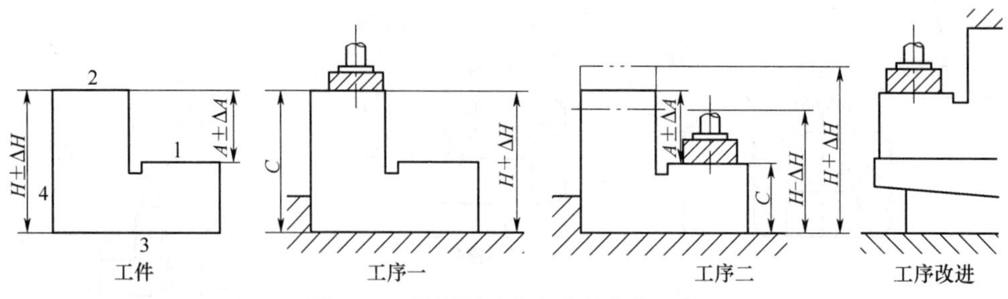

图 9–27　基准不重合产生的定位误差

2. 定位副制造不准确产生的定位误差

如图 9–28（a）所示，工件以内孔中心 O 为定位基准，套在心轴 O_1 上铣上平面，工序尺寸为 $H+\Delta H$。

从定位角度看，孔心线与轴心线重合，即设计基准与定位基准重合，$\varDelta_{jb}=0$。

但实际上，定位心轴和工件内孔都有制造误差，而且为了便于工件套在心轴上，还应留有间隙，故安装后孔和轴的中心必然不重合［见图 9–28（b)］，使得两个基准发生位置变动。设孔径为 $D_0^{+\Delta D}$，轴径为 $d_{-\Delta d}^{0}$，最小间隙配合为 $\varDelta=D-d$。当心轴如图 9–28（b）水平放置时，工件与心轴始终在上母线 A 单边接触。则设计基准 O 与 O_1 间的最大和最小距离分别为

$$\overline{OO}_{1\max}=\overline{OA}-\overline{O_1A}=\frac{D+\Delta D}{2}-\frac{d+\Delta d}{2}$$

$$\overline{OO}_{1\min}=\frac{D}{2}-\frac{d}{2}$$

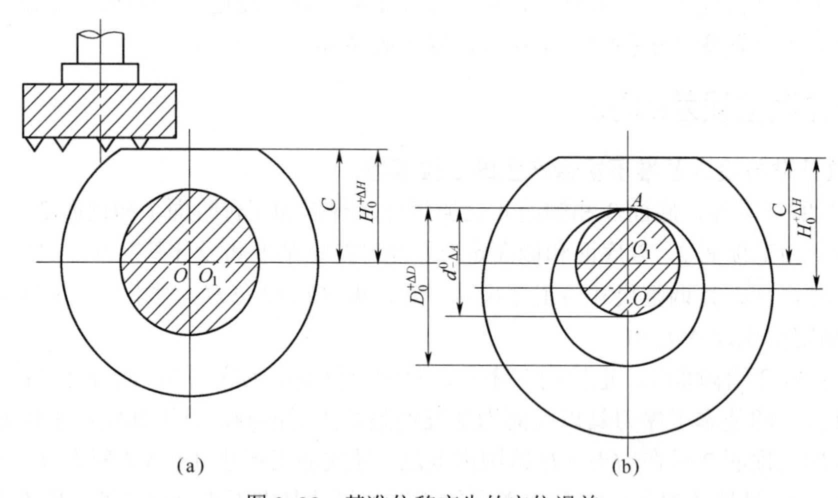

图 9–28　基准位移产生的定位误差

因此，由于基准发生位移而造成的加工误差为

$$\varDelta_{jw}=\overline{OO}_{1\max}-\overline{OO}_{1\min}=\left(\frac{D+\Delta D}{2}-\frac{d+\Delta d}{2}\right)-\left(\frac{D}{2}-\frac{d}{2}\right)$$

$$=\frac{\Delta D}{2}+\frac{\Delta d}{2}=\frac{1}{2}(\Delta D+\Delta d)$$

故定位误差为内孔公差 ΔD 与心轴公差 Δd 之和的一半，且与最小配合 Δ 无关。

若将工件定位基准与夹具定位元件称为“定位副”，则由于定位副制造误差也直接影响定位精度。这种由于定位副制造不准确，使得设计基准位置发生变动而产生的定位误差，称为“基准位移误差”，用 Δ_{jw} 表示。上例中，若心轴垂直放置，则工件孔与心轴可能在任意边接触，此时定位误差为

$$\Delta_{jw}=\Delta D+\Delta d+\Delta$$

9.4.2　定位误差的分析与计算

定位误差通常可按两种方法进行分析计算：一是先分别求出基准位移误差和基准不重合误差，再求出其在加工尺寸方向上的矢量和，即 $\Delta d_w=\Delta_{jb}+\Delta_{jw}$；二是按最不利情况，确定一批工件设计基准的两个极限位置，再根据几何关系求出此两位置的距离，并将其投影到加工尺寸方向上，便可求出定位误差。

下面举例说明工件用 V 形块定位时的定位误差计算。

如图 9–29 所示，直径为 $d^{0}_{-\Delta d}$ 的轴在 V 形块上定位铣平面，加工表面的工序尺寸有三种不同的标注方式。

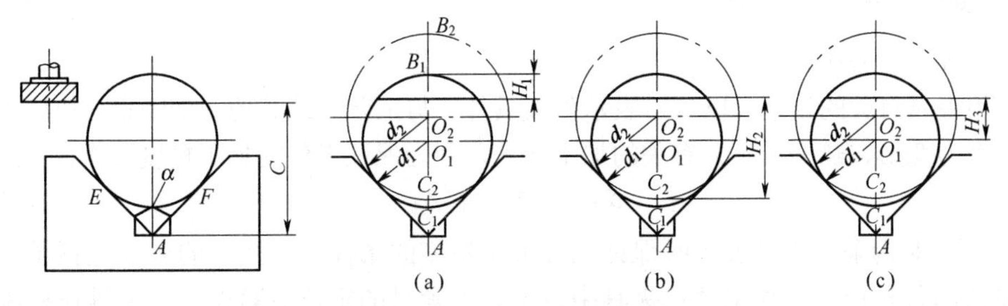

图 9–29　用 V 形块定位的误差

（1）要求保证上母线到加工面的尺寸 H_1，即设计基准为 B，如图 9–29（a）所示；

（2）要求保证下母线到加工面的尺寸 H_2，即设计基准为 C，如图 9–29（b）所示；

（3）要求保证轴心线到加工面的尺寸 H_3，即设计基准为 O，如图 9–29（c）所示。

三种尺寸标注的工件均以外圆上的半圆面为定位基准，在 V 形块上定位。若工件尺寸有大有小，则接触点 E、F 的位置将会变化，所以，加工前以不变点 A（V 形块两工作表面的交点）作为调整刀具位置尺寸 C 的依据。因此，对于尺寸 H_1、H_2、H_3 都有因基准不重合和定位基准本身制造误差而造成的定位误差。

现分别计算如下。

（1）尺寸 H_1 的定位误差。这时设计基准的最大位置变动量为 $\overline{B_1B_2}$，即定位误差：

$$\Delta D_{w1}=\overline{B_1B_2}=\overline{AB_2}-\overline{AB_1}=(\overline{AO_2}+\overline{O_2B_2})-\overline{AO_1}+\overline{O_1B_1}$$

$$=\left[\frac{d_2}{2}+\frac{d}{2\sin\dfrac{\alpha}{2}}\right]-\left[\frac{d_1}{2}+\frac{d_1}{2\sin\dfrac{\alpha}{2}}\right]=\frac{\Delta d}{2}\left[1+\frac{1}{2\sin\dfrac{\alpha}{2}}\right]$$

（2）尺寸 H_2 的定位误差。这时设计基准的最大位置变动量为 $\overline{C_1C_2}$，即定位误差：

$$\Delta D_{w2} = \overline{C_1C_2} = \overline{AC_2} - \overline{AC_1} = (\overline{QO_2} + \overline{O_2C_2}) - (\overline{AO_1} + \overline{O_1C_1})$$

$$= \frac{\Delta d}{2}\left[1 - \frac{1}{2\sin\frac{\alpha}{2}}\right]$$

（3）尺寸 H_3 的定位误差。这时设计基准的最大位置变动量为 $\overline{O_1O_2}$ ，即定位误差：

$$\Delta d_{w3} = \overline{O_1O_2} = \overline{AO_2} - \overline{AO_1} = \frac{d_2}{2\sin\frac{\alpha}{2}} - \frac{d_1}{2\sin\frac{\alpha}{2}} = \frac{\Delta d}{2}\left[\frac{1}{\sin\frac{\alpha}{2}}\right]$$

通过以上计算，可得出以下结论。

① $\Delta d_w \propto \Delta d$，定位误差随工件误差的增大而增大。

② Δd_w 与 V 形块夹角 α 有关，随 α 增大而减小，故一般取 $\alpha = 90°$ 。

③ 与 Δd_w 工序尺寸标注方式有关，本例中 $\Delta d_{w1} > \Delta d_{w3} > \Delta d_{w2}$。

9.4.3 保证加工精度的条件

在机械加工过程中，产生加工误差的因素很多。若规定工件的加工误差为 $\delta_{工件}$，并以 $\Delta_{夹具}$ 表示与采用夹具有关的误差，以 $\Delta_{加工}$ 表示除夹具外，与工艺系统其他一切因素（机床误差、刀具误差、受力变形、热变形等）有关的加工误差，则为保证工件的加工精度要求，必须满足

$$\delta_{工件} \geqslant \Delta_{夹具} + \Delta_{加工}$$

此不等式即为采用夹具加工时保证工件加工精度的条件。上式中的 $\Delta_{夹具}$ 包括了有关夹具设计与制造的各种误差，如工件在夹具中定位、夹紧时的定位夹紧误差，夹具在机床上安装时的安装误差，确定刀具位置的元件和引导刀具的元件与定位元件之间的位置误差等。因此，在夹具的设计与制造中，要尽可能减少这些与夹具有关的误差。这部分误差所占比例越大，留给补偿其他加工误差的比例就越小，其结果不是降低了零件的加工精度，就是增加了加工难度，导致加工成本增加。

知识点 9.5 夹紧装置的设计

工件在定位元件上定位后，为了保证在加工过程中不会因为切削力、机床振动力等外力作用而脱离其正确的定位位置，就必须把工件压紧夹牢，即夹紧。把工件夹紧的装置称为夹紧装置。夹紧装置对加工质量影响很大。夹紧装置必须安全、可靠、合理。

9.5.1 夹紧装置的基本要求

夹紧装置在设计时，有以下基本要求。

（1）夹紧过程中，不能改变工件定位后的正确位置。

（2）夹紧力不能使工件产生明显变形或损伤工件表面。

（3）夹紧装置力求结构简单，安全可靠。

（4）手动夹紧机构要有可靠的自锁性，机动夹紧装置要统筹考虑夹紧的自锁性和原动力的稳定性。

（5）夹紧装置操作应迅速方便，安全省力。

9.5.2　夹紧装置的组成

图 9–30 为夹紧装置组成示意图。它主要由以下三部分组成。

（1）力源装置。力源装置是产生夹紧作用力的装置，所产生的力称为原始力。其动力可用气动、液动、电动等。图 9–30 中的力源装置是气缸。对于手动夹紧来说，力源来自人力。

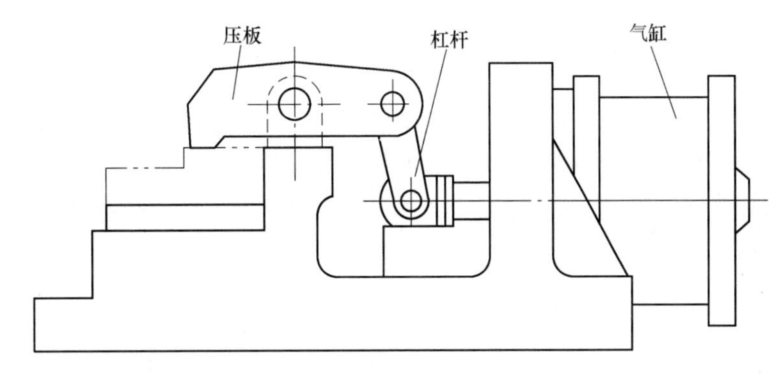

图 9–30　夹紧装置组成示意图

（2）中间传力机构。中间传力机构是介于力源和夹紧元件之间传递力的机构，如图 9–30 中的杠杆。在传递力的过程中，它能起到如下作用：① 改变作用力的方向；② 改变作用力的大小，通常是起增力作用；③ 使夹紧实现自锁，保证力源提供的原始力消失后，仍能可靠地夹紧工件，这对手动夹紧尤为重要。

（3）夹紧元件。夹紧元件与工件直接接触完成夹紧作用，如图 9–30 中的压板。夹紧装置的具体组成并非一成不变，须根据工件的加工要求、安装方法和生产规模等条件来确定。

9.5.3　夹紧力的确定

设计夹紧机构，首先必须合理确定夹紧力的三要素：大小、方向和作用点。

1. 夹紧力方向的确定

确定夹紧力作用方向时，应与工件定位基准的配置及所受外力的作用方向等结合起来考虑，其确定原则如下。

（1）夹紧力的作用方向应垂直于主要定位基准面。图 9–31 所示工件是以 *A*、*B* 面作为定位基准来镗孔 *C*，要求保证孔 *C* 轴线垂直于 *A* 面。为此应选择 *A* 面为主要定位基准，夹紧力 F_Q 作用方向应垂直于 *A* 面。这样，无论 *A* 面与 *B* 面有多大的垂直度误差，都能保证孔 *C* 轴线与 *A* 面垂直。否则，夹紧力 F_Q 方向垂直于 *B* 面，则因 *A*、*B* 面间有垂直度误差，使镗出的孔 *C* 轴线不垂直于 *A* 面，产生垂直度误差。

（2）夹紧力作用方向应使所需夹紧力最小。这样可使机构轻便、紧凑，工件变形小，对手动夹紧可减轻工人劳动强度。所以，最理想的夹紧力的作用方向是与重力、切削力方向一致。

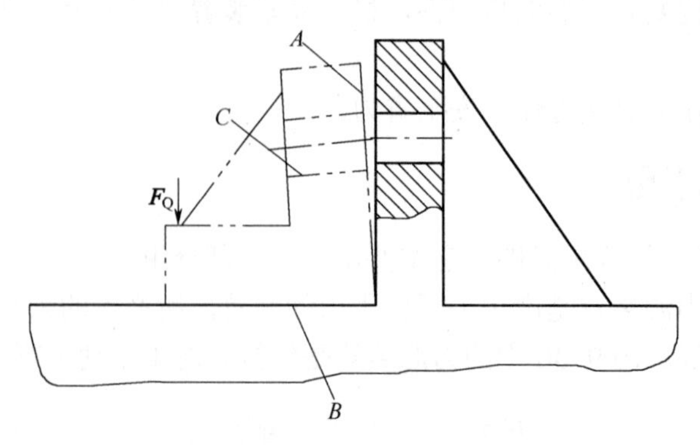

图 9–31　夹紧力作用方向不垂直于主要定位基准面

（3）夹紧力作用方向应使工件变形尽可能小。由于工件不同方向上的刚度不一致，因此不同的受力面也会因其受力面积不同而变形各异，夹紧薄壁工件时，尤应注意这种情况。如图 9–32 所示套筒的夹紧，用三爪自定心卡盘夹紧外圆显然要比用特制螺母从轴向夹紧工件的变形要大得多。

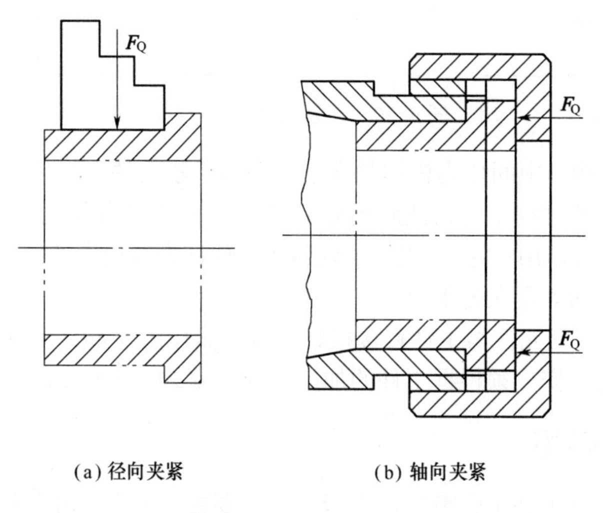

图 9–32　套筒夹紧

2. 夹紧力作用点的确定

夹紧力作用点的确定对工件的可靠定位、夹紧后的稳定和变形有显著影响，选择时应依据以下原则。

（1）夹紧力的作用点应落在支承元件或几个支承元件形成的稳定受力区域内。图 9–33（a）中夹紧力作用在支承面范围之外，工件发生倾斜，因而不合理，而图 9–33（b）则是合理的。

（2）夹紧力作用点应落在工件刚性好的部位。这样，工件的变形大大改善，夹紧也更可靠。这对刚性差的工件尤为重要。

（3）夹紧力作用点应尽可能靠近加工面。参见图 9–11，增设辅助支承，并附加夹紧力，以提高工件夹紧后的刚度。可减小切削力对夹紧点的力矩，从而减轻工件振动。

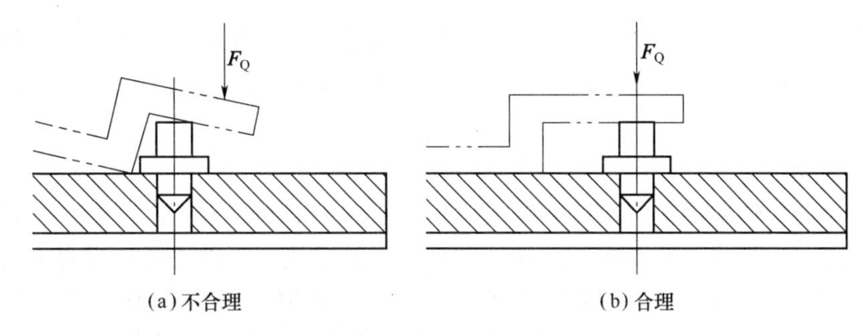

图 9–33　夹紧力作用点应在支承面内

3. 夹紧力的大小

夹紧力的大小可根据切削力和工件重力的大小、方向和相互位置关系具体计算。为安全起见，计算出的夹紧力应乘以安全系数 K，故实际夹紧力一般比理论计算值大 2～3 倍。进行夹紧力计算时，通常将夹具和工件看作一刚性系统，以简化计算。根据工件在切削力、夹紧力（重型工件要考虑重力，高速时要考虑惯性力）作用下处于静力平衡，列出静力平衡方程式，即可算出理论夹紧力。一般来说，手动夹紧时不必算出夹紧力的确切值，只有机动夹紧时，才进行夹紧力计算，以便确定动力部件（如气缸、液压缸直径等）的尺寸。

9.5.4　典型夹紧机构

夹紧机构是夹紧装置的重要组成部分，因为无论采用何种动力源装置，都必须通过夹紧机构将原始力转化为夹紧力。各类机床夹具应用的夹紧机构多种多样，以下介绍几种利用机械摩擦来实现夹紧，并可自锁的典型夹紧机构。

1. 斜楔夹紧

图 9–34（a）为斜楔夹紧机构。以原始作用力将斜楔推入工件和夹具之间实现夹紧。

斜楔夹紧有以下特点。

（1）有增力作用。升角 α 越小，增力作用越大。

（2）夹紧行程小。设当斜楔水平移动距离为 s 时，其垂直方向的夹紧行程为 h。则因 $h/s=\tan\alpha$ 及 $\tan\alpha\leqslant 1$，故 $h\leqslant s$，且 α 越小，其夹紧行程也越小。

（3）结构简单，但操作不方便。

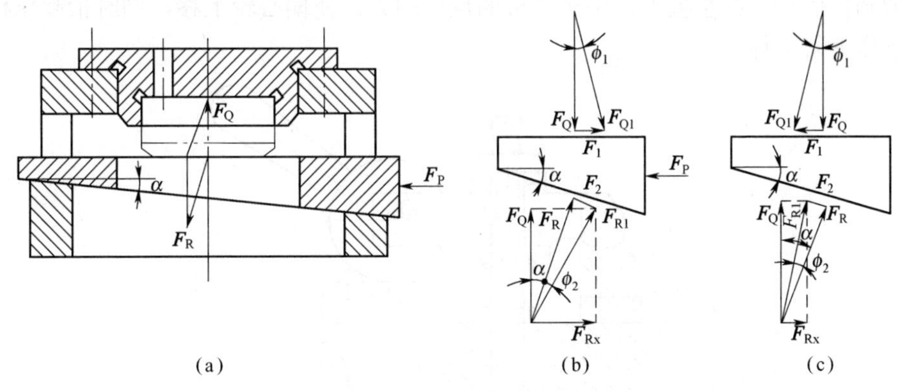

图 9–34　斜楔夹紧原理及受力分析

根据以上特点，斜楔夹紧很少用于手动操作的夹紧装置，而主要用于机动夹紧且毛坯质量较高的场合。有时，为解决增力和夹紧行程间的矛盾，可在动力源不间断的情况下，增大 α 为 15° ～30° 。也可采用双升角形式，大升角用于夹紧前的快速行程，小升角用于夹紧中的增力和自锁。

2. 螺旋夹紧

由于螺旋夹紧结构简单，夹紧可靠，因此在夹具中得到广泛应用。图 9–35 是最简单的单螺旋夹紧机构。夹具体上装有螺母，转动螺杆，通过压块将工件夹紧。螺母为可换式，拧紧螺钉防止其转动。压块可避免螺杆头部与工件直接接触，造成压痕。螺旋夹紧的扩力比 $P=F_Q/F_P=80$，远比斜楔夹紧力大。同时螺旋夹紧行程不受限制，所以在手动夹紧中应用极广。但螺旋夹紧动作慢，辅助时间长，效率低，为此出现了许多快速螺旋夹紧机构。在实际生产中，螺旋–压板组合夹紧比单螺旋夹紧更为普遍。

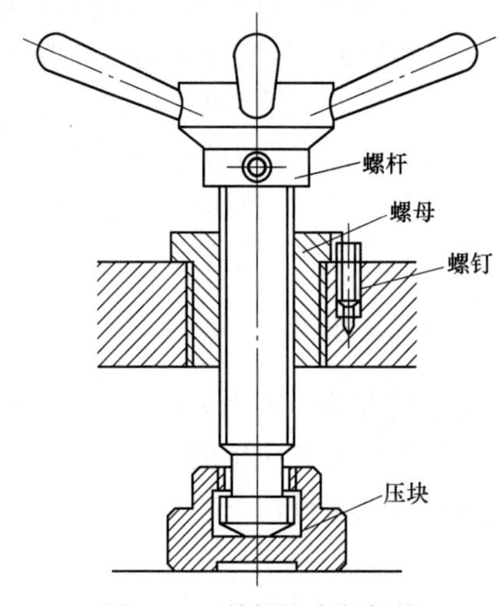

图 9–35　单螺旋夹紧机构

3. 偏心夹紧

偏心夹紧机构是由偏心件作为夹紧元件，直接夹紧或与其他元件组合实现对工件的夹紧。常用的偏心件有圆偏心和偏心轴两种。

图 9–36 是一种常见的偏心轮–压板夹紧机构。当顺时针转动手柄使偏心轮绕轴转动时，偏心轮的圆柱面紧压在垫板上，由于垫板的反作用力，使偏心轮上移，同时抬起压板右端，使左端下压夹紧工件。

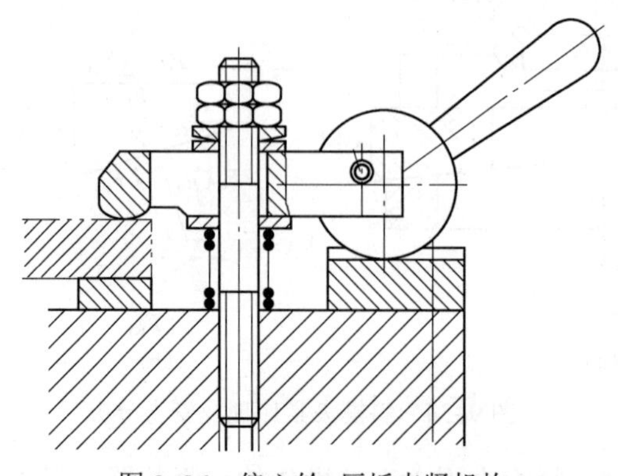

图 9–36　偏心轮–压板夹紧机构

由于圆偏心夹紧时的夹紧力小，自锁性能不是很好，且夹紧行程小，故多用于切削力小，无振动，工件尺寸公差不大的场合，但是圆偏心夹紧机构是一种快速夹紧机构。

【引导项目 1 训练】

试设计专用夹具，在铣床上加工图 9–1 所示小连杆工件的 8 个槽，生产批量为 5 000 件，其他各面均已加工完毕。

1. 专用夹具的设计步骤

（1）收集有关资料，明确设计任务；

（2）拟定夹具结构方案，绘制结构草图；

（3）绘制夹具总装图；

（4）确定并标注有关尺寸和夹具的技术条件；

（5）夹具精度分析；

（6）编写零件明细表和标题栏；

（7）绘制夹具零件图。

2. 拟定夹具结构方案

（1）工件工艺分析。本工序要求铣连杆大头两端面上的 8 个槽，槽宽 $10_{0}^{+0.2}$ mm，槽深 $3.2_{0}^{+0.4}$ mm，槽的中心线与两孔中心连线成 45° ±30′，表面粗糙度 Ra 为 3.2 μm。该工序的定位基准为已经加工过的两孔及工件孔端的两个端平面，加工时选用三面刃铣刀，在卧式铣床上加工，槽宽由铣刀尺寸保证，槽深和角度位置由夹具和调整对刀来保证。

（2）定位分析。定位基准的选择应尽量符合基准重合原则，但对于工件槽深 $3.2_{0}^{+0.4}$ mm 要求来说，按此原则就应该选择所铣键槽所在的端平面为定位基准，但这样夹具上的定位表面就应该设计成朝下，显然是不可行的。如果选择与所加工槽相对的另一端面为定位基准，则又会引起基准不重合误差ΔB，ΔB 的值为两端面间的尺寸公差 0.1 mm。由于所加工的槽深公差规定为 0.4 mm，根据经验估计，这样选择可以保证槽深的要求，而且夹具的整体结构会非常简单，操作也很方便，该种方案是可行的。

对于槽的角度位置 45° ±30′的要求方面，工序要求是以大孔中心为基准，并与两孔连线成 45° ±30′。现在以两孔为定位基准，在大孔中采用圆柱销配合定位，小孔中用菱形销定位，完全符合基准重合，定位精度较高。

加工本连杆采用“一面两孔”组合定位，即以一个平面及与该平面垂直的两孔为定位基准，如图 9–37 所示。

解决 $\vec{X}$ 过定位的方法有以下几种。

① 减小第二个销子的直径。此种方法由于销子直径减小，配合间隙加大，故使工件绕第一个销子的转角误差加大。

② 使第二个销子可沿 X 方向移动，但结构复杂。

③ 第二个销子采用菱形销结构，即采取在过定位方向上，将第二个圆柱销削边，如图 9–37 所示。平面限制 $\vec{Z}$、$\widehat{X}$、$\widehat{Y}$ 3 个自由度，短圆柱销限制 $\vec{X}$、$\vec{Y}$ 2 个自由度，短的削边销（菱形销）限制 $\vec{Z}$ 1 个自由度。它不需要减小第二个销子的直径，因此转角误差较小。

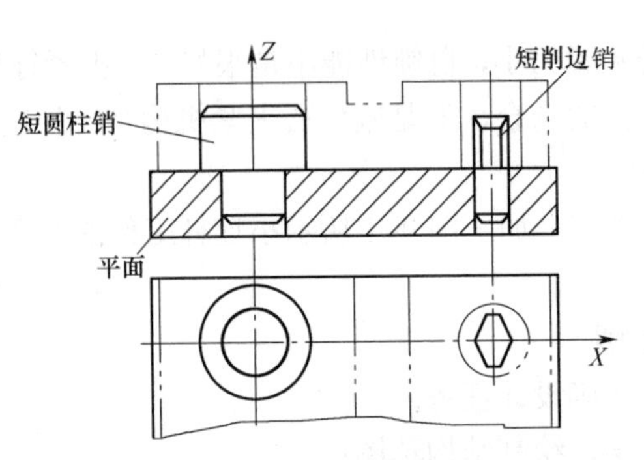

图 9–37　一面两孔组合定位

（3）定位装置设计。根据以上分析，本夹具采用“一面两孔”的定位方式，所以，定位元件也是组合式的，即采用“一面两销”定位装置。由于该工件两槽之间有角度要求，且两面铣槽，所以夹具必须保证槽之间的角度位置关系，所以设计为旋转式双削边销结构，如图 9–38 所示。该结构具有定位可靠、结构简单、操作方便的特点。

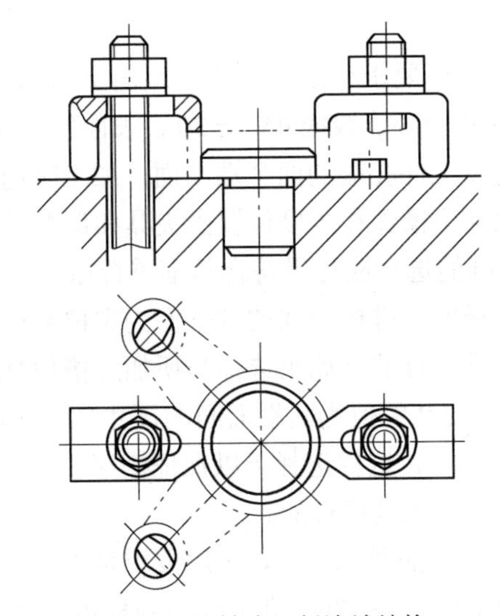

图 9–38　旋转式双削边销结构

（4）夹紧装置设计。夹紧装置要求工件夹紧牢靠、迅速、操作简便高效。该连杆的加工过程为：对刀–铣槽–旋转工件–铣槽–反转工件铣槽。所以，要求工件能迅速方便拆卸。如图 9–38 所示，采用螺旋–压板式定位方式，压板中间孔设计成椭圆孔，只要拧松螺母，即可完成工件的转位或拆卸，不必完全旋下螺母，极大地提高生产效率。

（5）分度机构的设计。由于该工序要求在每个端面铣 4 个槽，所以就要考虑加工中的分度问题。针对此例可以有两种方案：一种方案是采用分度装置，当加工完一对槽后，将分度盘连同工件一起转过 90°，再加工另一对槽，然后翻转工件加工另一面；另一种方案是在夹具体上安装两个相差 90° 的菱形销，如图 9–38 所示，加工完一对槽后卸下工件，将其转过 90° 再安装在另一个菱形销上，重新夹紧加工另一对槽，之后再翻转工件按同样方法加工另一面的 4 个槽。显然有分度装置的夹具结构要复杂很多，而第二种方案虽然操作略费时，但结构简单，也是可行的。

（6）对刀装置及总体设计。本夹具的对刀装置宜采用对刀块，用对刀块和塞尺进行对刀。对刀块在夹具体上安装时，须考虑塞尺的厚度，并用定位销定位。夹具体采用标准件铸铁，用 U 形槽通过 T 形螺栓与工作台相连。加工前必须通过对刀块对夹具进行铣床 *X*、*Y* 坐标的找正。

小连杆铣槽专用夹具如图 9–39 所示。

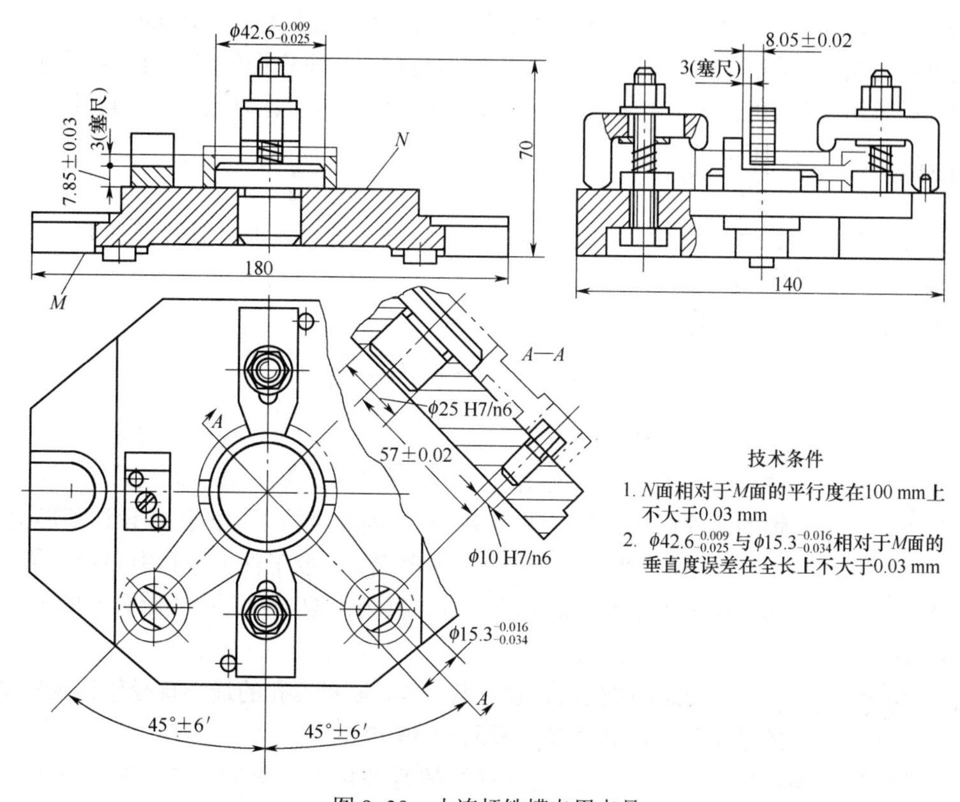

图 9–39 小连杆铣槽专用夹具

（7）确定并标注有关尺寸和夹具的技术条件。按照前述夹具总图上应标注的技术要求逐一进行标注，如图 9–39 所示（此图中只标注了部分主要的技术要求），现对其中几项主要内容分析如下。

① 外形尺寸：180 mm×140 mm×70 mm。

② 两定位销直径及公差、两定位销之间的距离及公差：圆柱定位销直径按 g6 选取为 $\phi42.6_{-0.025}^{-0.009}$ mm；菱形销定位圆柱部分按 f7 选取为 $\phi15.3_{-0.034}^{-0.016}$ mm；两销间的距离尺寸与公差按连杆相应尺寸公差±0.06 的 1/3 取值为±0.02，所以该尺寸标注为 57±0.02；为保证槽的角度要求，两菱形销安装位置的角度公差可取严一些，为工件相应角度公差±30′的 1/5，即±6′，所以图上该角度标注为 45° ±6′。

③ 定位平面 *N* 到对刀块底面之间的尺寸关系到槽深精度，而连杆上相应的这个尺寸是由尺寸 $3.2_{0}^{+0.4}$ mm 和 $14.3_{-0.1}^{0}$ mm 间接决定的，经过尺寸链的换算（$3.2_{0}^{+0.4}$ mm 是封闭环），得到这个尺寸为 $11.1_{-0.4}^{-0.1}$ mm 。因为夹具的工序尺寸是按要保证的槽深相应尺寸的平均值标注，将上面算得的尺寸改写为 10.85±0.15 mm，然后再减去塞尺的厚度 3 mm，得 7.85 mm，此尺寸

的公差取为工件上尺寸公差（±0.15）的 1/5～1/2，最终取±0.03，所以最终夹具总图上对刀块到定位面 N 的距离应标注为 7.85±0.03。

考虑到塞尺的尺寸，对刀块水平方向的工作表面到定位圆柱销中心的距离为 8.05±0.02（取工件相应尺寸公差的 1/5～1/2），如图 9–39 中所注。

④ 在夹具总图上还应标注以下技术要求：定位平面 N 对夹具体底面 M 的平行度允差为 100:0.03 mm；两定位销中心线与 N 面的垂直度允差在全长上不大于 0.03 mm。

此外，夹具装配图上还应标注定位键工作侧面与对刀块垂直面的平行度（图中未注出），定位键与安装槽之间的配合（图中未注出），以及其他一些机械设计时应标注的尺寸及公差（如图中的 $\phi 10\dfrac{H7}{n6}$、$\phi 25\dfrac{H7}{n6}$）等。

（8）定位精度分析。影响加工精度的因素主要包括定位误差 $\varDelta_D$、对刀误差 $\varDelta_T$、夹具安装误差 $\varDelta_A$、夹具本身误差 $\varDelta_J$、加工方法误差 $\varDelta_G$。

保证该工序加工精度的条件是：

$$\sum \varDelta=\sqrt{\varDelta_D^2+\varDelta_T^2+\varDelta_A^2+\varDelta_J^2+\varDelta_G^2}<T$$

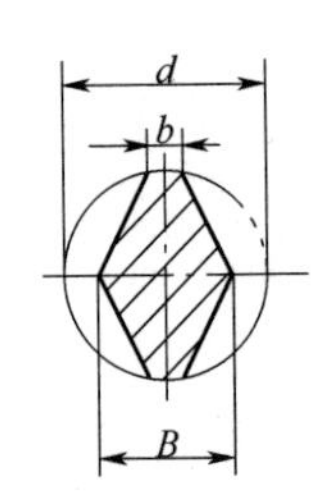

图 9–40　菱形销尺寸

在采用“一面两销”进行定位时，为了避免由于过定位而引起的工件安装时的干涉，两销中一个应采用菱形销。在实际生产中，由于菱形销的尺寸已标准化（见图 9–40），因而常按下面的步骤设计菱形销。

① 确定两销中心距尺寸及其公差。取工件上两孔中心距的基本尺寸为两定位销中心距的基本尺寸，其公差取工件孔中心距公差的 1/5～1/3，即令：$T_{1x}=(1/5～1/3)T_{1k}$。

② 确定圆柱销直径及其公差。取相应孔的最小直径作为圆柱销直径的基本尺寸，其公差一般取 g6 或 f7。

③ 确定菱形销宽度、直径及其公差。首先按有关标准（见表 9–3）选取菱形销的宽度 b，然后再根据菱形销与其配合孔的最小间隙 $\varDelta_{2\min}$，再计算菱形销直径的基本尺寸；$d_2=D_2-\varDelta_{2\min}$；最后按 h6 或 h7 选取菱形销直径的公差。

表 9–3　菱形销尺寸　　mm

d	>3～6	>6～8	>8～20	>20～25	>25～32	>32～40	>40～50
B	d–0.5	d–1	d–2	d–3	d–4	d–5	d–5
b	1	2	3	3	3	4	5

【引导项目 2】钻模夹具设计

试设计钻模夹具，用于钻床上加工如图 9–41 所示套筒零件的径向小孔 ϕ6H7。生产批量为 5 000 件，其他各面均已加工完毕。

【任务】

（1）对工件进行定位分析，确定要限制的自由度；

（2）选定工件定位面，确定定位元件的结构形式及技术要求；

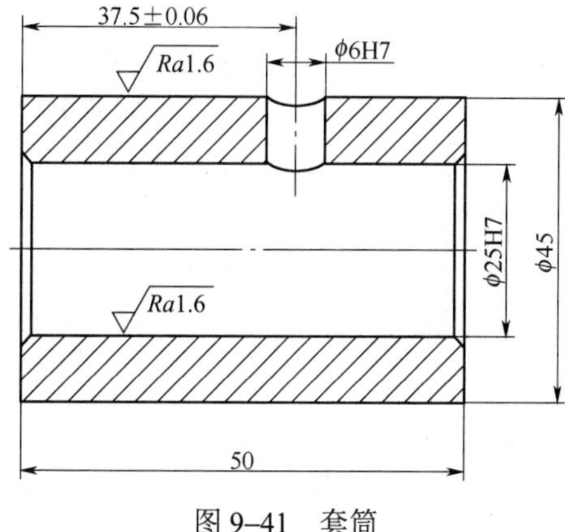

图 9–41　套筒

（3）钻套的设计；

（4）绘制夹具装配图。

知识点 9.6　钻模夹具的结构

钻模夹具是用于在钻床上加工工件孔的夹具，它的主要作用是控制和引导孔加工刀具（如钻刀、扩刀、铰刀等）的位置和方向，以保证工件孔的尺寸精度和孔之间的位置精度。钻模夹具是机床夹具中使用最多的夹具之一，工业生产中的其他工装夹具与钻模夹具有许多类似之处，所以，掌握钻模夹具对掌握设计制造其他工装夹具有重要意义。

下面以知识点 9.5 中图 9–41 套筒零件加工径向孔ϕ6H7 为例，来说明钻模夹具的结构和设计要点。该钻模夹具如图 9–42 所示。

1. 定位分析

该套筒零件加工径向孔需要控制 5 个自由度，而无须控制 $\widehat{X}$ 自由度。以套筒内孔为定位面，采用心轴定位方式，定位元件即为如图 9–42 中 6（定位销）。定位销与套筒内孔的配合为间隙配合（H7/h6），套筒内孔的尺寸公差为 H7，所以心轴的外径尺寸公差为 h6。

2. 钻套的设计

钻套是钻模夹具中的主要对刀零件，是引导刀具的元件，用以保证孔的加工位置，并防止加工过程中刀具的偏斜。钻套的孔径要与刀具的外径一致，成间隙配合。如图 9–42 中 1 即为钻套零件。

钻套分固定钻套、可换钻套、快换钻套 3 种类型。

由于套筒零件径向孔为 IT6 级精度，所以该孔的加工必须经过钻、扩、铰工序，每个工序必须使用不同的钻套，因此需采用快换钻套。

3. 钻模板设计

钻模板是钻模夹具的关键零件，一方面与夹具体相连接，另一方面要保证钻套的正确位置。由于套筒径向小孔的轴向尺寸为 37.5±0.06，所以，本夹具钻模要保证钻套位置尺寸37.5±0.02（公差为工件公差的 1/3）。

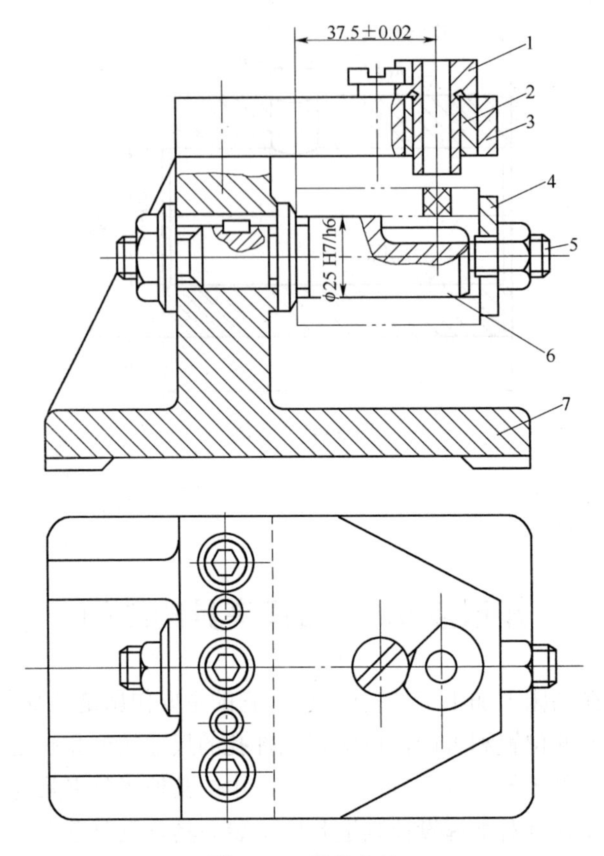

图 9–42　钻模夹具

1—钻套；2—衬套；3—钻模板；4—开口垫圈；5—螺母；6—定位销；7—夹具体

知识点 9.7　钻 套 设 计

1. 固定钻套

固定钻套用于单工序孔的加工。图 9–43 为固定钻套的结构，分为 A 型、B 型两种。为防止使用时钻屑及油污进入钻套，A 型钻套在压入安装孔时，其上端应稍突出钻模板。B 型固定钻套为带凸缘式结构，上端凸缘直接确定了钻套的压入位置，为安装提供方便，并提高钻套上端孔口的强度，防止钻头等在移动中撞坏钻套上口。

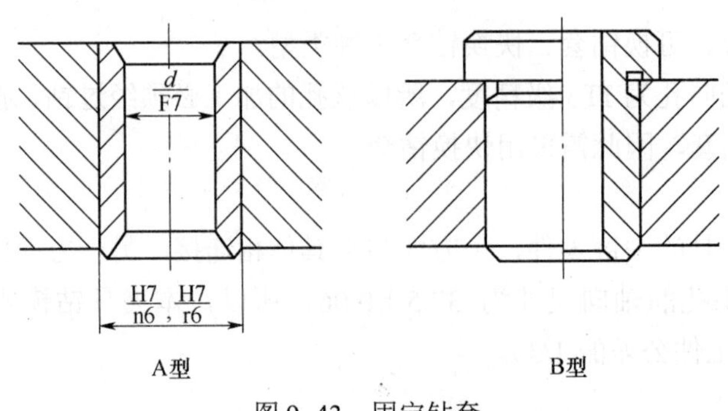

图 9–43　固定钻套

固定式钻套与安装孔间的配合，一般采用 H7/n6 或 H7/r6。因钻套不易更换，故常用于中小批量生产中，或用来加工孔距较小及孔的位置精度要求较高的孔。

2. 可换钻套

如孔的加工要求较高（参见图 9–41 套筒零件的径向小孔 ϕ6H7），不能一次钻削完成，必须经过后续的扩孔、铰孔工序，在加工过程中要更换扩孔、铰孔相应的钻套，此时需要采用可换钻套，如图 9–44 所示。可换钻套外圆用 H6/g5 或 H7/g6 的间隙配合装入衬套孔中，衬套的外圆与钻模板底孔的配合则采用 H7/n6 或 H7/r6 的过盈配合。用紧固螺钉压紧凸边，防止钻套随刀具转动或被切屑顶出。大批量生产中，钻套磨损后旋出螺钉即可更换。

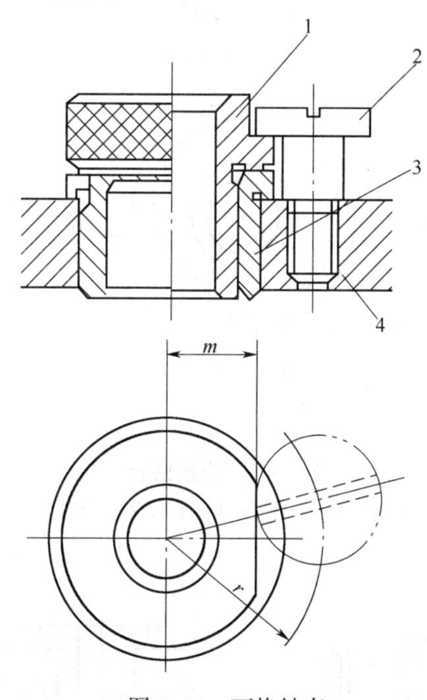

图 9–44　可换钻套

1—钻套；2—螺钉；3—衬套；4—钻模板

3. 快换钻套

如图 9–45 所示，快换钻套为一种可以进行快速更换的钻套，其配合与可换钻套相同。为了能够快速更换，钻套上除专门设置有压紧台阶外，还将钻套铣出一个缺口，当更换钻套时，松开压紧螺钉，只需将快换钻套逆时针旋转，使螺钉位于缺口处，就可向上拔出钻套。快换钻套广泛用于成批大量生产中一道工序用几种刀具（如钻、扩、铰、锪等）依次连续加工的情况。

设计钻套时还要注意下面两个问题。

① 钻套的导向高度 H 越大，则导向性能越好，但钻套与刀具的磨损会加剧。因此一般按经验公式 $H=(1\sim3)d$（d 为被加工孔的孔径）选取。对于加工孔的位置精度要求较高、被加工孔径较小或在斜面、弧面上钻孔时，钻套的导向高度应取较大值，反之取较小值。

② 为了及时排除切屑，防止切屑积聚过多将钻套顶出、划伤工件甚至折断钻头，应留出适当排屑空间 s，但 s 过大又会使刀具的引偏量增大。一般按经验公式选取：$s=(0\sim1.5)d$，系数选取原则是，崩碎切屑选小值，带状切屑选大值（见图 9–46）。加工深孔可让切屑从钻头

螺旋槽排出，系数越小越好。弧面、斜面钻孔，系数越小越好，最好为零，如图 9–47 所示。

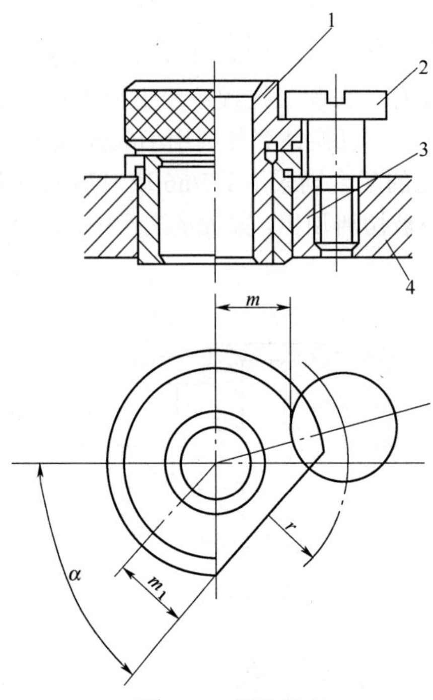

图 9–45　快换钻套

1—钻套；2—螺钉；3—衬套；4—钻模板

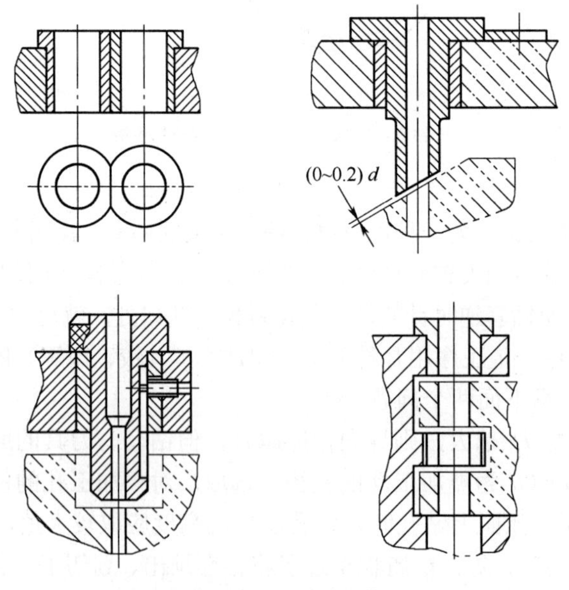

图 9–46　特殊钻套

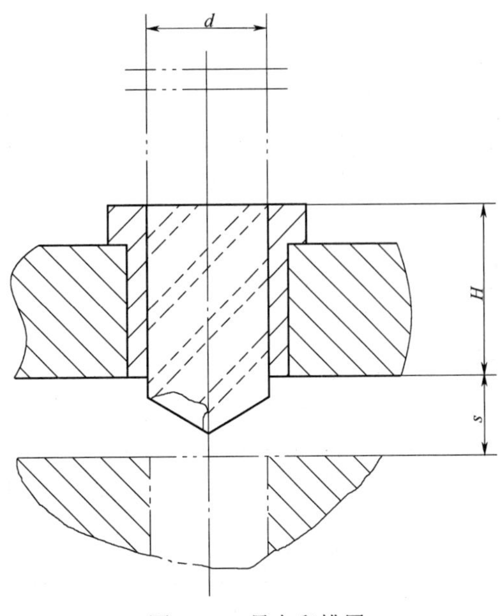

图 9–47　导向和排屑

钻套工作时必须安装在钻模板上。钻模板与夹具体之间的连接方式有固定式（参见图 9–43），可拆卸式［见图 9–48（a）］，铰链式［见图 9–48（b）］，盖板式［见图 9–48（c）］等。

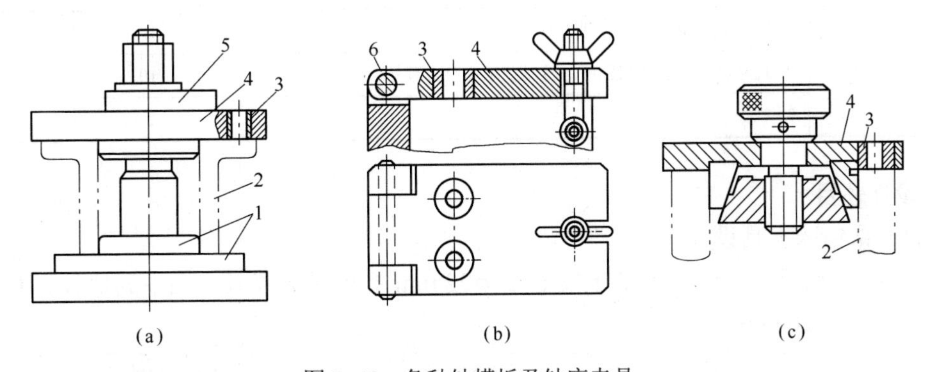

图 9–48　各种钻模板及钻床夹具

1—定位元件；2—工件；3—钻套；4—钻模板；5—开口垫圈；6—铰链轴

【拓展项目训练】钻模夹具设计

根据以下提供的 8 个需进行孔加工的零件，分组进行钻模夹具设计。

1. 要求

本次设计按学号顺序（或者自由组合）分组进行，每 5 人一组，每组一个题目。要求每个学生根据提供的零件工序图设计一种专用夹具（钻模夹具）。

学生应在教师指导下，认真地、有计划地按时完成设计任务。必须以负责的态度对待方案制订、数据计算结果。注意理论与实践的结合，以期使整个设计在技术上是先进的，在经济上是合理的，在生产上是可行的。

2. 具体任务

（1）绘制夹具装配总图；

（2）画定位零件图 1 张。

3. 实施步骤及时间安排

设计时间为 1 周。

（1）方案设计确定（0.5 天）。在老师的指导下，确定夹具设计方案。方案必须得到老师的批准，才可以进行正式设计。

（2）夹具装配图绘制（3 天）。

（3）绘制零件图（1 天）。

（4）答辩考核（0.5 天）。

4. 考核标准（见表 9–4）

表 9–4 夹具设计得分标准

项目	要 求	赋分	备注
方案设计	1. 正确分析零件加工工艺	5	
	2. 能自主完成方案确定，方案切实可行	10	
	3. 方案优化设计，有创新精神	10	
装配图	1. 定位、夹紧结构设计合理可靠	20	
	2. 夹具总体结构设计合理	20	
	3. 技术要求，视图表达正确完整	10	
零件图	1. 定位元件结构设计合理	10	
	2. 尺寸精度、表面粗糙度等技术要求完整合理	10	
	3. 视图表达正确完整	5	

5. 设计题目

题目一：钻床夹具设计。

如图 9–49 所示，设计加工链子板上 2–ϕ22 mm 孔的钻床夹具。图中其他各表面均已加工完毕，厚度为 20 mm。

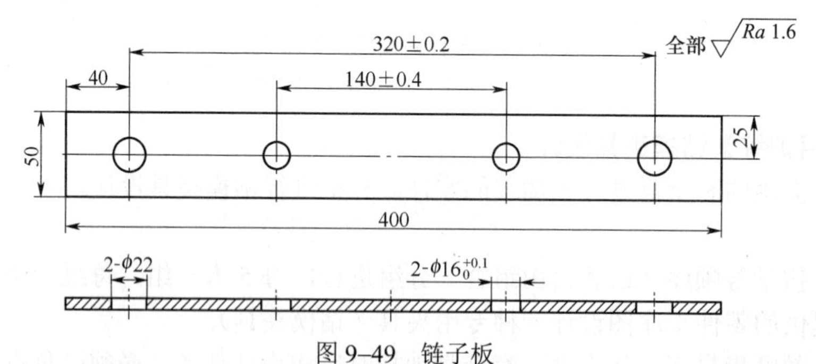

图 9–49 链子板

题目二：钻床夹具设计。

如图 9–50 所示的盖板，设计在钻床上钻 6–ϕ8 mm 孔的钻床夹具，盖板的厚度为 20 mm。

题目三：钻床夹具设计。

如图 9–51 所示，设计加工端盖上 4×ϕ9 mm 小孔的钻孔夹具。图中其他各表面均已加工完毕。

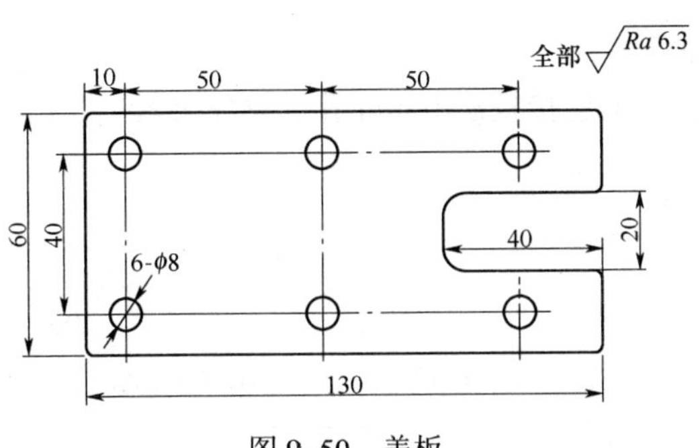

图 9–50　盖板

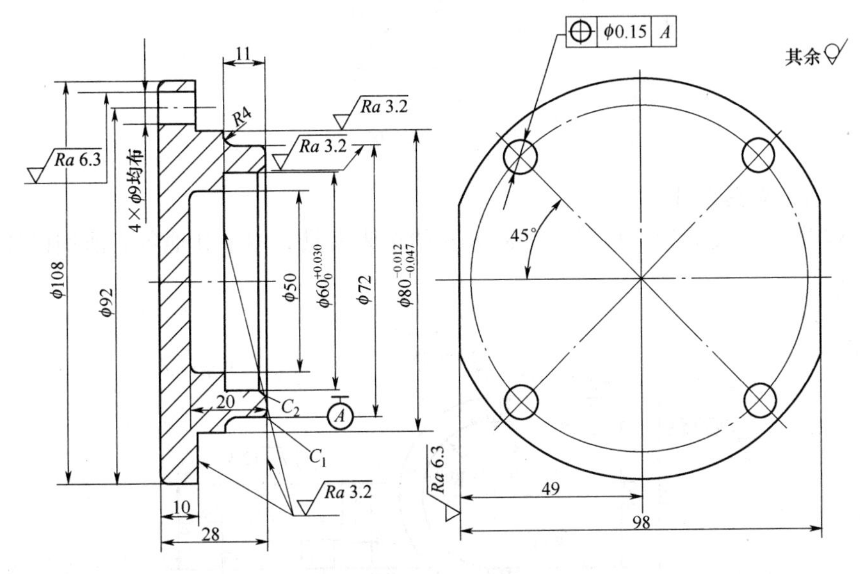

图 9–51　端盖

题目四：钻床夹具设计。

如图 9–52 所示，设计挡环上ϕ10H7 小孔的钻孔夹具。图中其他各表面均已加工完毕。

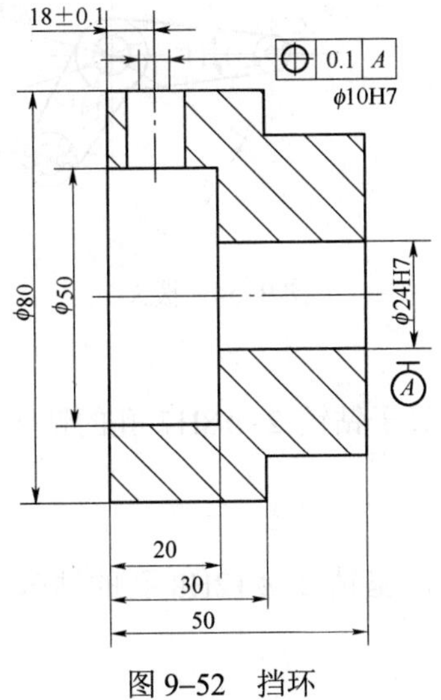

图 9–52　挡环

题目五：钻床夹具设计。

如图 9–53 所示，设计加工连接板ϕ20 mm 孔的钻床夹具。图中其他各表面均已加工完毕，厚度为 5 mm。

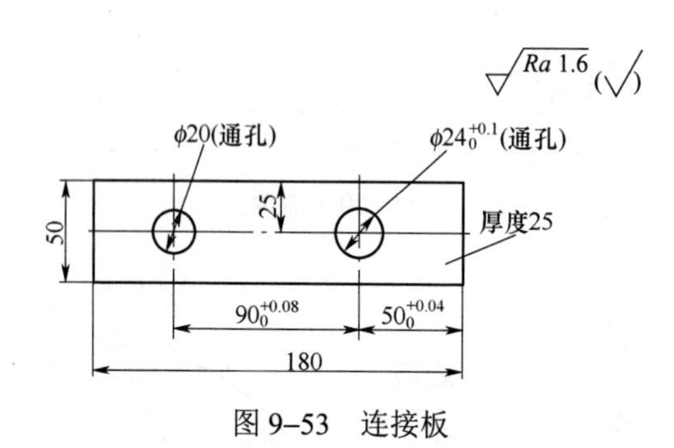

图 9–53 连接板

题目六：钻床夹具设计。

如图 9–54 所示，设计加工拨叉 2–ϕ8H8 孔的钻床夹具。图中其他各表面均已加工完毕。

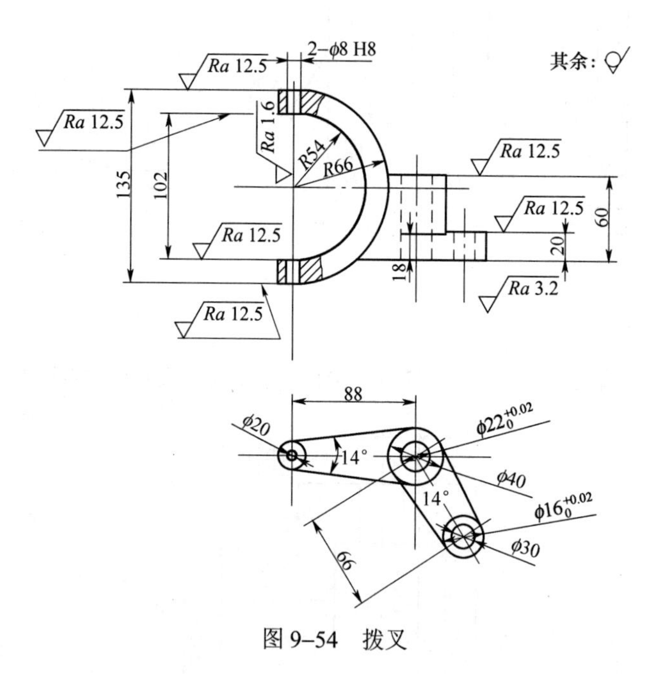

图 9–54 拨叉

题目七：钻床夹具设计。

如图 9–55 所示，设计加工叉子钻铰 2–ϕ8H7 孔的钻床夹具。图中其他各表面均已加工完毕。

题目八：钻床夹具设计。

如图 9–56 所示，设计加工活塞钻 2–ϕ12H8 孔的钻床夹具。图中其他各表面均已加工完毕。

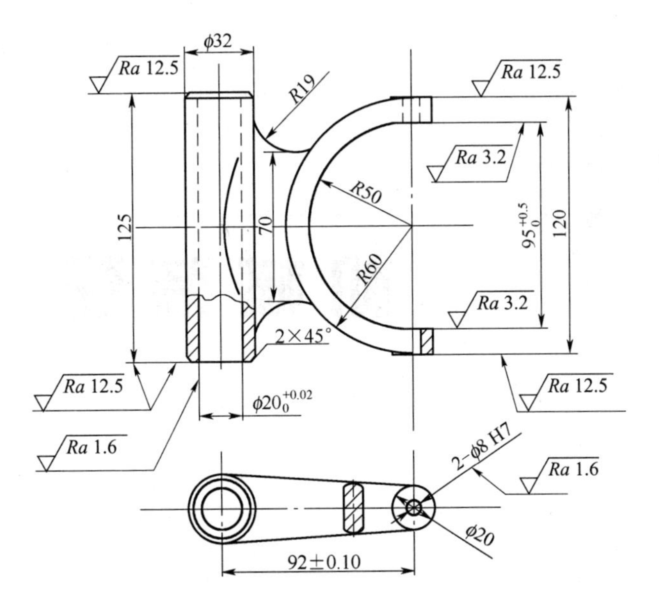

图 9-55 叉子

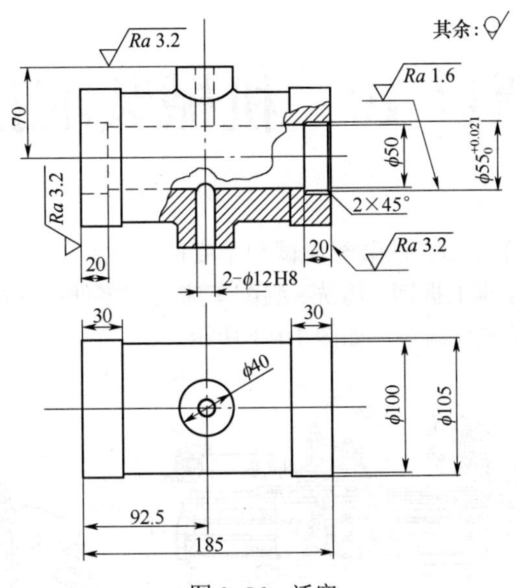

图 9-56 活塞

模块4

机械装配

项目10　机械装配技术

【引导项目】C6132车床刀架的装配调试和精度检验。

在几台废旧C6132车床上拆卸、清洗、装配车床刀架零件；检测刀架零件与主轴、导轨、尾座的位置精度并按要求进行调整。如图10–1所示。

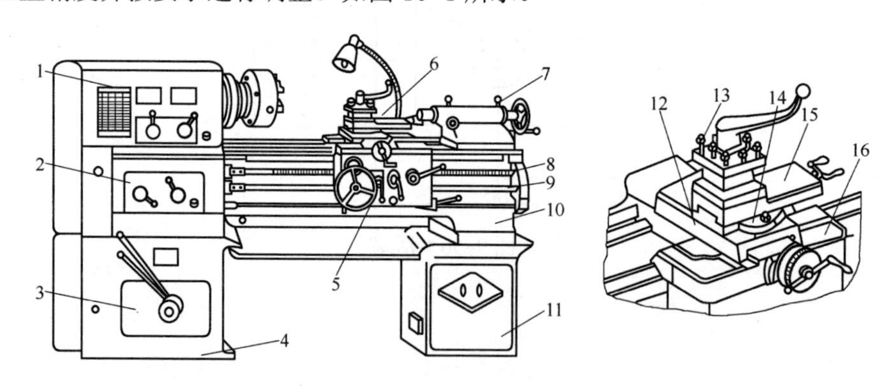

图10–1　车床刀架

1—床头箱；2—进给箱；3—变速箱；4—前床脚；5—溜板箱；6—刀架；7—尾架；8—丝杆；9—光杆；10—床身；11—后床脚；12—中刀架；13—方刀架；14—转盘；15—小刀架；16—大刀架

【任务】

（1）按正确的步骤拆卸零、部件。

（2）正确说明各零、部件名称及功能，编写刀架零件编号，功能描述表。

（3）按正确的保养方法清洗零、部件。

（4）编写刀架装配流程图。

（5）按装配流程图装配刀架。

（6）正确使用测量工具进行机床几何精度检测。

知识点 10.1　设备的拆卸和清洗

在机械设备修理过程中，拆卸工作是一个重要的环节，它不仅直接影响设备的维修质量和工作效率，还决定着设备的使用寿命和维修成本。拆卸的目的是进一步检查和核定设备内部零件的损坏情况，以便于维修。由于机械设备的种类繁多，构造各有其特点，零部件在质量、结构、精度等各方面存在差异，如果在拆卸中考虑不周、方法不当，将使被拆卸的设备零部件受损，甚至无法修复。

10.1.1　拆卸前的准备

机械设备拆卸前应做以下准备工作。

（1）拆卸前应查阅设备说明书及相关资料，详细了解设备的工作原理、性能要求、结构特征及各零部件的作用、相互关系、位置和方向。熟悉机械设备的图纸及装配关系，掌握修理的检验标准和各项技术指标。调查和分析设备的使用情况，听取操作人员对设备修理的要求，做到心中有数，避免盲目乱拆。

（2）制订合理的拆卸方案，选择适宜的拆卸方法，准备好合适的拆卸工具和设备（必要时还需制作专用的仪器和工具），以提高工作效率和减轻劳动强度，确保拆卸工作顺利进行。

（3）拆卸时用力要适当，严禁乱敲或猛击，以免零、部件在拆卸中受到损伤。对不清楚的结构应查阅有关图样资料，搞清零、部件的装配关系及配合性质，采取相应的办法和措施方可拆卸。

（4）对于具有方向性的零、部件，如螺纹的旋向，零件的松开方向，尤其是紧固件的位置和退出方向等一定要仔细辨别，方向绝对不能弄反。对有特殊要求的零、部件或重要表面应做标记或采取保护措施（如齿轮传动副、平衡件、精密配合件表面等）。

（5）选择适宜的拆卸场地并进行清理，场地不要选择在风沙、尘土及其他污物或污染物较多的地方。设备进入拆卸地点前，应进行外部清洗，清洗前应断电并保护好电气设备以避免受潮或损坏。拆前还应做好擦拭、放油、对易氧化或易锈蚀的零件采取保护措施等工作。

（6）在拆卸工作中必须严格遵守安全操作规程，如工作时必须“两穿一带”，高空作业必须系安全带，设备拆卸前应切断电源，拆卸大型零、部件时，需使用起重（吊）设备并选好绳索，充分核实吊挂处的强度是否可以承受零、部件或整机的质量等。工作时要牢记“安全第一，预防为主”的思想，避免发生人身和设备事故。

10.1.2　机械设备拆卸的一般规则

机械设备拆卸应遵循以下规则。

（1）机械设备拆卸时，一般按照与装配相反的顺序和方向进行（即先装的零件后拆，后装的零件先拆）。通常的拆卸顺序是先将设备外部的附件拆除，然后参照图样将整机拆成组件或部件，最后全部拆成零件（或是按照先拆外部后拆内部，先拆上部后拆下部的原则进行）。

（2）为减少拆卸工作量和避免破坏配合件的属性，对于能确保使用性能的零、部件，可尽量不拆，但需进行必要的试验或诊断，确认无缺陷（含隐蔽缺陷）方可。如果不能确定其内部技术状态，就必须进行拆卸和检查，以保证设备维修的质量。

（3）零件拆卸后应尽快清洗，涂油防锈，保护加工表面，避免丢失和损坏。对于导管、油杯及液压元件清洗后应将管口密封，避免灰尘杂质侵入。对于精密零件清洗后要用油纸包好单独存放，以免生锈或表面碰伤。对于比较精密的细长件（如长轴、丝杆等）经清洗、涂油后应垂直悬挂于支架上，重型零件可用多支点支承卧放，防止弯曲变形。

（4）拆卸下来的较细小、容易丢失的零件（如紧固螺钉、螺母、垫圈、销子等），清理后应尽可能再装到主要零件上或放入零件箱存放，以防止丢失。轴上的零件拆卸下来，最好按原顺序和方向临时装回轴上，或是用绳索串联起来，这将为后面的装配工作带来很大的方便。

（5）拆卸轴孔装配件时应注意，用多大的力装配，就用多大的力拆卸。若出现异常情况，要查找原因，防止在拆卸中将零件碰伤、拉毛、甚至损坏。热装零件需利用加热来拆卸，一般情况下不允许进行破坏性拆卸。

（6）对于相互配合的偶件或经过配磨需要对号入座的零部件（如发动机柱塞偶合件、轨道上配站的滑板等），拆前应做好标记，但标记不能打在零部件的工作表面上，以免损坏零部件。拆卸后应成对存放，保证能按原来位置进行装配，在拆卸的同时要注意为装配做好准备工作。

10.1.3 常用的拆卸方法

在机械设备拆卸过程中，要根据零、部件结构的不同情况，采用相应的拆卸方法和措施。常用的拆卸方法有击卸法、拉卸法、压卸法、热拆卸法和破坏法等形式。

1. 击卸法

击卸法是利用锤子或其他重物，敲击或撞击零件时产生冲击能量，使相互配合的零件产生相对位移或脱落，从而将零件拆下来。它是一种最常用的拆卸方法，适用于零、部件比较坚实、结构简单或一些不重要的场合。采用该方法如果敲打不当或操作不正确，容易损伤甚至破坏被拆卸的零、部件，从而达不到拆卸的目的。采用击卸法时应注意以下事项。

（1）根据所拆卸零、部件的大小、质量及相互配合的程度，选择合适的手锤（如用小手锤击卸大而重的零件，零件不易被击动，反而易将零件打毛乃至损坏），敲击前应检查零、部件的拆卸方向和坚固程度。

（2）锤击拆卸时，先要检查锤头安装牢固情况及手锤划过的空间是否有人或其他障碍物等，敲打时要选择合适的锤击点，防止受击件变形或损坏。

（3）锤击或敲打时用力要适度，必须对受击部位采取保护措施。通常使用铜棒、铝棒、木棒、木板等垫在受击部位，对于较重要的精密零、部件还必须制作专用工具（如垫板、垫铁等）予以保护，确保被拆卸零部件不受损伤。

（4）对于严重锈蚀而拆卸困难的零、部件，可用煤油（或锈蚀松动剂）浸润锈蚀面。

2. 拉卸法

拉卸法是使用专门的顶拔器把零件拆卸下来的一种静力拆卸方法。它具有拆卸件不受冲击力，拆卸比较安全，不易破坏零件等优点，其缺点是需要制作专用拉具。此法适合于拆卸精度较高，不允许敲击和无法敲击的零件。

3. 压卸法

压卸法是利用手压机、油压机进行的一种静力拆卸方法。适用于拆卸形状简单的过盈配合零件。

4. 热拆卸法

热拆卸法常用于拆卸尺寸较大的零件和热装的零件。例如，拆卸尺寸较大的轴承与轴时，往往需要对轴承内圈用热油加热后才能拆卸。

零件拆卸下来后及装配前需要对零件表面的油污、锈污等脏物进行清洗。一般使用煤油、汽油、机油或酒精等有机溶剂进行清洗。

【项目训练 1】按正确的拆卸方法分组对几台废旧的 C6132 车床刀架进行拆卸清洗。

具体要求如下：

（1）根据装配图认真分析刀架结构；

（2）写出拆卸工艺过程书；

（3）拆卸方法选择得当；

（4）零件清洗、摆放、标记正确规范；

（5）现场符合“7S”工作要求。

知识点 10.2　产品装配工艺

10.2.1　装配的工作内容

零件是构成机器（或产品）的最小单元。将若干个零件结合在一起组成机器（或产品）的一部分，称为部件。直接进入机器（或产品）装配的部件称为组件。任何机器都是由许多零件、部件和组件组成。根据规定的技术要求，将若干零件结合成部件和组件，并进一步将零件、组件和部件结合成机器的过程称为装配。前者称为部件装配，后者称为总装配。

产品的装配过程可以用产品装配系统图来表示（见图 10–2）。

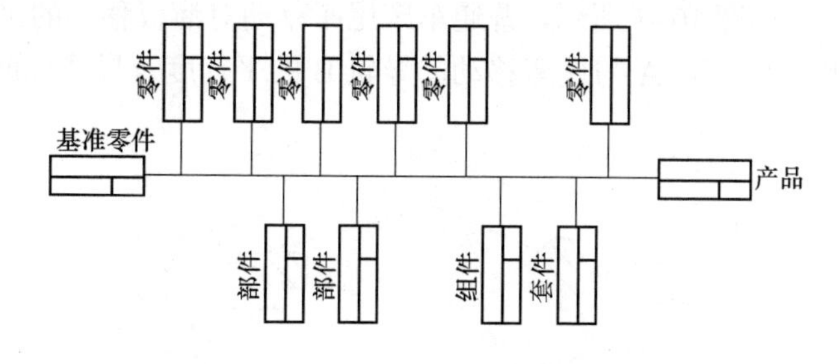

图 10–2　装配系统图

装配是机器制造过程中的最后一个阶段。为了使产品达到规定的技术要求，装配不仅是指零、部件的结合过程，还应包括调整、检验、试验、油漆和包装等工作。

常见的装配工作包括清洗、连接、校正调整与配作、平衡、验收试验及油漆、包装等内容。

装配是整个机械制造工艺过程中的最后一个环节。装配工作对产品质量影响很大。若装配不当，即使所有零件合格，也不能装配出合格的、高质量的机械产品。反之，若零件制造精度并不高，而在装配中采用适当的工艺方法，如进行选配、修配、调整等，也可使产品达到规定的技术要求。

10.2.2 装配精度

装配精度是产品设计时根据使用性能规定的、装配时必须保证的质量指标。正确地规定机器和部件的装配精度是产品设计的重要环节之一，它不仅关系到产品质量，也影响产品制造的经济性。装配精度是制定装配工艺规程的主要依据，也是选择合理的装配方法和确定零件加工精度的依据。所以，应正确规定机器的装配精度。

装配精度包括以下几个方面。

（1）尺寸精度。尺寸精度是指装配后相关零部件间应该保证的距离和间隙。尺寸精度包括配合精度和距离精度。如轴孔的配合间隙或过盈，车床床头和尾座两顶尖的等高度等。

（2）位置精度。位置精度是指装配后零部件间应该保证的平行度、垂直度、同轴度和各种跳动等。如普通车床溜板移动对尾座顶尖套锥孔轴心的平行度要求等。

（3）相对运动精度。相对运动精度是指装配后有相对运动的零、部件间在运动方向和运动准确性上应保证的要求。如普通车床尾座移动对溜板移动的平行度，滚齿机滚刀主轴与工作台相对运动的准确性等。

（4）接触精度。接触精度是指相互配合表面、接触表面间接触面积的大小和接触点分布的情况。它影响到部件的接触刚度和配合质量的稳定性。如齿轮啮合、锥体配合、移动导轨间均有接触精度的要求。

不难看出，上述各装配精度之间存在一定的关系，如接触精度是尺寸精度和位置精度的基础，而位置精度又是相对运动精度的基础。

10.2.3 装配精度与零件精度间的关系

机械产品是由众多零、部件组成，显然装配精度首先取决于相关零、部件精度，尤其是关键零、部件的精度。如图 10–3 所示，普通车床尾座移动对溜板移动的平行度要求，就主要取决于床身上溜板移动的导轨 A 与尾座移动的导轨 B 的平行度及导轨面间的接触精度。

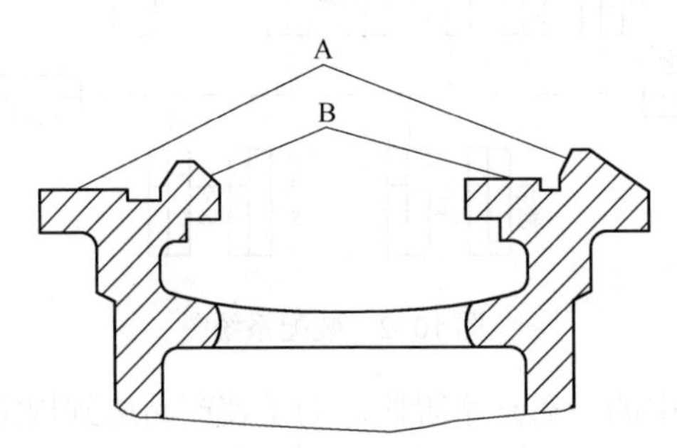

图 10–3 床身导轨简图

A—床身上溜板移动的导轨；B—尾座移动的导轨

一般而言，多数的装配精度是和它相关的若干个零、部件的加工精度有关，所以应合理地规定和控制这些相关零件的加工精度。如图 10–4 所示，普通车床床头和尾座两顶尖的等高度要求，主要取决于主轴箱 1、尾座 2、底板 3 和床身 4 等零、部件的加工精度。该装配精度很难由相关零、部件的加工精度直接保证。在生产中，常按较经济的精度来加工相关零、部件，而在装配时则采用一定的工艺措施（如选择、修配、调整等措施），从而形成不同的装配方法，来保证装配精度。本例中，采用修配底板 3 的工艺措施保证装配精度，这样做，虽然增加了装配的劳动量，但从整个产品制造的全局分析，仍是经济可行的。

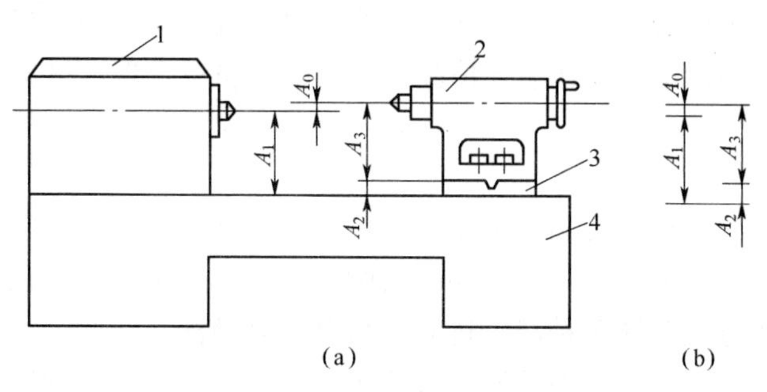

图 10–4　床头箱主轴与尾座套筒中心线等高示意图

1—主轴箱；2—尾座；3—底板；4—床身

综上所述，产品的装配精度和零件的加工精度有密切的关系，零件精度是保证装配精度的基础，但装配精度并不完全取决于零件的加工精度，还取决于装配精度。如果装配方法不同，对各个零件的精度要求也不同。同样，即使零件的加工精度很高，如果装配方法不当，也保证不了高的装配精度。

10.2.4　装配尺寸链

产品或部件在装配过程中，由相关零、部件的有关尺寸（表面或中心线间距离）或相互位置关系（平行度、垂直度或同轴度）所组成的尺寸链称为装配尺寸链[见图 10–4（b）]。在装配尺寸链中，每一个尺寸都是尺寸链的组成环，如 A_1、A_2、A_3，它们是进入装配的零件或部件的有关尺寸，而装配精度指标常作为封闭环，如 A_0。显然，封闭环不是一个零件或一个部件上的尺寸，而是不同零件或部件的表面或中心线之间的相对位置尺寸，它是装配后形成的。

各组成环都有加工误差，所有组成环的误差累积就形成封闭环的误差。因此，应用装配尺寸链就便于揭示累积误差对装配精度的影响，并可列出计算公式，进行定量分析计算，据此来确定合理的装配方法和零件相关尺寸的公差。

装配尺寸链按照各环的几何特性和所处的空间位置，可分为线性尺寸链、角度尺寸链、平面尺寸链和空间尺寸链。其中最常见的是前两种。线性尺寸链是由彼此平行的直线尺寸所组成的尺寸链[见图 10–4（b）]，它所涉及的都是距离尺寸的精度问题。

角度尺寸链是由角度（含平行度和垂直度）尺寸所组成的尺寸链，其各环的几何特征多为平行度或垂直度。它所涉及的都是相互位置精度问题。

应用装配尺寸链分析与解决装配精度问题关键步骤有三：第一是建立装配尺寸链；第二是确定达到装配精度的方法；第三是作出必要的计算。最终目的是确定经济的、至少是可行的零件相关尺寸的公差。

装配尺寸链的计算有极值法（极大极小法）和概率法两种方法。极值法计算装配尺寸链的方法与工艺尺寸链的解算方法相同。这种方法的特点是简单可靠，但当封闭环公差较小或组成环较多时，会使各组成环公差太小而加工困难。根据概率论的基本原理，首先，在一个稳定的工艺系统中进行较大批量加工时，零件的加工误差出现极值的可能性是很小的。其次，装配时，各零件误差同时出现极值的“最坏组合”的可能性就更小。若组成环数较多，装配时零件出现“最坏组合”的机会就更加微小，可忽略不计。显然极值法以缩小组成环公差为代价换取装配中极少出现的极端情况下的产品合格是不经济的。而以概率论原理为基础建立的尺寸链计算方法，即概率法，在上述情况下比极值法将更合理，这里不做介绍。

10.2.5 装配方法

机械产品的精度要求最终要靠装配工艺来保证。因此用什么方法能够以最快的速度、最小的装配工作量和较低的成本来达到较高的装配精度要求，是装配工艺的核心问题。生产中保证产品精度的具体方法有许多种，经过归纳可分为互换法、选配法、修配法和调整法四大类。而且同一项装配精度，因采用的装配方法不同，其装配尺寸链的解算方法亦不相同，现分述如下。

1. 互换法

互换法是装配过程中，同种零、部件互换后仍能达到装配精度要求的一种方法。产品采用互换法装配时，装配精度主要取决于零、部件的加工精度。互换法的实质就是用控制零、部件的加工误差来保证产品的装配精度。

采用互换法保证产品装配精度时，零、部件公差的确定有极值法和概率法两种方法。采用极值法时，如果各有关零、部件（组成环）的公差之和小于或等于装配公差（封闭环公差），故装配中同种零、部件可以完全互换，即装配时零、部件不经任何选择、修配和调整，均能达到装配精度的要求，因此称为“完全互换法”。

采用概率法时，如果各有关零、部件（组成环）公差值合适，当生产条件比较稳定，从而使各组成环的尺寸分布也比较稳定时，也能达到完全互换的效果。否则，将有一部分产品达不到装配精度的要求，因此称为“不完全互换法”，也称为“大数互换法”。显然，概率法适用于较大批量生产。

用不完全互换法比用完全互换法对各组成环加工要求放松了，可降低各组成环的加工成本。但装配后可能会有少量的产品达不到装配精度要求。这一问题一般可通过更换组成环中的 1～2 个零件加以解决。

采用完全互换法进行装配，可以使装配过程简单，生产率高，易于组织流水作业及自动化装配，也便于采用协作方式组织专业化生产。因此，只要能满足零件加工的经济精度要求，无论何种生产类型都应首先考虑采用完全互换法装配。但是当装配精度要求较高，尤其是组成环数较多时，零件就难以按经济精度制造。这时在较大批量生产条件下，就可考虑采用不完全互换法装配。

2. 选配法

在大量或成批生产条件下，当装配精度要求很高且组成环数较少时，可考虑采用选配法装配。选配法是将尺寸链中组成环的公差放大到经济可行的程度来加工，装配时选择适当的零件配套进行装配，以保证装配精度要求的一种装配方法。

选配法有直接选配法、分组装配法和复合选配法三种不同的形式。

（1）直接选配法。直接选配法是装配时由工人从许多待装的零件中直接选取合适的零件进行装配，来保证装配精度的要求。这种方法的特点是：装配过程简单，但装配质量和时间很大程度上取决于工人的技术水平。由于装配时间不易准确控制，所以不宜用于节拍要求较严的大批大量生产中。

（2）分组装配法。分组装配法又称分组互换法，它是将组成环的公差相对完全互换法所求之值放大数倍，使其能按经济精度进行加工。装配时先测量尺寸，根据尺寸大小将零件分组，然后按对应组分别进行装配，来达到装配精度的要求。而且组内零件装配是完全互换的。

（3）复合选配法。复合选配法是直接选配法与分组装配法两种方法的复合，即零件公差可适当放大，加工后先测量分组，装配时再在各对应组内由工人进行直接选配。这种方法的特点是配合件的公差可以不等，且装配质量高，速度较快，能满足一定的生产节拍要求。如发动机气缸与活塞的装配多采用这种方法。

3. 修配法

在单件小批或成批生产中，当装配精度要求较高，装配尺寸链的组成环数较多时，常采用修配法来保证装配精度要求。

所谓修配法，就是将装配尺寸链中组成环按经济加工精度制造，装配时按各组成环累积误差的实测结果，通过修配某一预先选定的组成环尺寸，或就地配制这个环，以减少各组成环由于按经济精度制造而产生的累积误差，使封闭环达到规定精度的一种装配工艺方法。

常见的修配方法有以下三种。

（1）单件修配法。在装配时，选定某一固定的零件作修配件进行修配，以保证装配精度的方法称为单件修配法。此法在生产中应用最广。

（2）合并加工修配法。这种方法是将两个或多个零件合并在一起当作一个零件进行修配。这样减少了组成环的数目，从而减少了修配量。合并加工修配法虽有上述优点，但是由于零件合并要对号入座，给加工、装配和生产组织工作带来不便。此法多用于单件小批生产中。

（3）自身加工修配法。在机床制造中，利用机床本身的切削加工能力，用自己加工自己的方法可以方便地保证某些装配精度要求，这就是自身加工修配法。这种方法在机床制造中应用极广。

修配法最大的优点就是各组成环均可按经济精度制造，而且可获得较高的装配精度。但由于产品需逐个修配，所以没有互换性，且装配劳动量大，生产率低，对装配工人技术水平要求高。因而修配法主要用于单件小批生产和中批生产中装配精度要求较高的情况下。

4. 调整法

调整法是将尺寸链中各组成环按经济精度加工，装配时，通过更换尺寸链中某一预先选定的组成环零件或调整其位置来保证装配精度的方法。装配时进行更换或调整的组成环零件叫调整件，该组成环称调整环。

调整法和修配法在原理上是相似的，但具体方法不同。

根据调整方法的不同，调整法可分为可动调整法、固定调整法和误差抵消调整法三种。

（1）可动调整法。在装配时，通过调整、改变调整件的位置来保证装配精度的方法称为可动调整法。在产品装配中，可动调整法的应用较多。如图 10–5（a）所示为调整套筒的轴向位置以保证齿轮轴向间隙Δ的要求；图 10–5（b）所示为调整镶条的位置以保证导轨副的配合间隙；图 10–5（c）所示为调整楔块的上下位置以调整丝杠螺母副的轴向间隙。可动调整法不仅能获得较理想的装配精度，而且在产品使用中，由于零件磨损使装配精度下降时，可重新调整使产品恢复原有精度，所以，该法在实际生产中应用较广。

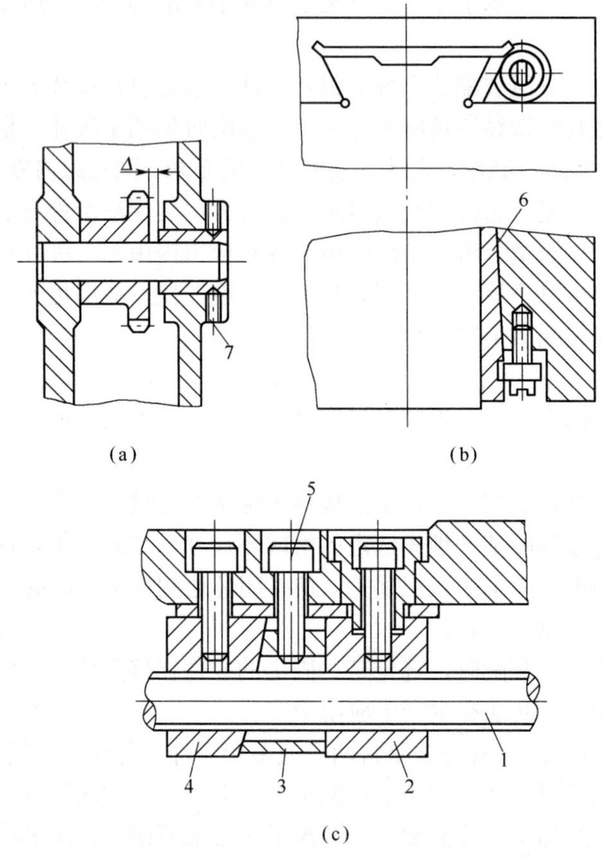

图 10–5　可动调整法实例

1—丝杠；2、4—螺母；3—楔块；5—螺钉；6—镶条；7—套筒

（2）固定调整法。在装配时，通过更换尺寸链中某一预先选定的组成环零件来保证装配精度的方法称为固定调整法。预先选定的组成环零件即调整件，需要按一定尺寸间隔制成一组专用零件，以备装配时根据各组成环所形成累积误差的大小进行选择。故选定的调整件应形状简单，制造容易，便于装拆。常用的调整件有垫片、套筒等。

固定调整法常用于大批量生产和中批生产中装配精度要求较高的多环尺寸链。

（3）误差抵消调整法。在产品或部件装配时，通过调整有关零件的相互位置，使其加工误差相互抵消一部分，以提高装配的精度，这种方法叫作误差抵消调整法。该方法在机床装配时应用较多，如在机床主轴装配时，通过调整前后轴承的径向跳动方向来控制主轴的径向跳动。

在机械产品装配时，应根据产品的结构、装配精度要求、装配尺寸链环数的多少、生产类型及具体生产条件等因素合理选择装配方法。一般情况下，只要组成环的加工比较经济可行时，就应优先采用完全互换法。若生产批量较大，组成环又较多时应考虑采用不完全互换法。当采用互换法装配使组成环加工比较困难或不经济时，可考虑采用其他方法。大批量生产，组成环数较少时可以考虑采用分组装配法，组成环数较多时应采用调整法；单件小批生产常用修配法，成批生产也可酌情采用修配法。

10.2.6 制定装配工艺规程的步骤与工作内容

1. 产品分析

（1）研究产品及部件的具体结构、装配技术要求和检查验收的内容与方法。

（2）审查产品的结构工艺性。

（3）研究设计人员所确定的装配方法，进行必要的装配尺寸链分析与计算。

2. 确定装配方法和装配组织形式

选择合理的装配方法，是保证装配精度的关键。要结合具体生产条件，从机械加工和装配的全过程出发应用尺寸链理论，同设计人员一起最终确定装配方法。

装配组织形式的选择，主要取决于产品的结构特点（包括尺寸、质量和复杂程度）、生产纲领和现有的生产条件。装配组织形式按产品在装配过程中是否移动分为固定式和移动式两种。固定式装配全部装配工作在一个固定的地点进行，产品在装配过程中不移动，多用于单件小批生产或重型产品的成批生产，如机床、汽轮机的装配。移动式装配是将零、部件用输送带或小车按装配顺序从一个装配地点移动到下一个装配地点，各装配点完成一部分装配工作，全部装配点完成产品的全部装配工作。移动式装配常用于大批量生产，组成流水作业线或自动线，如汽车、拖拉机、仪器仪表等产品的装配。

3. 划分装配单元，确定装配顺序

（1）划分装配单元。将产品划分为可进行独立装配的单元是制定装配工艺规程中最重要的一个步骤，这对于大批量生产结构复杂的产品尤为重要。任何产品或机器都是由零件、合件、组件、部件等装配单元组成。零件是组成机器的最基本单元。若干零件永久连接或连接后再加工便成为一个合件，如镶了衬套的连杆、焊接成的支架等。若干零件或与合件组合在一起成为一个组件，它没有独立完整的功能，如主轴和装在其上的齿轮、轴、套等构成主轴组件。若干组件、合件和零件装配在一起，成为一个具有独立、完整功能的装配单元，称为部件。如车床的主轴箱、溜板箱、进给箱等。

（2）选择装配基准件。上述各装配单元都要首先选择某一零件或低一级的单元作为装配基准件。基准件应当体积（或质量）较大，有足够的支承面以保证装配时的稳定性。如主轴是主轴组件的装配基准件，主轴箱体是主轴箱部件的装配基准件，床身部件又是整台机床的装配基准件等。

（3）确定装配顺序的原则。划分好装配单元并选定装配基准件后，就可安排装配顺序。安排装配顺序的原则如下。

① 工件要先安排预处理，如倒角、去毛刺、清洗、涂漆等。

② 先下后上，先内后外，先难后易，以保证装配顺利进行。

③ 位于基准件同一方位的装配工作和使用同一工艺装备的工作尽量集中进行。

④ 易燃、易爆等有危险性的工作，尽量放在最后进行。

为了清晰表示装配顺序，常用装配单元系统图来表示。例如，图 10–6（a）所示是产品的装配系统图；图 10–6（b）所示是部件的装配系统图。

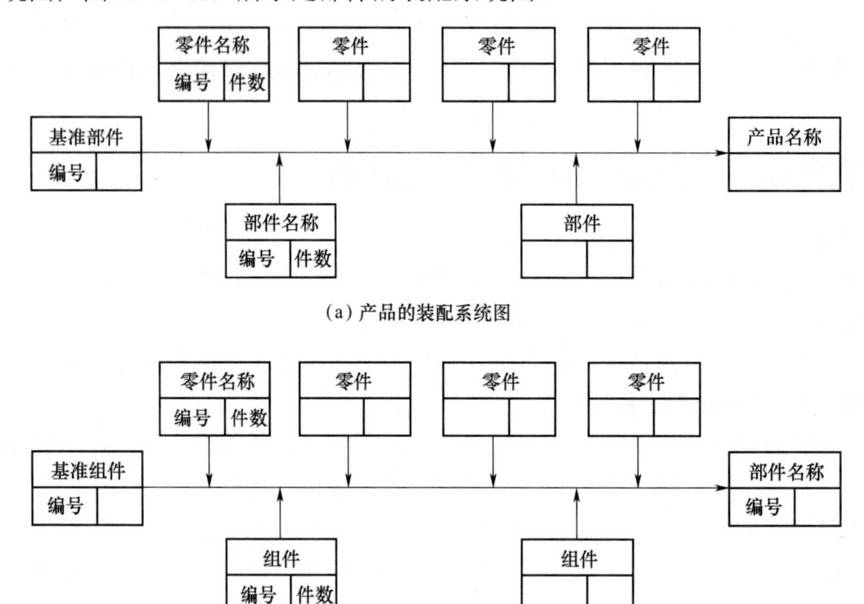

(a) 产品的装配系统图

(b) 部件的装配系统图

图 10–6　装配单元系统图

画装配单元系统图时，先画一条较粗的横线，横线的右端箭头指向装配单元的长方格，横线左端为基准件的长方格。再按装配先后顺序，从左向右依次将装入基准件的零件、合件、组件和部件引入。表示零件的长方格画在横线上方；表示合件、组件和部件的长方格画在横线下方。每一长方格内，上方注明装配单元名称，左下方填写装配单元的编号，右下方填写装配单元的件数。

装配单元系统图比较清楚而全面地反应了装配单元的划分、装配顺序和装配工艺方法。它是装配工艺规程制定中的主要文件之一，也是划分装配工序的依据。

4. 划分装配工序，设计工序内容

装配顺序确定以后，根据工序集中与分散的程度将装配工艺过程划分为若干工序，并进行工序内容的设计。工序内容设计包括：制定工序的操作规范、选择设备和工艺装备、确定时间定额等。

5. 填写工艺文件

单件小批生产时，通常只绘制装配单元系统图。成批生产时，除装配单元系统图外还编制装配工艺卡，在其上写明工序次序、工序内容、设备和工装名称、工人技术等级和时间定额等。大批量生产中，不仅要编制装配工艺卡，而且要编制装配工序卡，以便直接指导工人进行装配。

【项目训练 2】将【训练项目 1】所完成拆卸的车刀架零件在车床上进行安装。

具体要求如下：

（1）绘制装配系统图；

（2）编写装配工艺规程；

（3）按照正确步骤在车床上装配刀架；

（4）初步调试车刀架。

知识点 10.3　机床几何精度检验

机床的几何精度是指直接影响机床工作精度的那些机床零、部件在静态或动载状态条件下的几何精度和它们之间的位置精度。比如，车床 C6132 的主要几何精度有机床导轨的精度、主轴定心轴颈的径向跳动、主轴锥孔轴线的径向跳动、主轴的轴向窜动、主轴轴线对溜板移动的平行度、刀架移动对主轴轴线的平行度、横刀架横向移动对主轴轴线的垂直度、床头和尾座两顶尖的等高度等。

下面以车床 C6132 的主要几何精度检测为例，讲述各项几何精度的检验方法。

10.3.1　机床导轨几何精度检验

机床部件的运动精度直接取决于机床导轨的形状和位置精度。主要检测垂直平面内的直线度误差和导轨的平行度误差。

1. 床身导轨在垂直平面内的直线度误差

（1）测量方法。如图 10–7 所示，将水平仪沿 *Z* 轴放在溜板上，沿导轨全长等距离地在各位置上检验，记录水平仪的读数，并用作图法计算出导轨垂直平面内直线度误差。

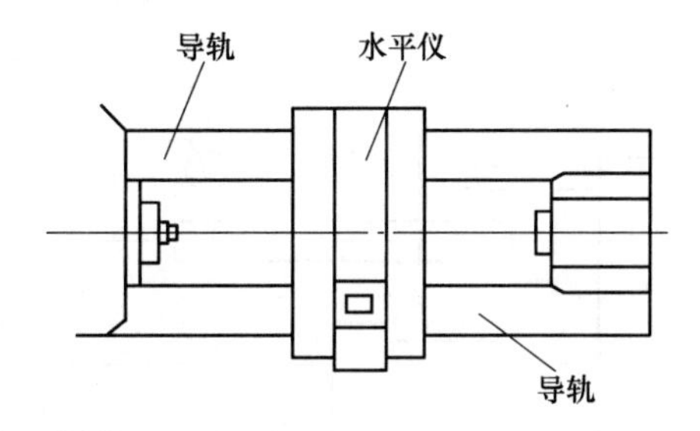

图 10–7　垂直平面内导轨直线度检测

（2）检测标准。在 500～1 000 mm 长度内只许凸起 0.02 mm（导轨中间部分使用机会较多，比较容易磨损），任意 250 mm 长度上局部公差为 0.007 5 mm。

2. 横向导轨的平行度误差

（1）测量方法。如图 10–8 所示，将水平仪固定放置在溜板的横向位置，纵向等距离移动溜板，从左到右等距离移动。尾座记录溜板在每一位置的水平仪的读数。

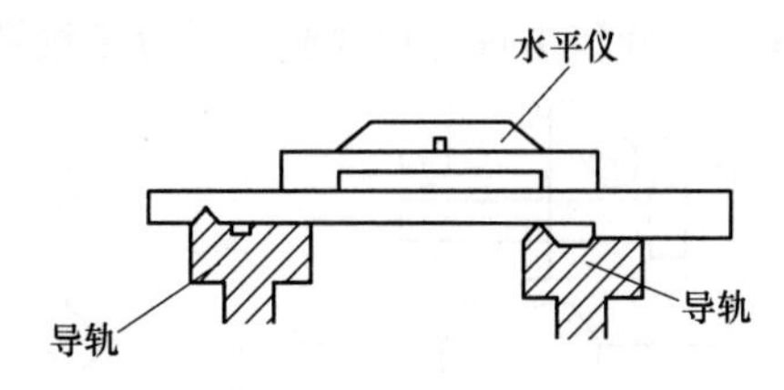

图 10–8　导轨平行度检测

（2）检测标准。在 1 000 mm 长度内平行度误差不超过 0.04 mm。

10.3.2 主轴几何精度检验

1. 主轴定心轴颈的径向跳动

（1）测量方法。如图 10–9 所示，将千分表固定在机床上，使其测头垂直触及主轴定心轴颈（包括圆锥轴颈）的表面，旋转主轴，千分表的最大差值即为主轴定心轴颈的径向跳动误差。

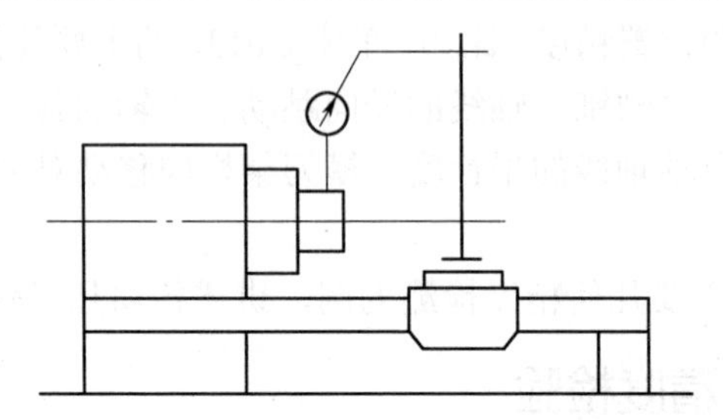

图 10–9 主轴定心轴颈的径向跳动检测

（2）检测标准。径向跳动允许差小于 0.01 mm。

2. 主轴锥孔轴线的径向跳动

（1）测量方法。如图 10–10 所示，在主轴锥孔中扦入一检验棒，将千分表固定在机床上，使其测头触及检验棒的圆柱面，旋转主轴，分别在 *a* 和 *b* 处检验千分表的读数差值。检验棒相对主轴旋转 90° 检验 3 次，消除棒误差影响，取 4 次结果的平均值。

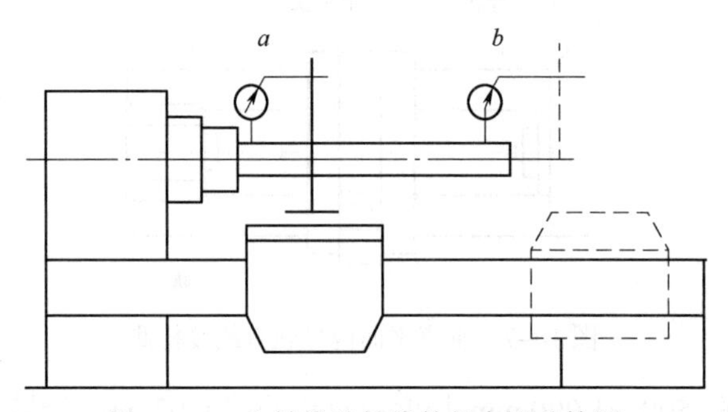

图 10–10 主轴锥孔轴线的径向跳动检测

（2）检测标准。靠近主轴端面，径向跳动误差不超过 0.01 mm；距主轴端面不超过 300 mm，径向跳动误差不超过 0.02 mm。

3. 主轴的轴向窜动

（1）测量方法。如图 10–11 所示，在主轴锥孔中扦入一短检验棒，棒端部中心孔内放一钢球，千分表的平测头顶在钢球上，旋转主轴进行检验，千分表读数的最大差值就是窜动量。

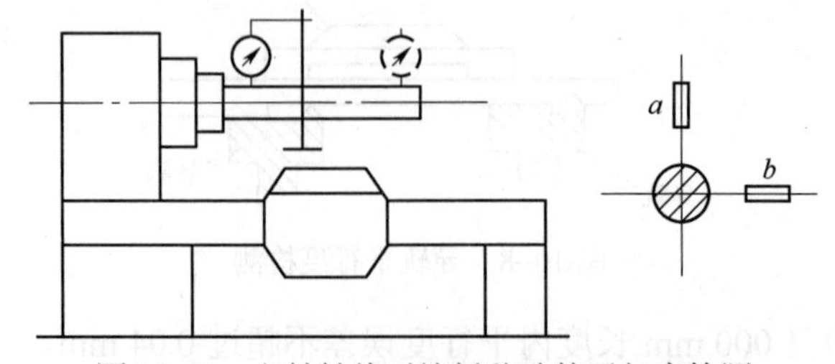

图 10–11 主轴轴线对溜板移动的平行度检测

（2）检测标准。主轴的轴向窜动误差小于 0.01 mm。

10.3.3　主轴轴线对溜板移动的平行度

（1）测量方法。如图 10–11 所示，在主轴锥孔中扦入一检验棒，把千分尺固定在刀架上，使千分表测头触及检验棒表面，分别在 *a*、*b* 两处移动溜板，检验千分表的每次最大差值。每次测量时，使主轴旋转 180°，取两次测量结果的平均值，即为得到的平行度误差。

（2）检测标准。在垂直平面内，在 300 mm 测量长度上只允许向上的平行度误差不超过 0.02 mm；在水平平面内，在 300 mm 测量长度上只允许向前的平行度误差不超过 0.015 mm。

10.3.4　刀架移动对主轴轴线的平行度

（1）测量方法。如图 10–12 所示，将检验棒扦入主轴锥孔内，千分表固定在刀架上，使其触头在水平面内触及棒，调整小刀架的转盘位置，使千分表在棒两端的读数相等，再将表头在垂直面内触及检验棒，移动小刀架检验，将主轴旋转 180°，同样检验一次，取两次结果的平均值即为刀架移动对主轴轴线的平行度误差。

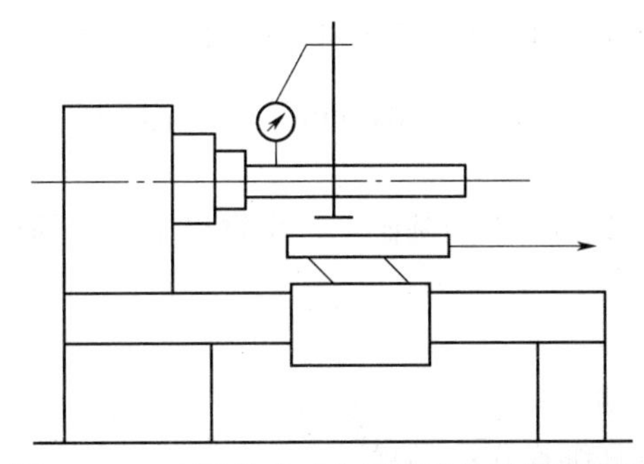

图 10–12　刀架移动对主轴轴线的平行度检测

（2）检测标准。在 140 mm 测量长度内，平行度误差不超过 0.018 mm。

10.3.5　横刀架横向移动对主轴轴线的垂直度

（1）测量方法。如图 10–13 所示，将检验圆盘安装在主轴锥孔内，千分表安装在刀架上，使千分表测头在水平面内垂直触及圆盘被测表面，再沿 *X* 轴方向移动刀架，记录千分表的最大读数差值及方向；将圆盘旋转 180°，重新测量一次，取两次读数的算术平均值作为刀架横向移动对主轴轴线的垂直度误差。

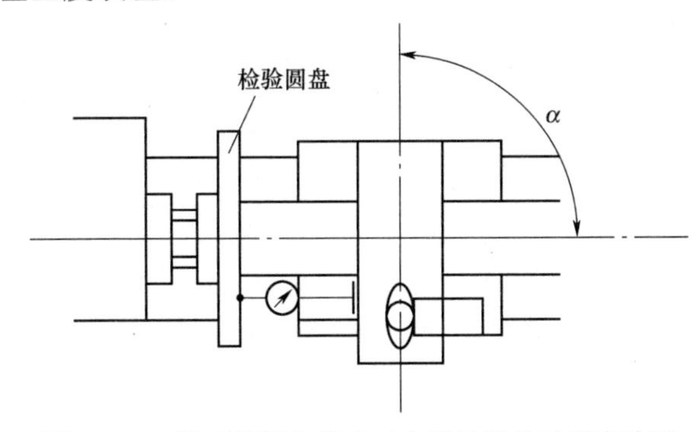

图 10–13　横刀架横向移动对主轴轴线的垂直度检测

（2）检测标准。在 300 mm 测量长度内，允许垂直度误差不超过 0.002 mm，偏差方向$\alpha \geqslant 90°$。

10.3.6 床头和尾座两顶尖的等高度

（1）测量方法。如图 10–14 所示，将检验棒顶在床头和尾座的两顶尖间，把千分表安装在溜板上，使千分表测头在垂直平面内垂直触及检验棒被测表面，然后移动溜板至行程两端，移动小拖板，寻找千分表在行程两端的最大读数，其差值即为床头和尾座两顶尖的等高度误差。

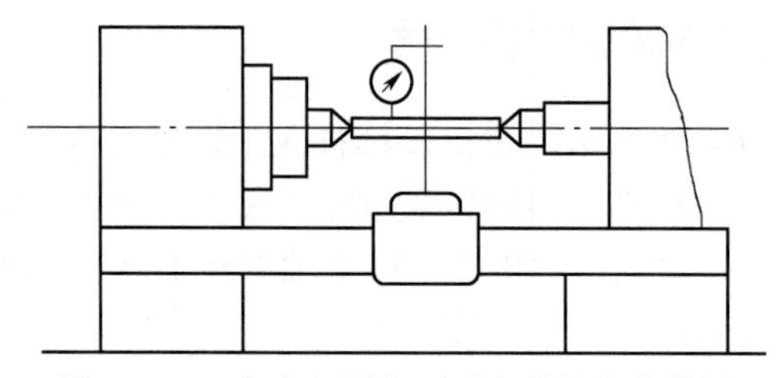

图 10–14 床头和尾座两顶尖的等高度检测

（2）检测标准。等高度误差不超过 0.04 mm，只许尾座高。

【项目训练 3】在【项目训练 2】的基础上，根据以上讲述的机床几何精度检测方法，选择 5 个几何精度项目进行检测。

具体要求如下：

（1）正确选用和使用检测工具；

（2）按检测要求，认真仔细操作；

（3）认真记录数据、分析数据，得到正确结果；

（4）做到现场“7S”要求。

注：可以将【项目训练 1】、【项目训练 2】、【项目训练 3】集中在一起，作为整周实训来进行，时间为一周。

附录 A 项目训练参考答案

模块 1 部分参考答案

1.【项目 1 引导项目训练】 钻床主轴（简称钻轴）材料选用

答：（1）对钻轴进行力学性能要求分析。金属材料常用的力学指标有强度、硬度、塑性、韧性和疲劳强度等，最主要是强度和硬度。

（2）根据钻轴的使用要求，由于钻轴要传递机床动力，完成加工功能，所以，钻轴的整体强度要求较高，即强度要求高。内孔$\phi 16\pm 0.05$ 由于插装钻头，需要较好的耐磨性。此外要求有较好的韧性和抗疲劳强度，塑性中等。

（3）根据以上分析，应该选用中碳钢。由于钻轴是重要零件，应该选择合金钢的中碳钢，即调质钢。最常用的调质钢为 40Cr。

2.【项目 2 引导项目训练】 钻床主轴热处理安排

答：（1）由于钻轴是由锻造毛坯加工而成，为了消除锻造内应力，降低锻造表层硬皮硬度，切削加工前应采用正火热处理。

（2）由于钻轴要传递机床动力，所以钻轴的整体强度要求较高，即强度要求高。所以，采用调质热处理（淬火＋高温回火）。

（3）内孔$\phi 16\pm 0.05$ 由于插装钻头，需要较好的耐磨性，此处表面硬度要高，因此，可采用“表面淬火＋低温回火”热处理。

（4）综上所述，钻轴的热处理工艺为：正火—调质（淬火＋高温回火）—表面淬火＋低温回火。

3.【项目 3 核心项目综合训练】

答：问题 1、3 见前所述。

主轴毛坯的制定：由于钻轴是机床关键零件，需要传递较大扭矩，且要求寿命要高。所以，一般不能用棒料直接加工而成，应选用锻造毛坯加工而成。因为锻造能改变工件材料的内部缺陷，改变金属组织的排列，使金属内部组织排列更符合工件的力学要求。

模块 2 部分参考答案

4.【项目 5 引导项目 1 训练】 编写图 5–1 光轴加工工艺过程，并在车床上加工光轴。

答：（1）光轴在车床上用双顶尖的方式装夹。

（2）棒料毛坯尺寸确定。根据粗车、半精车、精车三个阶段的切削深度分别为 1.5 mm、0.5 mm、0.3 mm。可以计算出毛坯棒料的直径 D 为

$$D=25+2\times 1.5+2\times 0.5+2\times 0.3=\phi 29.6\ \text{mm}$$

圆整取棒料直径 D 为 ϕ30 mm。

两端车端面切削深度为 2 mm，所以棒料长度取 94 mm。因此，选棒料毛坯尺寸为：ϕ30×94 mm。

（3）加工工艺如下。

① 下料：45 钢 ϕ30×94 mm；

② 用三爪卡盘夹一端，车端面，钻中心孔；调头，夹另一端，车端面，钻中心孔，保证长度 90 mm；

③ 双顶尖，粗车外圆，半精车外圆，留余量 0.5 mm，精车车成；

④ 倒角；

⑤ 检验。

5.【项目 5 引导项目 2 训练】拟定图 5–21 阶梯轴的加工工艺路线，编写工艺过程卡。

答：加工工艺过程如下（参考）：

（1）下料：45 钢 ϕ30×48 mm；

（2）三爪卡盘夹一端，棒料伸长 30 mm，车端面，粗车外圆 ϕ20，留余量 1 mm；

（3）夹外圆 ϕ20 一端，车端面，保证长度 43，粗车、半精车外圆 ϕ25，留余量 0.5 mm；

（4）夹外圆 ϕ25 一端，半精车外圆 ϕ20，车成。倒角；

（5）夹外圆 ϕ20 一端，精车外圆 ϕ25，车成；

（6）检验。

注意：在阶梯轴加工过程中，切忌夹住一端（尤其是夹住毛坯棒料），将另一端粗车、半精车、精车一次完成。

6.【项目 5 核心项目 1 训练】写出图 2（a）钻轴加工工艺过程，编写工艺过程卡。

答：加工工艺过程如下（参考）：

（1）选材 40Cr 锻造；

（2）正火热处理；

（3）车两端面，钻中心孔；

（4）双顶尖，粗车各外圆。半精车 M20、ϕ18、ϕ40 至尺寸，车各槽，车螺纹 M20；

（5）夹 ϕ26h6 面，钻孔 ϕ10 深 80，扩孔 ϕ16±0.005，留余量 0.2，镗内环槽 ϕ20 和 ϕ24，粗锪 60° 锥面；

（6）钻铣床钻横向 ϕ10，锪 ϕ20×90° 沉头；

（7）调质热处理；

（8）双顶尖（一头中心孔，另一头用 60° 锥面），半精车 ϕ26h6，分别留余量 0.2；

（9）研磨中心孔及 60° 锥面；

（10）外圆磨床，双顶尖，粗磨 ϕ26h6 两处，留余量 0.05；精磨 ϕ26h6 两处至尺寸；

（11）内圆磨床，夹持夹 ϕ26h6 面，粗磨、精磨 ϕ16±0.005 至尺寸；

（12）检验。

注释：调质处理须安排在孔加工之后，否则由于硬度增大，钻孔困难。

7.【项目 6 引导项目 1 训练】写出如图 6–1 方铁块加工工艺过程，编写工艺过程卡和机械加工工艺卡。

答：加工工艺过程如下（参考）：

（1）加工方案。根据以上分析，方铁块 6 个面加工方案为粗铣—精铣。

（2）定位基准的选择和转换。

① 粗基准的准备。由于方铁块 6 个面均为下料的粗糙面，所以首先必须检查坯料，清理表面粗大毛刺，然后在虎钳上粗铣 6 个面。

② 基准的选择。从方铁平面之间位置精度要求分析可知，*A* 面为加工整个方铁块的基准面，所以按照基面先行的原则，先选顶面（*A* 面的对面）为粗基准，粗铣 *A* 面，再以 *A* 面为基准，粗铣顶面。同样，以 *A* 面为基准精铣 *B* 面，保证垂直度要求。最后以 *A* 面和 *B* 面为基准精铣宽度面，再以该宽度面为基准，精铣对边面。

方铁块加工的基准转换关系如下：顶面—*A* 面—顶面；*A* 面—*B* 面—*B* 面对面；*A* 面和 *B* 面—侧面—侧面对面。

（3）方铁块装夹。方铁块零件为形状规则的中小型零件，一般用机用平口虎钳装夹，用固定钳口和导轨面定位。安装平口虎钳时，首先要在铣床上进行正确定位找正。

（4）加工工艺路线的拟定。

根据以上分析，方铁块的加工分三个阶段完成，即：粗铣阶段、精铣阶段、磨削阶段。不难确定该零件的加工工艺路线为：粗铣 6 个面—顶面为基准精铣 *A* 面—*A* 面为基准，精铣顶面—*A* 面为基准，精铣 *B* 面—*B* 面为基准，精铣 *B* 面对面—以 *A* 面和 *B* 面为基准精铣侧面—以该侧面为基准，精铣对边面—磨削宽度面，保证尺寸 50±0.012。

8.【项目 6 引导项目 2 训练】完成如图 6–32 所示的冲压模具模板导柱孔 2–ϕ32H8 通孔加工。写出加工工艺过程。

答：用数显钻铣床加工，加工工艺过程如下（参考）：

（1）虎钳装夹工件并找正；

（2）用中分棒找正左孔位置，钻、扩、铰该孔，达到尺寸要求；

（3）利用数显装置，移动工作台 49±0.03，钻、扩、铰该孔，达到尺寸要求；

（4）检验。

参 考 文 献

[1] 周晓邑. 机械制造技术基础 [M]. 北京：北京理工大学出版社，2010.

[2] 金属机械加工工艺人员手册修订组. 金属机械加工工艺人员手册 [M]. 2 版. 上海：上海科学技术出版社，1981.

[3] 恽达明. 金属切削机床 [M]. 北京：机械工业出版社，2010.

[4] 郭铁良. 模具制造工艺学 [M]. 北京：高等教育出版社，2008.

[5] 阎红. 金属工艺学 [M]. 重庆：重庆大学出版社，2007.

[6] 吴元徽. 模具材料与热处理 [M]. 大连：大连理工大学出版社，2009.

[7] 刘冠军. 铣工模块式实训教程 [M]. 北京：中国轻工业出版社，2010.

[8] 戴士弘. 高职教改课程教学设计案例集 [M]. 北京：清华大学大学出版社，2007.